Teoría

AF876779

La presente obra ha sido editada mediante
ayuda de la Dirección General del Libro y
Bibliotecas del Ministerio de Cultura

REVOLUCIÓN CIENTÍFICA, RENACIMIENTO E HISTORIA DE LA CIENCIA

por

ANTONIO BELTRÁN

siglo veintiuno editores

MÉXICO
ESPAÑA

siglo veintiuno editores, sa
CERRO DEL AGUA, 248. 04310 MEXICO, D.F.

siglo veintiuno de españa editores, sa
C/ PLAZA, 5. 28043 MADRID. ESPAÑA

Todos los derechos reservados. Prohibida la reproducción total o parcial de esta obra por cualquier procedimiento (ya sea gráfico, electrónico, óptico, químico, mecánico, fotocopia, etc.) y el almacenamiento o transmisión de sus contenidos en soportes magnéticos, sonoros, visuales o de cualquier otro tipo sin permiso expreso del editor.

Primera edición, febrero de 1995

© SIGLO XXI DE ESPAÑA EDITORES, S. A.
Calle Plaza, 5. 28043 Madrid

© Antonio Beltrán Marí

DERECHOS RESERVADOS CONFORME A LA LEY

Impreso y hecho en España
Printed and made in Spain

Diseño de la cubierta: Pedro Arjona

ISBN: 84-323-0868-4
Depósito legal: M. 4.795-1995

Fotocomposición: Fernández Ciudad, S. L.
Catalina Suárez, 19. 28007 Madrid

Impreso en Closas-Orcoyen, S. L. Polígono Igarsa
Paracuellos de Jarama (Madrid)

A Nadal y Miquela,
Maria Antònia y Jaume

ÍNDICE

A MODO DE PRÓLOGO

Este trabajo tiene unos orígenes un tanto lejanos. Una parte de mi tesis doctoral y un artículo que fue leído en un congreso de historia de la ciencia en Santiago de Compostela en 1985, constituyen una primera aproximación al tema. Pero, desde entonces, han pasado muchas cosas tanto a la historiografía de la ciencia como a mí y, en consecuencia, el presente texto modifica sustancialmente aquéllos e incorpora temas nuevos.

El objeto central del trabajo era y es el modelo historiográfico que se gesta con Koyré y se desarrolla con Kuhn. Eso equivale a decir que se estudia especialmente el nacimiento y consolidación de la moderna historiografía de la ciencia. Pero en este campo las cosas sucedieron y están sucediendo muy deprisa. Cuando parte de los trabajos de historia de la ciencia que se han hecho en las dos últimas décadas, incluso parte de los que se están haciendo ahora, pueden considerarse fruto del modelo kuhniano, en este mismo periodo se ha desarrollado enormemente una tendencia sociologista del estudio de la ciencia que aparentemente se presenta como alternativo. Si bien parte de Kuhn lo hace críticamente, denunciando sus "limitaciones" internalistas y pretende ir más allá reivindicando un nuevo externalismo y una nueva imagen de la ciencia. Aunque mi trabajo gravita hacia la historiografía de la Revolución Científica del siglo XVII y los intereses historiográficos de los sociólogos de la ciencia son mucho más amplios, no he querido dejar de aludir a esta nueva tendencia. Por tanto, he dedicado un último capítulo a los aspectos teóricos centrales de sus reivindicaciones. Pero lo he hecho desde una perspectiva limitada y concreta —determinada por el objetivo central de este trabajo—: sus relaciones con el modelo kuhniano.

Por otra parte, en mi tesis expresaba mi gratitud a Bach, Mozart, Beethoven y Chopin que, según hacía constar, me habían dado o devuelto la fe, la fuerza y la paz, cuando el trabajo en el que me acompañaban me las quitaban. Ahora debo añadir aquí mi gratitud a los grandes de la opera italiana, Rossini, Bellini, Donizetti y, sobre todo, Verdi y Puccini, que también ayudan mucho cuando uno ya tiene menos fe, menos fuerza y menos paz. Silvia Díez nos ha soportado a todos, incluso cuando yo desafinaba, con paciencia y a menudo incluso risueña, lo cual es de agradecer.

Carlos Solís tuvo la amabilidad de leer el texto que sus sabias cartas ya habían mejorado. Nuestros desacuerdos, siendo pocos, son más importantes en la música que en la historia de la ciencia. Nunca le perdonaré sus descabelladas, despiadadas, erróneas e injustas críticas a Glenn Gould, al Gould intérprete de *El clave bien temperado.* ¿Comprenden ustedes mi perpleja indignación? Pero siempre tendré que agradecerle su sólida y generosa ayuda en cuestiones de historia de la ciencia.

De las personas o instituciones que no han ayudado sino que han entorpecido y entorpecen éste y otros trabajos no mencionaré ni una, no fuera que encima les gustase.

Barcelona, junio de 1993.

INTRODUCCIÓN. PRIMERA APROXIMACIÓN. ESBOZO HISTÓRICO DE LA DISCIPLINA

> Pues en el avance del espíritu humano, un error es un paso atrás. Aunque éste no afecta más que a las matemáticas mixtas, las que por su alianza con la física se han resentido necesariamente de la debilidad y de los errores de esta última. Pero no es así en las matemáticas puras: su progreso no fue interrumpido jamás por esas caídas vergonzosas, de las que todas las demás partes de nuestros conocimientos ofrecen tantos ejemplos humillantes.
>
> MONTUCLA. *Histoire des Mathématiques.* París, 1799-1802, vol. I, p. VIII

La historiografía de la ciencia[1] es una disciplina joven que, sin embargo, cuenta ya con viejos maestros, algunos maestros viejos y una compleja prehistoria aún por determinar. Con la historia cambia todo, la historiografía también. De ahí que, al pretender determinar los orígenes de la historiografía de la ciencia, nos vemos remitidos por los distintos especialistas al siglo XIX con Comte, al siglo XVIII con Condorcet, o incluso al XVII con Bacon. Es bien conocida la influencia de Bacon en enciclopedistas como Diderot y D'Alembert. Con éstos se reunía, en la librería Charles Antoine Jombert, Jean Etienne Montucla que, con un claro espíritu enciclopedista, iniciaba así el *Preface* a su famosa *Histoire des Mathématiques*:

> Uno de los espectáculos más dignos de atraer la mirada filosófica es, sin duda, el del desarrollo del espíritu humano y de las diferentes ramas de sus conocimientos. El famoso canciller Bacon lo destacaba, hace más de un siglo, y comparaba la Historia, tal como se había escrito hasta entonces, a un árbol mutilado en una de sus partes más nobles, a una estatua privada de uno de sus ojos. Nuestras bibliotecas están abarrotadas de prolijas narraciones de sitios, batallas, revoluciones. ¡Cuántas vidas de héroes que sólo son ilustres por el rastro de sangre que han dejado a su paso!

---

[1] Aunque la solución no me satisface plenamente, me referiré a la «historia de la ciencia» entendida como disciplina histórica, o a lo que haga referencia a ella, como «*historiografía de la ciencia*», dejando la expresión «historia de la ciencia» para referirme al desarrollo de la ciencia a través del tiempo.

Recuerda a continuación a Plinio que destacaba y lamentaba que apenas se encuentren historiadores que nos hayan transmitido los nombres de los «benefactores de la humanidad» que hicieron inventos útiles para el hombre o extendieron su saber, y en este punto Montucla añade:

Más difícil aún es encontrar quienes se hayan propuesto presentar la descripción de los progresos de estas invenciones, o de seguir el espíritu humano en su avance y en su desarrollo. ¿Sería, acaso, tal descripción menos interesante que la de las escenas sangrientas que no dejan de producir la ambición y la maldad de los hombres?[2].

Las obras monográficas sobre las respectivas ciencias que, como Montucla, escribirían distintos científicos, constituyeron el inicio del progresivo descubrimiento de la ciencia antigua, inaugurando una tradición que ha llegado hasta hoy. Pocos son los grandes científicos de nuestro siglo que no hayan dedicado alguna obra, o por lo menos artículo, a la historia de su propia disciplina [3].

---

[2] Montucla 1799-1802, vol. I, p. I. Como es frecuente, el nombre del autor seguido de la fecha y número de página remiten al libro o artículo correspondiente de la bibliografía, donde se da la referencia completa. Siempre se da la fecha de la edición usada, la de la traducción castellana, si es posible, cuando se trata de textos extranjeros. Sólo cuando me ha parecido pertinente he incluido entre paréntesis la indicación de la fecha de la edición original que, en cualquier caso, podrá encontrarse en la bibliografía.

[3] La mayoría de las veces estos textos constituían más bien reconstrucciones racionales que trabajos propiamente históricos. En cierto modo, siguen dentro de esta línea trabajos, por otros conceptos sumamente valiosos, como los de R. Dugas, M. Jammer, C. Truesdell y E. Whittaker. Piénsese además en la mayor parte de trabajos escritos por los grandes protagonistas de la física del primer tercio de nuestro siglo. De ellos puede servir como ejemplo el texto de A. Einstein y L. Infeld (1939) 1969. Más recientemente, podemos encontrar científicos reconocidos en su campo, cuyos trabajos sobre la historia de su disciplina ponen claramente de manifiesto la incorporación de preocupaciones y problemas historiográficos que, en ocasiones, afrontan directa y explícitamente. Un caso destacable es el de François Jacob 1970. Cabe mencionar también el libro de Ernst Mayr 1982. El lector de Mayr puede preguntarse si su consideración de la literatura de autores de la *Naturphilosophie* como Shelling, Oken o Carus, como «fantasiosa cuando no absurda», hablando de sus «analogías ridículamente inverosímiles» (pp. 387-88), no constituyen una caída en el anacronismo. Pero lo cierto es que, tanto en el caso de Jacob como en el de Mayr, y a pesar de sus distintas concepciones, las preocupaciones historiográficas van mucho más allá de sus prólogos o capítulos iniciales sobre el tema, y se reflejan en su historiar. En cualquier caso, y con independencia de estos dos autores, creo que puede introducirse el siguiente criterio: cuando un historiador llega a la conclusión de que un autor del pasado, reconocido por sus contemporáneos, dice tonterías es que algo an-

Bien es cierto que, en el siglo XVIII, estas obras no tenían la más mínima sensibilidad histórica. La «razón europea» era la causa del progreso de la ciencia y su correspondiente denuncia del fanatismo y represión eclesiásticos. Nada podía impedir ya que las distintas ciencias alcanzaran la perfección que la física, por ejemplo, ya disfrutaba. El romanticismo decimonónico, por su parte, se mostró más sensible a una cierta conciencia histórica. No obstante, estaba lejos de acercarse a la historia real más de lo que lo había hecho el optimismo ilustrado. Sus especulaciones sobre el espíritu del tiempo y la idea de historia estaban muy lejos de considerar la precisión y los métodos de crítica históricos como una virtud. Kragh cita al respecto un texto de Henrich Steffens muy elocuente:

> Hay especialistas de la historia que piensan que no han de hallar descanso hasta que no hayan seguido la majestuosa corriente de las turbulencias de la historia hasta parar en las charcas más sucias, y eso es lo que ellos llaman estudio de las fuentes[4].

Ese desprecio por los problemas y tareas típicas del historiador era sumamente frecuente incluso entre los que daban a la historia e historiografía de la ciencia un papel fundamental en lo que hoy llamaríamos la «filosofía de la ciencia». Buen ejemplo de ello es el caso de William Whewell, que consideraba la historia como el punto de partida necesario para una filosofía y metodología de la ciencia, pero para ello no creía tener, no ya la obligación, sino ni siquiera la necesidad de acudir a las fuentes primarias. En este sentido también puede mencionarse a autores como Mach, Berthelot u Ostwald. En todos ellos los intereses filosóficos son el punto de partida y finalidad fundamental de su investigación histórica. Su historiografía de la ciencia tiene como interés fundamental la comprensión de su propia contemporaneidad científica, o por decirlo de otra manera, la corroboración de su propia filosofía de la ciencia. Eso también puede afirmarse de un autor como Duhem, pero sus métodos y sus técnicas de crítica

---

da mal en su concepción historiográfica. Recuérdese la conclusión a que Koyré decía llegar siempre después de su estudio de autores del pasado que decían cosas sorprendentes o ridículas para nosotros: «y tenía razón». Naturalmente no estoy sugiriendo que perdamos el sentido del humor, o que no nos riamos a gusto, sino sólo que, después, podemos seguir trabajando.

[4] Véase Kragh 1989, pp. 16-17. Resulta curioso cómo desde filosofías aparentemente tan distantes, Steffens y Lakatos pueden llegar a un similar desprecio por la historia real y sus problemas.

de textos hacen de su obra un punto de referencia muy distinto del de los autores mencionados.

Pero fue con A. Comte cuando el sentido totalizador de la propuesta de Bacon hallaría su reformulación programática más ambiciosa. Comte insiste en la utilidad y necesidad del estudio, no ya de la historia de cada ciencia particular, sino en el de las ciencias tomadas en su conjunto. Éste nos capacitaría para entender el desarrollo de la mente humana y, en definitiva, la historia de la humanidad. Como es bien sabido, si bien esta tesis comportaba un enfoque histórico de la ciencia, éste estaba, una vez más, en función del sistema filosófico del positivismo de Comte y de su idea de progreso, mientras que los problemas del historiador no le preocupaban en lo más mínimo. No resulta extraño, pues, que Comte no hiciera ninguna aportación sólida a la historiografía de la ciencia.

No obstante, en 1832, Comte solicitaba al ministro Guizot la creación de una cátedra de «Historia general de las ciencias». Habrían de pasar aún sesenta años antes de que ésta se inaugurara en el Collège de France, en 1892, con Pierre Laffite como primer titular, que la ocuparía hasta 1903. Era, pues, casi en el siglo XX cuando se daba el primer reconocimiento institucional a la *Historia de la ciencia* como disciplina que, por lo demás, no fue inmediatamente continuada en otros países[5]. Parece claro que, por méritos, el sucesor de Laffite debiera haber sido Paul Tannery quien, a pesar de que tuvo que trabajar durante cuarenta años en el monopolio estatal del tabaco, se había convertido en uno de los más grandes historiadores de la ciencia de su momento. Pero lo cierto es que Tannery no sería elegido para ocupar la cátedra. Tal desatino no precisa mucho comentario[6].

---

[5] En 1919, Aldo Mieli, el historiador italiano, fundaría el *Archivio di Storia della Scienza* que, en 1927, pasaría a llamarse *Archeion* y en 1947 *Archives Internationales d'Histoire des Sciences.* Además en 1928 fundaría la *Academia Internacional de Historia de las Ciencias.* En estas fechas la enseñanza de la historia de la ciencia se había iniciado aún en muy pocas universidades e, incluso años después, la organización era muy precaria cuando no claramente deficiente. En Estados Unidos no alcanzó pleno reconocimiento institucional hasta 1950. En nuestro país, por el momento, es el nombre de un área de conocimiento, de lo que no se sigue nada. Para las condiciones académicas de la historia de la ciencia hasta 1950, puede verse el ensayo de Sarton «Acta atque Agenda» en Sarton 1968, pp. 23-50; más adelante daremos más referencias bibliográficas al respecto.

[6] Sarton lo atribuye «simplemente a que las autoridades no entendían claramente lo que es la historia de la ciencia. No habrían cometido semejante estupidez si se hubiese tratado de otra disciplina más conocida de ellos». (Sarton 1968, p. 28. Lo que

Fue Sarton, precisamente, quien, de hecho, llevó a cabo hasta donde era humanamente posible lo que para Comte no había pasado de ser un programa. La fundación, en 1912, de la revista trimestral *Isis*; la de *Osiris*, publicación ocasional para ensayos largos, en 1936; y la elaboración de su famosa obra *Introduction to the History of Science* (tres volúmenes en cinco partes publicadas en 1927, 1931, 1947 y 1948) constituyen una buena muestra de su concepción comtiana de la historia de la ciencia. El es, en nuestro siglo, el más esforzado defensor de la historia de la ciencia como núcleo central de la historia de la humanidad.

Si tenemos en cuenta que la adquisición y sistematización del conocimiento positivo es la única actividad humana verdaderamente acumulable y progresiva, comprenderemos enseguida la importancia de esos estudios [se refiere, claro, a la historiografía de la ciencia]. El que quiera explicar el progreso de la humanidad tendrá que centrar su explicación en este quehacer, y la historia de la ciencia, en este sentido amplio, se convierte en piedra angular de todas las investigaciones históricas. [Y en otro lugar, insiste respecto de la historia de la ciencia] Es en verdad una historia de la civilización humana, considerada desde el punto de vista más elevado[7].

Dada su idea de la unidad sustancial de la ciencia, por encima de diferencias disciplinarias, nacionales u otras cualesquiera, para Sarton está claro que la única manera de subdividir la historia de la ciencia es siguiendo un criterio cronológico, como no puede ser de otra manera dada su visión. Le obsesiona la cronología.

Debemos tratar de disponer todos los hechos e ideas científicos en un orden cronológico, lo que significa que debemos asignar a cada uno de ellos una fecha tan precisa como sea posible, no la fecha de su nacimiento o publicación, sino la de su verdadera incorporación a nuestros conocimientos[8].

Sarton no nos cuenta es que la cátedra fue concedida a Grégoire Wyrouboff, conocido por sus polémicas en favor de la «Ciencia positiva» y fundador con Littré de la revista *La Philosophie positive*, que enseñó en el Collège de France, hasta 1912, las teorías químico-físicas modernas, sin por ello defraudar a nadie. En 1904, Tannery le comentaba irónicamente en una carta a Duhem «Respecto a la cátedra de Historia de las ciencias, tenía que pasar por tres estadios, después del estadio teológico convenientemente representado por Pierre Laffitte, el estado metafísico que sin duda representará aún mejor el Sr. Wyrouboff era indispensable». (Citado por Redondi en su «Préface» a Koyré 1986, p. XIII).

[7] Véase Sarton 1968, p. 1; y Sarton 1952, p. 41.

[8] Sarton 1952, p. 42. No se trata, naturalmente, de que la precisión cronológica

Como lo pone de manifiesto el texto citado anteriormente, resulta difícil hallar una defensa más apasionada de la idea de progreso que la de Sarton, si no es en el siglo XVIII. Pero, en su perspectiva, el progresivo descubrimiento de la verdad no sólo tiene un orden lógico, también está ordenado en el tiempo, y la historia de la ciencia viene a mostrar el paralelismo de los dos órdenes.

Cuando Sarton llegó a los Estados Unidos, algunos estudiosos como James Harvey Robinson y James H. Breasted empezaban a insistir de nuevo —hemos visto la idea en Montucla— en la necesidad de una «nueva historia» que prestara más atención a la cultura y las ideas que a reyes y batallas. Pero fue Sarton quien encarnó como nadie la defensa de este ideal y llevó a cabo una infatigable labor propagandística en favor de la historiografía de la ciencia, de su importancia y dimensiones culturales. Pero, para Sarton, la historia de la ciencia tiene además una importante dimensión ética. No me resisto a transcribir unos párrafos que, en mi opinión, dan buena muestra no sólo del historiador, sino también del hombre.

La historia de la ciencia es sobre todo la historia de la buena voluntad, incluso en épocas en que la benevolencia no reinaba más que en las investigaciones científicas, y es la historia del esfuerzo pacífico, aún en tiempos en que la guerra dominaba todo lo demás. Llegará el día en que comprendan

---

no sea una virtud. Enunciadas aisladamente, buena parte de las tesis de Sarton puede ser perfectamente asumible actualmente. Por ejemplo, también hoy importantes maestros de la historiografía de la ciencia, desde Koyré a Rossi, han defendido cierta «unidad» de la ciencia y de ésta con su cultura contemporánea. No obstante, es obvio que en uno y otro caso no se está haciendo la misma afirmación historiográfica. El prologuista de la obra *Ensayos de historia de la ciencia*, de Sarton, afirma que dado que las teorías son elaboradas por humanos, la mayoría de las obras de Sarton versan sobre personas. Esto puede sonar, sin duda, no ya moderno, sino modernísimo (estoy pensando, claro está, en los actuales sociólogos de la ciencia). Sobre todo si a continuación leemos, «estudia, por tanto a los hombres, tratando de discernir las influencias que actuaron en ellos y a través de ellos, relacionándolos siempre con su propia época». Parece la formulación del moderno requisito de la «contextualización» como condición de posibilidad de la comprensión de un autor antiguo. Pero cuando vemos el ejemplo que nos dió Sarton de ello, es obvio que su idea era otra. Efectivamente, como cuenta el mismo prologuista, cuando Sarton se interesó en Leonardo da Vinci se esforzó por conocer los hechos y problemas con los que Leonardo se encontró. Pues bien, de ahí surgieron los numerosos volúmenes de la *Introduction to the History of Science*, en la que trabajó veinte años y que hubo de concluir cuando aún le faltaban cincuenta años para llegar a Leonardo da Vinci. Se trataba más bien, claro está, de ubicarle en el momento y lugar oportuno en la manifestación de la verdad. Véase Sarton 1968, p. IX.

esto más personas que ahora —no sólo los científicos, sino los abogados, los estadistas, los publicistas y aún los educadores—, y en que se reconozca en esa historia la base experimental y racional de la vida entre las naciones, de la paz y la justicia. La historia del acercamiento del hombre a la verdad es también la historia de su acercamiento a la paz. No puede haber paz en ninguna parte sin justicia y sin verdad.

En el mundo mejor que todos esperamos sea fruto de esta guerra [el texto está escrito en 1943] los niños podrán aprender cuál fue la evolución de la humanidad y se verá que el progreso de la ciencia es el alma de esa evolución.

«¿Enseña algo la historia?» La historia de la ciencia enseñará a los hombres a ser veraces, les enseñará a comportarse como hermanos y a ayudarse unos a otros. ¿No es eso bastante? [...][9].

La tarea realizada por Sarton resulta admirable por su ambición y amplitud. Pero, como su propio caso muestra, su programa comtiano era irrealizable. Precisamente la edad de oro de la erudición filológica alemana había mostrado, a través de algunos de sus grandes representantes, la inmensidad de la tarea a realizar en cada una de las parcelas de la historiografía de la ciencia. Los monumentales trabajos de Moritz Cantor en el campo de la historia de las matemáticas, de Johan Ludwig Heiberg en historiografía de las matemáticas, física y astronomía griegas, los de Karl Sudoff en historiografía de la medicina, a los que podrían añadirse los del inglés Thomas Little Heath, eran buenos ejemplos de ello.

Pero no fue tanto la dificultad del trabajo a realizar como el cambio de presupuestos filosóficos lo que llevó al abandono del programa de Sarton[10]. Aún a principios de siglo XX, como en los dos siglos anteriores, los filósofos y científicos que dedicaban sus esfuerzos a la historiografía de la ciencia, no lo hacían considerándola un fin, sino como un medio para confirmar el acierto de su propia concepción metodológica de la ciencia moderna, contemporánea, que practica-

[9] Sarton 1968, pp. 21-22. Es una mezcla de elementos teóricos y emocionales singular y conmovedora. Sea cual sea hoy nuestra opinión sobre estas ideas, en Sarton son, sin duda, fruto de la bondad y de otro momento histórico.

[10] La influencia de la historiografía de la filosofía es evidente. Obras como *Great Chain of Being* de Arthur O. Lovejoy, o *The Metaphysical Foundations of Modern Science* de Edwin Arthur Burtt son significativas en este sentido. La relevancia de la historia de la filosofía para la historia de la ciencia ha sido puesta de manifiesto de modo especial por una serie de autores que parten de sus propias preocupaciones filosóficas. Pueden citarse como ejemplo León Brunschvicg, Emile Meyerson o Ernst Cassirer.

ban o admiraban. Pero en esta misma época, más concretamente con el mismo inicio del siglo, esta situación empezaba a cambiar.

En 1901, Paul Tannery publicaba su innovador estudio sobre la mecánica galileana[11]. Fue la primera vez, antes de Koyré y frente al experimentalismo radical de la interpretación de Mach, que se llevaba a cabo un análisis conceptual del texto galileano tomando en cuenta su contexto histórico. Tannery introducía el concepto de *«état d'esprit contemporain»* del que Redondi afirma que pasaría a ser llamado después *«mentalité»* en Levy-Brhul y que, en Koyré se convertiría en la noción de *«cadre»* o *«structure de pensée»*[12]. En cualquier caso, Tannery explicó reiteradamente el sentido de este concepto. Cuando en 1904 presenta su programa de una «historia de conjunto de las ciencias» distingue entre una «historia general» y una «historia especial», y refiriéndose a la primera dice:

> Reivindico para ésta [...] todo lo relativo tanto a las acciones recíprocas de unas ciencias sobre otras, como a las influencias ejercidas sobre el progreso o el estancamiento científico por los medios intelectual, económico y social.
>
> Ésta debe dedicarse particularmente a reconstruir en torno a los grandes científicos el círculo de ideas que éstos han encontrado a su alrededor, que han constreñido su genio y que ellos han conseguido romper o ampliar.
>
> Debe, en fin, fijar su atención para cada época en el nivel de la enseñanza en sus diferentes grados, sobre el modo de difusión de las ideas científicas, y apuntar a destacar tanto los rasgos característicos del medio intelectual, como los que singularizan a los genios superiores[13].

Estamos ante el primer intento de introducir la exigencia de contextualización, que si bien hoy es aceptada por todos como un elemento fundamental y característico de la historiografía de la

---

[11] «Galilée et les principes de la dynamique», hoy en P. Tannery. *Mémoires Scientifiques*, en J.-L. Heiberg y H.-G. Zeuthen (comps.), París, Gauthier-Villars, 1912-1950, t. VI (1926), pp. 387-413. También constituye uno de los textos recopilados por Carugo (comp.) 1978.

[12] Véase el «Préface» de Redondi a Koyré 1986, p. XI. Si esto es así, parece claro que la genealogía podría prolongarse hasta incluir tambien el concepto de «paradigma» de Kuhn. Pues, a pesar de la mutua e inveterada indiferencia de las tradiciones francesa y anglosajona, Kuhn sí conoce la tradición «francesa» y ésta ocupa un lugar importantísimo en su itinerario intelectual.

[13] P. Tannery 1912-1950; t. X, 1930, pp. 178-79.

ciencia, a principios de 1900 resultaba revolucionaria. Quizás, especialmente, por su reivindicación del «sentido histórico» frente al científico y epistemológico:

Está claro que para ser un buen historiador de la ciencia, no basta ser científico. Es preciso, ante todo, *querer* consagrarse a la historia, es decir hacerlo con ganas. Hay que desarrollar en uno el sentido histórico, esencialmente diferente del sentido científico. Es preciso, en fin, adquirir numerosos conocimientos auxiliares indispensables para un historiador, mientras que son absolutamente inútiles al científico que no se interesa más que en el progreso de la ciencia [14]. [Cursiva en el original.]

Pero además hay una segunda propuesta que, en su momento, tenía que resultar sumamente revulsiva:

En lo que concierne a la filosofía, con su contacto por lo menos he adquirido la convicción profunda de que los métodos históricos son radicalmente diferentes de los métodos filosóficos y que, por consiguiente, la enseñanza de la historia de la ciencia debe separarse de lo que hoy se llama la Filosofía de la ciencia [15].

No obstante, y precisamente por la necesidad de la contextualización reivindicada en estos textos, quizás conviene no ser demasiado atrevido a la hora de proclamar la «modernidad» de la perspectiva de Tannery, sin un estudio más detallado de la cuestión. De hecho, Tannery no parece creer que su perspectiva historiográfica esté rompiendo con el positivismo. Muy al contrario, el mismo nos dice:

Todos los lectores que conocen por sí mismos el *Cours de philosophie positive* del maestro han podido darse cuenta de que no he introducido absolutamente nada que estuviese en contradicción con la idea de Auguste Comte, es decir del primer pensador que haya concebido de manera un poco precisa la historia general de las ciencias [...] [16].

Y tras lamentar el progresivo desinterés de los historiadores por la ley comtiana de los tres estadios, Tannery añade: «Creo que hoy soy el único de entre éstos —los historiadores— que ha continuado te-

---

14 P. Tannery. «De l'histoire général des sciences», *Revue de Synthèse historique*, núm. VIII, 1904, pp. 1-16 recogido en Tannery 1912-1950; t. X, 1930, pp. 165-166.

15 Tannery 1912-1950; t. X 1930, p. 134.

16 *Ibid.*, p. 181.

niéndola en cuenta»[17]. De hecho, este punto ilustra oportunamente la necesidad y dificultad de la contextualización, no sólo cuando se hace historia de la ciencia, sino en cualquier esbozo histórico, como en este caso, de la historiografía de la ciencia. Pero nos encontraremos de nuevo con este tema en un punto mucho más interesante de esta breve historia inicial.

Recordemos, por el momento, que Tannery no ganaría la cátedra de «Historia de las ciencias» que Laffitte había inaugurado y ocupado hasta 1903, aunque es dudoso que fuera por lo revolucionarias que resultaban sus ideas en aquellos momentos. En cualquier caso, las ideas de Tannery fueron eclipsadas por la erudición monumental de Duhem, cuyas disputas en el campo de la física y de la química le habían llevado a la metodología de la ciencia y de ésta a la historia de la ciencia. Frente a Tannery que reivindicaba la historiografía de la ciencia como un fin y la contextualización como un medio, Duhem, con la metodología como principio y fin de su trabajo de historiador, buscaba en la historia de la ciencia lo eterno, universal, estático. Pues bien, podría decirse que cada uno de ellos tendría sus discípulos o, por lo menos, serían reivindicados como maestros por distintos grupos.

A Duhem se remitirían historiadores como A. Mieli y P. Brunet, entusiastas del estudio del origen, prioridades y filiación de los descubrimientos, lo cual es suficientemente indicativo de su concepción historiográfica que, naturalmente, reivindicaba la «historia de las ciencias» de corte positivista.

En polémica con éstos y remitiéndose a Tannery, el grupo de historiadores encabezado por Abel Rey, Hélène Metzger, Lucien Febvre y Federico Enriques postulaban la necesidad de una historiografía de «la» ciencia, entendiéndola como una «historia filosófica de la ciencia». La influencia en el grupo de críticos del positivismo como Léon Brunschvicg, Emile Meyerson o Pierre Boutroux[18], además de la de Tannery, es patente. En cada uno de estos autores encontramos una clara oposición a la historiografía puramente «lógica» o «interna» de la ciencia cuyo objetivo último sería además la comprensión y justificación de (determinada concepción de) la ciencia contemporánea. Ante la obra enciclopédica de Duhem, comenta Rey que, si bien des-

[17] *Ibid.*, p. 182.

[18] En 1920, Boutroux ocuparía una nueva cátedra de historia de las ciencias en el Collège de France, aunque sólo durante dos años.

de el punto de vista filosófico la Edad Media es una gran época, desde el punto de vista científico, por más importante que sea, Duhem la ha sobrestimado porque

[Duhem] se atiene demasiado literalmente a las proposiciones científicas que parecen preludiar, *in terminis*, las proposiciones fundamentales del mecanicismo del Renacimiento y del siglo XVII. Pero el espíritu, el conjunto al que están ligadas, en el que toman cuerpo, el conjunto que les da su única, exacta y real significación ¡es tan diferente![19].

Las intuiciones de Tannery aparecen aquí de nuevo, como en todos los historiadores del grupo mencionados. Pero a éstos pronto se uniría Alexandre Koyré.

Se ha dicho repetidamente que con Koyré la historiografía de la ciencia alcanza su madurez, que es el padre de la historiografía de la ciencia actual. Aunque, obviamente, nos referiremos extensamente a él a lo largo de este trabajo, cabe mencionar en esta primera perspectiva algunos elementos básicos de su biografía intelectual que, en buena parte, lo son también de nuestro objeto de estudio.

Como señala Redondi, Koyré fue el último de los historiadores cosmopolitas, políglotas y de formación y perspectiva enciclopédica. Nacido en la Rusia zarista en 1892, a los dieciséis años irá a Alemania y, posteriormente, a Francia para completar sus estudios. En Gotinga, seguirá los cursos de Hilbert y Husserl. Al desplazarse a Francia actuará como uno de los eslabones de la influencia de la fenomenología de Husserl en Francia, y será renovador de los estudios hegelianos no sólo en Francia sino en buena parte de Europa. En 1911 se establecerá definitivamente en París, y seguirá los cursos de Bergson, André Lalande y Léon Brunschvicg, entre otros. Su tesis sobre *L'Idée de Dieu dans la philosophie de Saint-Anselme*, interrumpida por la primera guerra mundial, en la que se presentó como voluntario, fue leída en 1923. Iniciaba así una etapa de estudios de historia de la religión y de la filosofía escolástica que se completaría con un trabajo sobre el mismo tema en Descartes[20]. Ya en su trabajo sobre

---

19 A. Rey, «Revue d'histoire des sciences» (à propos de P. Duhem, *Le Système du monde*), *Revue de Synthèse Historique*, núm. 31, (1920) 122-125, p. 123. Citado por Redondi en Koyre 1986, p. XVI.

20 Estos trabajos, especialmente el dedicado a Descartes, pueden considerarse aún como trabajos juveniles, por lo menos en el sentido de que están muy lejos de la concepción filosófica e historiográfica que caracterizarán la obra de Koyré. Su valora-

La Philosophie de Jacob Boehme, así como en sus siguientes estudios sobre la religiosidad y pensamiento filosófico de Sebastian Franck, Paracelso, Valentin Weigel y Gaspar Schenckfeld se pone de manifiesto no sólo la ampliación de su perspectiva temática, sino también un nuevo centro de interés metodológico: el análisis de Levy-Bruhl sobre la mentalidad primitiva.

Pero las de Husserl y, en menor medida, Levy-Bruhl, no eran las únicas influencias que experimentaba el pensamiento de Koyré. Sumamente importante fue también la del filósofo y crítico del positivismo Emile Meyerson. Este había insistido en que, a lo largo de la historia de la ciencia, el empirismo de un Bacon o el positivismo de autores como Comte o Mach jamás había producido ningún fruto científico; por el contrario, los científicos habían actuado siempre, más o menos explícitamente, sobre la base de tesis realistas y causalistas. Era una insistencia que, como muchas otras, podremos encontrar desarrollada en Koyré[21]. De hecho la influencia de Meyerson es destacada por Koyré, ya en 1934, en su primer trabajo de historia de la ciencia: su edición, traducción y notas del primer libro del *De revolutionibus* de Copérnico. En la introducción, Koyré desarrollaría ideas apuntadas en Meyerson. Refiriéndose a Copérnico y su teoría, habla así de la dificultad de

> imaginar o comprender cabalmente el esfuerzo y la osadía de este espíritu maravilloso. Necesitaríamos ser capaces de olvidar todo lo que hemos aprendido en la escuela,

dice Koyré, y aún no sería suficiente. Entre otras cosas, además,

> [...] la primera precaución que tomaremos será no ver en Nicolás Copérnico a un precursor de Galileo ni de Kepler, y no interpretarlo a través de ellos. [Y añade en nota a pie de página.] Nada ha ejercido influencia más nefasta sobre la historia que la noción de «precursor». Considerar a alguien como «precursor» de otro significa, ciertamente, negarse a entenderlo[22].

---

ción, claramente gilsoniana, de Descartes en el trabajo mencionado es prácticamente la opuesta de la que hará en sus *Estudios Galileanos.*

[21] Recordemos por ejemplo su valoración de Bacon y del papel de la «experiencia» en el nacimiento de la ciencia moderna, en su famosos artículos «Galileo y Platón», «Galileo y la revolución científica» y «Perspectivas de la historia de la ciencia», hoy en Koyré 1977 (orig. 1973), pp. 150-179, 180-195 y 377-386, respectivamente. Volveremos sobre este punto más adelante.

[22] Koyré en su «Introducción» a *Copérnico. Las revoluciones de las esferas celestes. Libro primero.* Buenos Aires, EUDEBA, 1965 pp. 7 y 8.

De hecho, la necesidad de no proyectar nuestros conocimientos al pasado, cuando nos enfrentamos a un autor cuyo pensamiento resulta lejano al nuestro, ya se le había hecho más clara aún si cabe, un año antes, en el caso de su estudio sobre Paracelso de 1933. Aquí, en un texto hoy famoso y reiteradamente citado, Koyré formula uno de los principios metodológicos fundamentales de su obra de historiador:

> Cuando se aborda el estudio de un pensamiento que no es el nuestro, lo más difícil —y lo más necesario— es, como ha demostrado admirablemente un gran historiador, no tanto captar lo que no se sabe y lo que sabía el pensador en cuestión cuanto olvidar lo que sabemos o creemos saber. Nosotros añadiríamos que a veces no sólo es necesario olvidar verdades, que se han convertido en partes integrantes de nuestro pensamiento, sino incluso adoptar ciertos modos, ciertas categorías de razonamiento, o al menos ciertos principios metafísicos que para las personas de una época pretérita eran bases de razonamiento y de búsqueda, tan válidas y también tan seguras como lo son para nosotros los principios de la física matemática y los datos de la astronomía[23].

El «gran historiador» a que se refería Koyré en esta ocasión era Paul Tannery. Hemos retomado, pues, el hilo conductor de nuestro desarrollo. Sabemos que, cuando visitaba París, Meyerson se reunía con el grupo de historiadores al que aludíamos antes, en el que se encontraban entre otros Léon Brunschvicg, Lucien Levy Bruhl, Salo mon Reinach, Hélène Metzger, Gaston Bachelard, y tenían animadas discusiones sobre las grandes trasformaciones de la física a principios de nuestro siglo[24]. También Koyré estaba presente y pudo recibir la influencia de unos u otros y de aquellas discusiones en general[25].

Pero, de hecho, las teorías de la relatividad y cuántica tuvieron una profunda influencia más allá del propio campo de la física. Una influencia que, unida a la que tuvo la primera guerra mundial que, como es sabido, fue una puñalada trapera al optimismo tradicional

---

23 Koyré 1981, p. 71.

24 Para un fresca visión de los distintos miembros de este grupo puede verse la segunda parte de Hélène Metzger 1987.

25 Convendría recordar aquí lo que dice Koyré respecto a las influencias. «No influye en nosotros todo lo que leemos o aprendemos. En cierto sentido, tal vez el más profundo, nosotros mismos determinamos las influencias a las que sucumbimos; nuestros antecesores intelectuales no se nos dan en absoluto, sino que los elegimos libremente, en gran medida al menos.» Koyré 1979, p. 10.

que sustentaba la idea de progreso, tuvo importantísimos efectos en los más distintos ámbitos.

Ateniéndonos brevemente a los más próximos a nuestros intereses, la crisis del determinismo, la reformulación de las relaciones sujeto-objeto en la física cuántica, venían a poner en cuestión algunos de los supuestos de la concepción positivista del desarrollo del conocimiento. Algunos filósofos pusieron de manifiesto las dificultades de la idea del desarrollo del conocimiento como la acumulación de conocimientos científicos. No fue así, es cierto, en el positivismo que, en su versión remozada, pasaría a ser dominante en la filosofía de la ciencia, en el hegemónico mundo anglosajón. Pero en Francia, autores como Bachelard ponían de manifiesto la dificultad de considerar el desarrollo del conocimiento científico como acumulación de descubrimientos:

> No hay, pues, transición entre el sistema de Newton y el sistema de Einstein. No se pasa del primero al segundo acumulando conocimientos, redoblando la atención en las medidas, rectificando ligeramente los principios. Por el contrario, se requiere un esfuerzo de novedad total[26].

La concepción de un desarrollo discontinuo de la ciencia se había iniciado.

Pero la revolución de la física de principios de siglo influyó también en historiadores como L. Febvre, en quien provoca una crítica de la historiografía decimonónica al estilo de Ranke, la «historiografía científica». Es bien conocida la máxima de Ranke según la cual su historiografía «sólo pretende mostrar qué es lo que ocurrió en realidad». La base para ello la constituyen los acontecimientos bien documentados que el historiador se limitaría a registrar. Frente a esta historia de «eventos» particulares, de «hechos» cuya organización —obviamente sólo una de las muchas posibles— en última intancia nos habla tanto del historiador como de la realidad que describe; frente a esta historiografía, digo, Febvre, con la escuela de los *Annales*, insiste en que «El historiador no va rondando al azar a través del pasado, como un trapero en busca de despojos, sino que parte con un proyecto preciso en la mente, un problema a resolver, una hipótesis de trabajo a verificar»[27]. Frente al fetichismo decimonónico de

---

26 Bachelard 1934, p. 46.

27 Febvre 1986, p. 22. En estas páginas Febvre alude a la influencia de las trans-

los hechos, frente a un tácito inductivismo ingenuo, Febvre destaca el papel epistémicamente activo del historiador como lo es el de cualquier científico. Y, a continuación, especifica en un texto que debe citarse:

El histólogo que mira por el ocular de su microscopio ¿capta hechos aislados de una manera inmediata? Lo esencial de su trabajo consiste en crear, por así decirlo, los objetos de su observación, con ayuda de técnicas frecuentemente muy complicadas. Y después, una vez adquiridos esos objetos, en «leer» sus probetas y sus preparados. Tarea singularmente ardua; porque describir lo que se ve, todavía pase, pero ver lo que se debe describir, eso sí es difícil[28].

Cabe decir que también en el mundo anglosajón encontramos importantes críticos de la historiografía positivista. Especialmente relevante sería H. Butterfield. En su conocido estudio *The Whig Interpretation of History,* destaca que forma parte de dicha interpretación el estudiar el pasado con referencia al presente, en ella el historiador

presta atención a la similitud entre el pasado y el presente, en lugar de estar atento a las diferencias. De este modo le resultará fácil decir que ha visto el presente en el pasado, imaginará que ha visto una «raíz» o una «anticipación» del siglo veinte cuando, en realidad, está en un mundo de connotaciones totalmente distintas, y se apoya meramente en lo que podría considerarse una analogía errónea[29].

Como es bien sabido, esta crítica sería desarrollada por la obra de Collinwood, especialmente en su *The Idea of History* de 1946. Pero el libro de Butterfield tuvo una enorme influencia en el campo de la

formaciones de la física de principios de nuestro siglo y de la primera guerra en la historiografía.

28 *Ibid.* Estas afirmaciones pueden resultarnos hoy familiares. De hecho, temo que la primera cita podría hacer pensar en Popper y la segunda quizás habrá hecho pensar en Kuhn. En mi opinión, estas dos últimas citas no tienen que ver ni con Popper, porque aquí se habla no de la *justificación,* sino del proceso de *descubrimiento,* ni con Kuhn, porque todavía no se está afirmando exactamente la carga teórica de los hechos. Aquí todavía se *interpretan hechos* mientras que en Kuhn, si queremos conservar el insuficiente esquema de la *interpretación,* lo que se interpretaría son las *sensaciones.* En cualquier caso, en aquel momento eran tesis que chocaban directamente con el ambiente filosófico e historiográfico dominante y apuntaban ya a problemas que siguen siendo centrales.

29 Butterfield 1973, p. 18.

historiografía de la ciencia, quizás especialmente años después cuando publicó su magistral *Los orígenes de la ciencia moderna*, de 1949. Pero, con ello, nos hemos adelantado a nuestro desarrollo y tenemos que volver al punto en que lo dejamos.

Como decíamos, Koyré pudo ser influido por los miembros del grupo que mencionábamos, así como por los autores a los que me he referido. De hecho, en una u otra de sus obras, nombra a todos y cada uno de los autores del grupo mencionado. No obstante, lo cierto es que, fuera cual fuese la influencia concreta que «eligió» de cada uno de ellos o del conjunto, en Koyré se consolidó un nuevo y fructífero método historiográfico, algunos de cuyos elementos centrales explicaba Koyré en la redacción de un *curriculum vitae* de 1951.

> Desde el comienzo de mis investigaciones, he estado inspirado por la convicción de la unidad del pensamiento humano, particularmente en sus formas más elevadas; me ha parecido imposible separar, en compartimentos estancos, la historia del pensamiento filosófico y la del pensamiento religioso del que está impregnado siempre el primero, bien para inspirarse en él, bien para oponerse a él.
>
> Esta convicción transformada en principio de investigación, se ha mostrado fecunda para la intelección del pensamiento medieval y moderno, incluso en el caso de una filosofía en apariencia tan desprovista de preocupaciones religiosas como la de Spinoza. Pero había que ir más lejos. He tenido que convencerme rápidamente de que del mismo modo era imposible olvidar el estudio de la estructura del pensamiento científico.

Y tras aludir a algunos aspectos ya mencionados, acababa formulando otro de sus principios rectores:

> Por último, hay que estudiar los errores y los fracasos con tanto cuidado como los triunfos. Los errores de un Descartes o un Galileo, los fracasos de un Boyle o de un Hooke, no son solamente instructivos; son reveladores de las dificultades que ha sido necesario vencer, de los obstáculos que ha habido que superar[30].

Koyré había escrito y presentado este *curriculum vitae* al optar a la cátedra que dejaba desierta Gilson, en el Collège de France. Presentado por Francis Perrin y con el apoyo de Lucien Febvre, proponía, con su presentación, la conversión de aquella cátedra en una de

---

30 El texto hoy está recogido en Koyré 1977, pp. 4 y 7.

«Historia del pensamiento científico». En su bella defensa de Koyré, Lucien Febvre recordaba a sus colegas el error cometido con Tannery y la brevedad del período de enseñanza de Boutroux, con el cual desapareció la antigua cátedra de «Historia de las ciencias».

> Una especie de infortunio parece haber perseguido esas tentativas de nuestros antecesores. Hoy se nos presenta la ocasión de reparar el error del destino. [Y al final de su emotiva alocución, añadía] Queridos colegas, perdonadme que os lo recuerde: para nuestra vieja casa el momento es grave[31].

El otro candidato era profesor de la Sorbona, un discípulo de Gilson y defensor de su *philosophia perennis*, que presentaba un proyecto de «filosofía de la historia de la filosofía» como «investigación de las estructuras intrínsecas y de las técnicas probatorias de la constitución de cada doctrina». Se llamaba Martial Gueroult y ganó la cátedra. En su lección inaugural afirmaría:

> La ciencia como cuerpo de verdades establecidas está fuera de la historia, porque la verdad [la del teorema matemático, de la teoría física] es aquí y en sí misma intemporal y no histórica[32].

Dudo que, en este caso, pueda hablarse de ignorancia de los jueces que Sarton aduce como justificación en el caso de Tannery. Lo cierto es que tal decisión de los miembros del Collège de France, despertó tan pocas reacciones que, incluso hoy, apenas se conoce este hecho.

No resulta extraño que Koyré se decidiera a ir a EE UU, donde entró en contacto con el *History of Ideas Club*, con la figura de Arthur O. Lovejoy al frente. Allí publicaría Koyré su *Del mundo cerrado al universo infinito*, una obra que cubría un período cronológico, e incluso un ámbito teórico, mucho más vasto que cualquiera de sus trabajos anteriores. Resulta difícil no atribuir esta diferencia a su contacto con Lovejoy y su *Historia de las Ideas* de tan amplias perspectivas.

Como quiera que sea, la historiografía de la ciencia de Koyré estaba ya muy lejos de la historia interna, metodológica, escrita en función del presente. El «análisis conceptual» de Koyré pone de ma-

---

[31] Koyré 1986, pp. 131 y 134.

[32] Véase Koyré 1986, pp. XXVI-XXVII del «Préface» de Redondi; y pp. 117 ss. Resulta relevante comparar las afirmaciones de Koyré y Gueroult con el texto de Montucla transcrito al inicio de la presente introducción.

nifiesto las «subestructuras filosóficas», las «estructuras de pensamiento» de los científicos del pasado desentrañando los límites de lo pensable en su época. La suya es una historia del pensamiento científico que, al apuntar a la «andadura del pensamiento en su actividad creadora», y no sólo a los «resultados», resulta inseparable de las historias del pensamiento filosófico y religioso, y pone de manifiesto los «factores extralógicos» de su desarrollo. Es una historia de la ciencia que denuncia el anacronismo y sustituye el concepto positivista de *precursor* por el concepto histórico de *predecesor*, en la que los «errores» son tan racionales como las «verdades» y el desarrollo de la ciencia dista mucho de ser un progreso lineal[33]. Es obvio que estamos muy lejos de la concepción ilustrada, positivista, tan bien expresada por Montucla. Para éste, el «error» no tiene relevancia teórica ninguna, por cuanto sin duda es achacable únicamente a la incapacidad del individuo que lo comete. Seguramente por ello merece sólo una consideración moral: es vergonzoso y humillante.

Pero este último punto tiene especial interés porque, a pesar de todo, señala un elemento crucial para la ubicación de Koyré respecto de la historiografía anterior y la posterior.

Es cierto que Koyré nos enseñó a ver la historia de la ciencia como un proceso de rupturas y discontinuidades lleno de ramificaciones y callejones sin salida. La influencia de sus magistrales trabajos sobre las revoluciones astronómica y física de los siglos XVI y XVII está presente de un modo u otro en la mayor parte de los mejores historiadores de la ciencia contemporáneos de I.B. Cohen a R. Westfall, de A.R. Hall a CH.C. Gillispie, de E.J. Dijksterhuis a M. Clagett, o de R.S. Westman a T.S. Kuhn, por citar algunos de ellos.

Por distintas clases de circunstancias, en EE UU se desarrollarían buena parte de las directrices de la historiografía de la ciencia que hemos visto nacer en Francia a principios de este siglo. Pero la obra de Koyré sería, allí, decisiva y su influencia determinaría las transformaciones más importantes de la disciplina que han permitido hablar de una «revolución historiográfica». Es precisamente Kuhn quien usa la ex-

---

[33] Cuando se habla de la concepción historiográfica de Koyré, hay un punto que merece especial relieve: el papel y estatus que concede a la teoría frente a la praxis en la ciencia y su desarrollo, y me ocuparé extensamente de ello más adelante. Aquí mi propósito es únicamente justificar la atribución a Koyré de la paternidad de la historiografía de la ciencia moderna y ubicarlo en la génesis de ésta.

presión «revolución historiográfica»[34] aludiendo a este hecho. Cuando Kuhn critica la antigua historiografía, plantea las dudas y dificultades a que llevan las preguntas y tesis tradicionales, en especial, el carácter acumulativo de la ciencia. Permítaseme citar extensamente el texto de Kuhn:

> El resultado de todas estas dudas y dificultades es una revolución historiográfica en el estudio de la ciencia, aunque una revolución que se encuentra todavía en sus primeras etapas. Gradualmente, *y a menudo sin darse cuenta cabal de que lo están haciendo así*, algunos historiadores de la ciencia han comenzado a plantear nuevos tipos de preguntas y a trazar líneas diferentes de desarrollo para las ciencias que, frecuentemente, nada tienen de acumulativas[35]. [La cursiva es mía.]

Estos historiadores, comenta Kuhn, no se interrogan tanto por la relación de las opiniones de Galileo con la ciencia actual, como por su relación con su grupo y su entorno inmediato.

> Además, insisten en estudiar las opiniones de este grupo y de otro similares, desde el punto de vista —a menudo muy diferente del de la ciencia moderna— que concede a esas opiniones la máxima coherencia interna y el ajuste más estrecho posible con la naturaleza. Vista a través de las obras resultantes que, quizás, estén mejor representadas en los escritos de Koyré, la ciencia no parece en absoluto la misma empresa discutida por los escritores pertenecientes a la antigua tradición historiográfica[36].

No es casual que Kuhn utilice en este punto la referencia a Galileo y aluda inmediatamente a Koyré. Cuando I.B. Cohen conmemoraba la obra de A. Koyré, comentaba: «[...] *"Études Galiléennes"*, publicados en 1939, obra que más que cualquier otra ha sido el origen de la *nueva* historia de las ciencias. [Cursiva en el original]»[37]. Pero, ¿es realmente cierto, como dice Kuhn, que la «línea de desarrollo» dibujada por Koyré, no tiene nada de acumulativa? Veamos ahora un conocido texto de Koyré que alude a estas cuestiones. De nuevo tiene interés citarlo extensamente:

---

[34] La expresión puede ser equívoca. G. Buchdhal hablaba de «A revolution in historiography of science», en *History of Science,* núm. 4 (1965), pp. 59-69, refiriéndose precisamente a la obra de Kuhn.

[35] Kuhn, 1971, p. 23.

[36] *Ibid.*, pp. 23-24.

[37] I. B. Cohen «L'oeuvre d'Alexandre Koyré», en *Atti del symposium internazionale di storia, metodologia, logica e filosofia della scienza. «Galileo nella storia e nella filosofia della scienza»*, Florencia, G. Barbèra Editore, 1967, p. XIII.

Creo incluso que es esa justamente la razón de la gran importancia de la historia de las ciencias, del pensamiento científico, para la historia general. [...] Y también por eso es tan apasionante y al mismo tiempo tan instructiva; nos revela al espíritu humano en lo que tiene de más elevado, en su persecución incesante, siempre insatisfecha y siempre renovada de un objetivo que siempre se le escapa: la búsqueda de la verdad, *itinerarium mentis in veritatem.* Ahora bien, este *itinerarium* no se da anticipadamente y el espíritu no avanza en línea recta. El camino hacia la verdad está lleno de obstáculos y sembrado de errores, y los fracasos son en él más frecuentes que los éxitos. Fracasos, además, tan reveladores e instructivos a veces como los éxitos. Por ello nos equivocaríamos al olvidar el estudio de los errores: a través de ellos progresa el espíritu hacia la verdad. El *itinerarium mentis in veritatem* no es un camino recto. Da vueltas y rodeos, se mete en callejones sin salida, vuelve atrás, y ni siquiera es un camino, sino varios. El del matemático no es el del biólogo, ni siquiera el del físico [...] Por eso necesitamos proseguir todos estos caminos en su realidad concreta, es decir, en su separación históricamente dada y resignarnos a escribir historias *de las ciencias* antes de poder escribir la historia *de la ciencia* en la que vendrán a fundirse como los afluentes de un río se funden en éste.

¿Se escribirá alguna vez? Eso sólo lo sabrá el futuro[38].

El último tema —historia de «la» ciencia o historia de «las» ciencias— apuntado por Koyré que, como se ha visto por los textos de Tannery, es un viejo tema, no es el que me interesa aquí. Me interesa más bien el modelo de progreso científico que Koyré está afirmando y dando por sentado. Y parece que, de nuevo, nos encontramos con la dificultad que apuntábamos más arriba respecto a la «modernidad» de Tannery.

Es cierto que Koyré insiste una y otra vez en la no «linealidad» del «progreso» científico, del «camino hacia la verdad», insiste en los eventuales «retrocesos», e incluso vías sin salida en este *itinerarium.* Eso, desde luego, constituye una negación de características importantes de la idea de progreso positivista. Por ejemplo, el presupuesto de que el progreso de la historia de la ciencia es una especie de deducción lógica contada del revés. Koyré no va más alla en su reflexión teórica al respecto. Es en sus trabajos de historiador de la ciencia donde se nos indica claramente el sentido de estas afirmaciones. En la realidad, la teoría de Tycho Brahe vino después de la de Copérnico y no antes como «lógicamente» debió haber venido[39]. La in-

---

38 Koyré 1977, pp. 385-386.

39 Koyré 1977, p. 83.

finitización del universo planteó unos problemas demasiado profundos y unas soluciones con demasiado alcance, que abarcaban los campos de la filosofía e incluso la teología, para «permitir un progreso sin impedimentos» [40].

Pero, en cualquier caso, está claro que Koyré cree en un progreso «hacia la verdad» y por tanto ¿no significa eso «acumulativo», aún a pesar de la pluralidad de «caminos» por los que parece avanzar? [41]. Y eso es un elemento, también positivista, que Koyré tiene en común con los historiadores anteriores y le separa de los posteriores o, más en concreto, de Kuhn. Por tanto, cabe al menos poner en cuestión la exactitud de las afirmaciones de Kuhn, reproducidas más arriba, en su mirada retrospectiva a la hora de introducir sus innovadoras ideas. Parece que, incluso el propio Kuhn proyecta algo en su reconstrucción histórica de la «revolución historiográfica» y del surgimiento, a partir de ésta, de una nueva imagen de la ciencia. En mi opinión no se trata de que se haya producido una ruptura en la historiografía de la ciencia. Creo que la historiografía de Kuhn no hace sino desarrollar consecuentemente los elementos centrales de la concepción de Koyré que hemos expuesto más arriba. Lo que sí es indudable es que este desarrollo de la historiografía provocó, o está en la base de, una revolución en la «filosofía de la ciencia».

Hoy puede resultar difícil, y posiblemente cada vez lo sea más, no ver como contradictorias la afirmación de Koyré de la existencia de verdaderas «revoluciones» científicas y su afirmación del progreso científico entendido como progreso hacia la verdad. Pero eso, hoy aparentemente tan inmediato y tan sencillo, ha requerido una profunda transformación en la filosofía de la ciencia. Para Koyré y sus colegas, anteriores a la década de los sesenta, simplemente no existía tal contradicción. La idea de progreso de Koyré puede entenderse, a pesar de las «revoluciones», como la de Popper, es decir como aumento de «verosimilitud». Y eso es uno de los elementos fundamen-

---

[40] Koyré 1979, pp. 2-3.

[41] Tal como yo lo entiendo podemos decir que en Koyré el progreso científico no es «lineal», pero sí «acumulativo». No sabemos cómo se produce este progreso porque Koyré no nos lo explica. ¿Se acumulan ahora no ya «hechos» como en la concepción tradicional, sino «estructuras», «marcos mentales»? Eso no parece tener mucho sentido. Pero no lo tiene desde la obra de Kuhn. Dudo que en Koyré, a pesar de su interés por Levy-Bruhl, quepa la pregunta ¿cómo identificamos LA verdad, es decir, cómo nos situamos FUERA de los «marcos mentales» históricamente dados?

tales que separa la concepción de Koyré de la nueva imagen de la ciencia a que alude Kuhn.

Un texto de éste último ilustrará perfectamente esta diferencia.

Ya es hora de hacer notar que hasta las páginas finales de este ensayo, no se ha incluido el término 'verdad' sino en una cita de Francis Bacon [...] El proceso de desarrollo descrito en este ensayo ha sido un proceso de evolución *desde* los comienzos primitivos, un proceso cuyas etapas sucesivas se caracterizan por una compresión cada vez más detallada y refinada de la naturaleza. Pero nada de lo que hemos dicho o de lo que digamos hará que sea un proceso de evolución *hacia* algo. Inevitablemente, esa laguna habrá molestado a muchos lectores. Todos estamos profundamente acostumbrados a considerar la ciencia como la empresa que se acerca cada vez más a alguna meta establecida de antemano por la naturaleza[42].

En estas páginas, Kuhn proponía la sustitución, en nuestra concepción del desarrollo de la ciencia, de «la-evolución-hacia-lo-que-deseamos-conocer» por «la-evolución-a-partir-de-lo-que-conocemos»[43]. Es decir, Kuhn en ningún momento niega que haya progreso científico. Pero hay que confesar que, tras los capítulos anteriores de *La estructura de las revoluciones científicas*, no resulta nada fácil aceptar, sin más, que el progreso sea «un acompañante universal de las revoluciones científicas»[44].

Este último concepto, el de «revolución científica» es, en última instancia, el que aglutina el conjunto de problemas que explican tanto las semejanzas como las distancias entre las afirmaciones de Koyré y las de Kuhn. No es casual que sea el objeto central de la «nueva filosofía de la ciencia» y que, a la vez, la historiografía de la ciencia de este siglo, en especial desde Koyré, haya tenido como centro de interés y campo de batalla de sus polémicas la Revolución Científica de los siglos XVI y XVII.

---

42 Kuhn 1971, pp. 262-263.

43 Este es un buen momento para justificar nuestras cursivas en la n. 35. En este texto Kuhn comenta la «revolución historiográfica», y nos dice que algunos historiadores, bien representados por Koyré, empiezan a hacer preguntas y a trazar líneas de desarrollo que no tienen nada de acumulativos. Pero dice que lo hacen «a menudo sin darse cuenta de que lo están haciendo así». ¿Es que la historiografía, a diferencia de la ciencia, sí tiene una meta dada de antemano, una dirección que incluía ya entonces la contradicción entre revolución y progreso hacia la verdad?

44 *Ibid.*, p. 256. Aunque en el texto de Kuhn esta afirmación está entre interrogantes, lo que se pregunta es la causa de que esto suceda, no si sucede, lo cual se da por sentado.

Decíamos más arriba que Duhem tuvo seguidores como A. Mieli y P. Brunet. Pero no fueron los únicos. Su obra, especialmente su interés y revalorización de la ciencia de la Edad Media, tendría grandes continuadores, tanto en EE UU como en Europa, por ejemplo E. Moody, M. Clagett, A. C. Crombie o W. A. Wallace. Se constituirá así un movimiento historiográfico denominado «continuista» que, no sólo reivindica el valor de las aportaciones científicas de la Edad Media y reconsidera el tema de los orígenes de la ciencia moderna, sino que al hacerlo viene a diluir la Revolución Científica como tal. Se iniciaba así una de las grandes polémicas de la historiografía de la ciencia de nuestro siglo.

Pero si la Edad Media tuvo sus estudiosos, tampoco le faltaron al Renacimiento. El pensamiento mágico-naturalista, el hermetismo, y sus relaciones con el nacimiento de la ciencia moderna han sido objeto de estudio por parte de un importante grupo de historiadores que nos han dado trabajos hoy clásicos que han abierto nuevos campos de investigación. Entre ellos cabe mencionar a F. A. Yates, P. Rossi, D. P. Walker, P. M. Rattansi, Allen C. Debus y, en cualquier caso, el libro de Marie Boas Hall sobre el Renacimiento científico.

El famoso trabajo de R. K. Merton sobre la ciencia en la Inglaterra del siglo XVII puede considerarse un trabajo fundacional de otra de las grandes temáticas de la historiografía de la ciencia de este siglo: «internalismo» y «externalismo». Una polémica hoy renovada gracias a los modernos sociólogos de la ciencia.

Parece claro que el estudio de la Revolución Científica del siglo XVII ha sido el centro de las grandes polémicas de la historiografía de la ciencia de este siglo, que, a través de éstas, la historiografía de la ciencia se ha consolidado como disciplina. Pasaremos ahora al análisis de estas polémicas.

1. EL DESCUBRIMIENTO DE LA CIENCIA MEDIEVAL: EL CONTINUISMO

> El desprecio de las ciencias humanas era uno de los principales carácteres del cristianismo... Hasta la luz de los conocimientos naturales le era odiosa y sospechosa, pues los conocimientos son muy peligrosos para el éxito de los milagros, y no hay religión que no fuerce a sus secuaces a engullir algunos absurdos físicos. Así el triunfo del cristianismo fue la señal de la total decadencia, tanto de las ciencias como de la filosofía.
>
> Unos monjes que tan pronto inventaban antiguos milagros como los fabricaban nuevos y nutrían de fábulas y de prodigios la ignorante estupidez del pueblo, al que engañaban para despojarle; unos doctores que empleaban la sutileza de su imaginación para enriquecer su fama con algún absurdo nuevo y para ampliar, de algún modo, los que les habían sido transmitidos; unos sacerdotes que obligaban a los príncipes a entregar a las llamas a los enemigos de su culto y a los hombres que se atrevían a dudar de uno sólo de sus dogmas, a sospechar de sus imposturas o a indignarse con sus crímenes, y a los que por un momento se apartaban de una ciega obediencia; ... Estos son, en aquella época, los únicos rasgos que la parte occidental de Europa proporciona al cuadro de la especie humana.
>
> Este mismo método —el de la escolástica— no podía menos que retrasar en las escuelas el progreso de las ciencias naturales. Algunas investigaciones anatómicas; algunos oscuros trabajos sobre química, empleados únicamente para buscar la gran obra, algunos estudios sobre la geometría, sobre el álgebra, que no alcanzaron a saber todo lo que los árabes habían descubierto, ni a entender las obras de los antiguos; unas observaciones, en fin, algunos cálculos astronómicos que se limitaban a elaborar, a perfeccionar unas tablas, y que se veían desvirtuados por una mezcla de astrología; éste es el cuadro que tales ciencias presentan.
>
> CONDORCET (1794), *Bosquejo de un cuadro histórico de los progresos del espíritu humano*, Madrid, Ed. Nacional, 1980, pp. 141, 150-151 y 160.

I. EL CONCEPTO DE REVOLUCIÓN

Si atendemos a la historiografía de la ciencia de este siglo y especialmente desde los años 20, no podrá escapar a nuestra atención el hecho de que muchas de las obras más importantes se centran en la Revolución Científica del siglo XVII —en adelante RC. Si la historiografía moderna de la ciencia nace y se desarrolla por oposición a la imagen del progreso científico como una sucesión acumulativa de éxitos, afirmando, por el contrario, la existencia de rupturas en el proceso, es natural que se dedicara en gran parte a historiar períodos de discontinuidad del pensamiento científico. Y la RC es, en este sentido, el mayor y más claro exponente.

Efectivamente, el periodo comprendido entre la primera mitad del siglo XVI y la segunda del XVII es uno de esos períodos fascinantes en los que el devenir histórico se altera. Se dan profundas trasformaciones en todos los ámbitos: político, social, religioso, intelectual, que hacia el primer tercio del siglo XVII dan como resultado un cambio radical en las creencias básicas, una nueva actitud mental que se plasmará en grandes restructuraciones teóricas, nuevos problemas que exigirán un nuevo tipo de respuestas. Una serie de cambios, en definitiva, que a la larga conformarán un nuevo «sentido común», una nueva *weltanschauung*.

Nada más fácil, en principio, que la constatación de ese *tour d'esprit*: el de principios del siglo XVI y el de la segunda mitad del siglo XVII eran «mundos diferentes». El hombre y la naturaleza —incluso Dios— así como sus relaciones, no son los mismos. En el siglo XVI, en virtud de las relaciones de los signos invisibles de las cosas, de la red oculta de analogías y semejanzas, la naturaleza, —o *macrocosmos* de la que el hombre o *microcosmos* es fiel reflejo en cada una de sus partes— infinitamente rica, podía producir los más sorprendentes efectos, *effectus mirandi*, y los más notables «monstruos» como el pez-con cara de obispo, o el animal llamado *Huspalim* que no vive más que del viento[1]. Las fuerzas y virtudes ocultas podían manifestarse en las más distintas formas. Así, la esmeralda, según Paracelso y otros autores renacentistas, es una piedra que beneficia los ojos y la memoria, protege la castidad y, si ésta es violada por quien lleva la piedra, también ésta última sufre daño. Se afirma, en estos momentos, que el imán saca a la adúltera de su cama; que las plantas saturnianas curan la oreja derecha y las marcianas la izquierda. En virtud de las influencias astrales un hombre podía vivir atormentado por su astro como le sucede a Ficino con Saturno.

---

[1] Puede verse un dibujo de tan notables animales en Ambroise Paré. *Monstruos y prodigios* (1575), Madrid, Ediciones Siruela, 1987, pp. 94 y 123 respectivamente.

En la segunda mitad del siglo XVII la mayor parte de estos fenómenos ya no son posibles. La naturaleza está regida por leyes desantropomorfizadas, su comportamiento es mecánico. Las «virtudes ocultas» y las formas espirituales han desaparecido y el universo actúa con una precisión sólo captable matemáticamente. Una esmeralda es, para Hooke, una «piedra figurada» más, precisamente de aquellas «propiamente naturales» cuya forma es «muy fácil explicar mecánicamente»[2] y que, en sus movimientos, sin duda sigue las mismas leyes que cualquier otro grave que, desde Galileo, se han ido precisando cada vez más.

Pero, ¿cómo se dió este cambio? ¿Qué sucedió para que se diera una revolución tan radical en la concepción de la naturaleza, del hombre, y de sus relaciones? Un fenómeno de esta envergadura es siempre complejo. Pero, en el caso que nos ocupa no hay duda de que el elemento, o más bien el conjunto de elementos esencial de este cambio es lo que llamamos hoy Revolución Científica del XVII.

Ahora bien, utilizar esta expresión, asumir este concepto, implica enfrentarse a una larga serie de problemas historiográficos y metodológicos de enorme interés: problemas de periodización (Edad Media - Renacimiento - Modernidad); de relaciones o demarcación entre distintas disciplinas (ciencia - filosofía - teología) y sus respectivas historias: la posibilidad o necesidad de una historia más «sintética», más global, etc. Piénsese especialmente en la cantidad de problemas, tanto historiográficos como filosóficos, suscitados por el libro de T.S. Kuhn *La estructura de las revoluciones científicas.*

La expresión «Revolución Científica» puede considerarse definitivamente arraigada, en la historiografía moderna, a partir de 1954 en que A. R. Hall la utiliza como título de su libro *The Scientific Revolution, 1500-1800. The Formation of Modern Scientific Attitude.* Pero es precisamente a partir de entonces cuando se intensifican las polémicas y disensiones que la hacen objeto central de estudio, discusiones que llegan hasta hoy.

Ya en 1957, en un congreso de historiadores de la ciencia, Giorgio de Santillana planteaba a sus colegas, refiriéndose al nacimiento de la ciencia moderna en el siglo XVII, «Una revolución, seguramente. Pero, ¿qué significa eso?». Y justo treinta años más tarde, en 1987,

[2] Así lo afirma Robert Hooke. Véase R. Waller (comp.) 1705, p. 280.

Hooykaas, refiriéndose a la misma cuestión, preguntaba «¿Hubo algo así como una revolución científica?»[3]. Y en efecto, cada uno de los términos de la expresión nos puede remitir a una serie de problemas que han ocupado gran parte de la historigrafía de la ciencia de este siglo. Por lo pronto, el término «revolución» se opone al de «evolución». Con ello Hall se sitúa en una perspectiva historiográfica que considera el cambio de cosmovisión a que aludíamos como producto de una «ruptura», y no como resultado de un proceso lineal de cambio, es decir, como una «reforma». Aquí tenemos ya, como decíamos, el primer gran debate de la historiografía de nuestro siglo: si la imagen de la naturaleza y del hombre que aparecen en el siglo XVII, si la nueva ciencia, son el resultado de un proceso acumulativo, o bien si se introduce, en efecto, mediante una «*coupure*», una mutación teórica.

Pero, cabe recordar aquí que, por más que éste haya sido un tema central en la moderna historiografía, y que el «rupturismo» señale el nacimiento de la historiografía moderna o actual, no es de ningún modo una innovación de este siglo. Por el contrario, las tesis rupturistas, obviamente con ciertas diferencias, han sido dominantes desde el siglo XVII por lo menos. Como es sabido, el Renacimiento se bautizó a sí mismo para destacar la discontinuidad, su ruptura con la Edad Media. Por otra parte, aunque modernamente, se aluda frecuentemente al sentido del término «revolución» en la historia política y social, estableciendo a partir de ahí analogías con la historia de la ciencia, lo cierto es que, históricamente, el préstamo se dio en sentido inverso. La historiografía política y social tomó el término del campo de la astronomía y la astrología —pensemos, por ejemplo, en el título de la gran obra de Copérnico *Sobre la revolución de las esferas celestes*— y designaba, en principio, un fenómeno cíclico y continuo. Pero no deja de ser cierto que el sentido moderno que damos al término se debe, en gran parte, a las modificaciones que sufrió su uso tras acontecimientos como la Gloriosa Revolución inglesa de 1688 y la Revolución francesa de 1789. Entre ambas, y tanto en la historiografía política como aplicado al campo científico, el termino «revolución» se usa tanto en su sentido primitivo como en el de «ruptura de continuidad». Pero, como digo, es este último el sentido que irá imponiéndose progresiva-

[3] R. Hooykaas. «The Rise of Modern Science: When and Why», *The British Journal for the History of Science*, vol 20, 4 (1987), pp. 453-475.

mente hasta conquistar totalmente el campo semántico del término a partir de 1789[4].

Sea como fuere, el hecho es que a principios de siglo, en nuestra disciplina, se introdujo una visión muy distinta del nacimiento de la nueva ciencia y de las aportaciones del siglo XVII.

II. TESIS CONTINUISTAS. EL RENACIMIENTO COMO VÍCTIMA

Puede afirmarse que las tesis denominadas «continuistas» nacen, en el terreno de la historiografía de la ciencia, con Pierre Duhem. Pero la obra de Duhem puede y debe incluirse dentro de un movimiento historiográfico más amplio que tanto en la historia general, como en la de las distintas disciplinas surge a principios de siglo. Se trata de un movimiento que W. K. Ferguson[5] caracterizó como la «revuelta de los medievalistas». Estos, en efecto, reaccionan contra la imagen del Renacimiento, trazada por Jacob Burckhardt hacia mediados del XIX en su *La Cultura del Renacimiento en Italia*, còmo un periodo con entidad propia, innovador y netamente diferenciado del Medievo. Un periodo con una nueva concepción política en la que surge un nuevo hombre, con una nueva conciencia de sí mismo, que se desarrolla en el «individualismo», con un nuevo interés por el mundo exterior; un hombre irreligioso e inmoral. Todo eso, bajo la influencia de la recuperación y renacimiento de la Antigüedad, serían características definitorias del Renacimiento como periodo histórico.

Es difícil exagerar la importancia de la obra de Burckhardt. Fue suficientemente sugestiva como para alimentar las directrices historiográficas sobre el Renacimiento hasta finales de siglo. Pero, si preferimos medir la importancia de una obra por la oposición que despierta, la de Burckhardt, en nuestro siglo, es sin duda máxima. Hacia 1910 se inició una reacción que desde distintos campos, y con diversas motivaciones, iba a criticar la tesis burckhardtiana, reivindicando para la Edad Media toda una serie de prioridades cronológicas y teóricas. En las tres décadas siguientes, estas revisiones críticas no ha-

---

[4] Para el desarrollo de este tema vease el articulo de I. B. Cohen 1976, pp. 257-288; así como I. B. Cohen 1989, 4 y 5.

[5] W. K. Ferguson 1969 (orig. 1948), cap. XI.

[6] Jacob Burkhardt 1985. Y su *Geschishte der Renaissance in Italien*, de 1867 que complementa la anterior.

rían sino aumentar de manera tan profusa que convertirían la cuestión en un reto para cualquier mente analítica[7].

W. K. Ferguson, en su estudio historiográfico citado, establece una triple división de las tesis más importantes que, por lo demás, no se excluyen mutuamente sino que, al contrario, en muchos casos se entrecruzan e incluso implican.

Por una parte, agrupa a los historiadores que retrotraen los rasgos señalados por Burckhardt como característicos del Renacimiento, así como sus orígenes, a algún momento de la Edad Media. Por ejemplo, CH. H. Haskins y F.F. Walsh que sitúan los orígenes del Renacimiento en el siglo XII y XIII respectivamente; F. von Bezold y F. Schneider que afirman la continuidad de la tradición clásica en el Medievo; J. Maritain, E. Gilson y D. Knowles que descubren en la Edad Media un «humanismo» continuador del espíritu clásico y anticipador del renacentista. También hay en este grupo autores claramente nacionalistas, como E. Parras, para quien el humanismo es una creación de la Francia medieval.

Por otra parte, estarían los autores que hallan en el Renacimiento características claramente medievales. Entre ellos, L. von Pastor y Ch. Dejob, que destacan la religiosidad de la *Weltangschauung* renacentista, y A. von Martin y E. Walser que la caracterizan como construida sobre bases medievales, estableciendo una clara continuidad entre ambas, tesis éstas que hallan su versión más extrema en G. Toffanin.

Por último, un posible tercer grupo de historiadores sería el de los que, no hallando características diferenciadoras suficientes, fusionan ambas épocas en un solo proceso o, en el mejor de los casos, ven en el Renacimiento la decadencia de la Edad Media, su «otoño», como lo llamó J. Huizinga, cuya tesis comparte R. Stadelmann. J. Nordström y J. Boulanger ven en la Francia medieval la cuna del Renacimiento europeo, al que Italia no habría hecho ninguna aportación importante. Y tan contentos. Pero aún hay más. Para F. Picavet resulta claro que la filosofía medieval no muere hasta el siglo XVII[8]. No menos radical es E. Gilson, para quien el Renacimiento no sólo

---

[7] La primera edición del libro en 1860 no fue precisamente un éxito editorial, como tampoco la segunda de 1868. Posteriormente ya se vendieron más ejemplares. Pero fue, precisamente, en esas «tres décadas» que mencionamos cuando la tirada de las ediciones y las traducciones aumentaron enormemente. Véase Burkhardt 1985. Prólogo de J. Bofill y Ferro, p. IX.

[8] Si hubiera vivido aquí, apenas ayer, se habría dado cuenta de que había sido excesivamente pesimista.

no ha creado nada realmente nuevo, sino que además ha perdido mucho y bueno de lo antiguo. Vale la pena citarlo:

La diferencia entre el Renacimiento y el Medievo no es una diferencia por suma sino por sustracción. El Renacimiento, tal como nos lo han descrito, no fue el Medievo más el hombre, sino el Medievo menos Dios; y la tragedia es que perdiendo a Dios, el Renacimiento perdía también al hombre [9].

Maritain, por su parte, si bien acepta hasta cierto punto la interpretación burkhardtiana del Renacimiento, hace de éste una valoración totalmente negativa. Lo ve como la fuente de todos los males del mundo moderno cuya cultura olvida lo sacro y se vuelve hacia el hombre. Por lo menos, en el caso de las valoraciones explícitas, uno sabe a que atenerse.

Decíamos que las tesis continuistas en la historiografía de la ciencia deben ubicarse en este contexto. No obstante, aún manteniendo una clara relación con los de la historiografía de este período en general, en este campo se plantean una serie de problemas específicos que debemos abordar.

Como ya mencionábamos anteriormente, con los humanistas del Renacimiento se desarrolla una clara conciencia de iniciar una «nueva edad», que es aceptada y claramente destacada por la historiografía hasta mediados del siglo XIX. El gran mérito de Burckhardt consiste en crear el Renacimiento como un período histórico, dando una imagen global de éste. Pero una de las lagunas más importantes que tenía su monumental obra era la escasa atención, incluso desinterés, con que trataba la filosofía, la ciencia y, en general, el pensamiento teórico del Renacimiento. El mismo Burckhardt al aludir a las ciencias naturales en la Italia renacentista nos dice claramente:

Por lo que concierne a la contribución de los italianos a las ciencias naturales, hemos de remitir al lector a las obras especiales, de las cuales nos es conocido únicamente el contradictorio y superficial estudio de Libri [10].

---

[9] E. Gilson. «Humanisme médiéval et Renaissance», en *Les idées et les lettres*, París, 1932, p. 192. Citado en Ferguson 1969, p. 534.

[10] Burckhardt 1985, vol. II, p. 212. Se refiere a Libri, *Histoire des Sciences Mathématiques en Italie*, 4 vols., París, 1838. Eso no obstaba en absoluto para que Burckhardt diera por sentada la ruptura y diferencia cualitativa de la ciencia renacentista respecto de la Edad Media. Aclara que la controversia sobre la prioridad no le interesa en absoluto. Es obvio que en todo país culto surgen hombres que gracias a sus dotes naturales «sean capaces de contribuir a los progresos más sorprendentes; hombres de

Por otra parte, la tesis dominante en el campo de la historiografía de la ciencia era la que ubicaba la ruptura, la innovación, en definitiva, el nacimiento de la ciencia moderna, a principios del siglo XVII. Así pues, para los historiadores de la ciencia continuistas, el Renacimiento burckhardtiano no representaba un obstáculo, sino que incluso favorecía sus tesis. No tuvieron más que construir un puente sobre la laguna que Burckhardt había dejado, puesto que la continuidad que se esforzaban en mostrar se establecía entre la Edad Media y el siglo XVII. Para Duhem, iniciador de la tesis, apenas hay un solo logro del siglo XVII, en el campo de la física, que no se halle anticipado, de manera más o menos importante, por algún «precursor» medieval, especialmente del París occamista de finales del siglo XIII y del siglo XIV.

Si tuviera que fijar la fecha de nacimiento de la ciencia moderna, escogería sin dudar el año 1277, cuando el obispo de París proclamó solemnemente que pueden existir muchos mundos y que el conjunto de las esferas celestiales podría sin contradicción, ser movido en una línea recta[11].

Según Duhem, autores como Leonardo o Galileo no serían sino meros continuadores, por más que importantes, de la obra iniciada entonces en el París del obispo Tempier. En su conocida obra *Sozein ta fainomena. Essai sur la notion de théorie physique de Platon a Galilée*, Duhem formulaba claramente las razones de su afirmación anterior. Tras afirmar que los científicos del siglo XX han tenido que abandonar ilusiones que pasaban por certezas, continúa:

[...] hoy se ven forzados a reconocer y confesar que la lógica estaba de parte de Osiander, de Bellarmino y de Urbano VIII, y no de parte de Kepler y Galileo; que los primeros habían comprendido el alcance exacto del método experimental y que a este respecto, los segundos se habían equivocado.
[La conclusión y el libro de Duhem acaban así:]

A pesar de Kepler y Galileo, hoy creemos, con Osiander y Bellarmino, que las hipótesis de la física no son más que artificios matemáticos destinados a *salvar los fenómenos.*[12] [cursiva en el original].

---

este tipo fueron Gerbert de Reims y Roger Bacon... Ahora bien es cosa muy distinta [añade] que todo un pueblo haga, antes que los demás pueblos, patrimonio suyo preferente la observación e investigación de la Naturaleza, y que en aquel país, por consiguiente, no envuelvan al descubridor la amenaza y el silencio, sino que, por el contrario, pueda contar con la acogida de espíritus afines. Que así ocurriera en Italia, parece indudable». *Ibid.*

11 Duhem 1906-13, vol. II, p. 412.

12 Duhem 1990, pp. 136 y 140.

Como es sabido, ya en su obra *La théorie physique: son objet, sa structure*, Duhem había desarrollado su concepción ficcionalista[13]. Pero aquí nos interesa únicamente en cuanto que la utiliza y aplica en su trabajo históriográfico. Hoy sus errores, en este sentido, son ampliamente reconocidos. Para empezar, la «teoría física» no puede identificarse con la «astronomía», como hace Duhem[14]. Por lo demás, no se trata de que la astronomía matemática y la cosmología sean dos modos distintos —«realismo» e «instrumentalismo» o «ficcionalismo»— de entender las teorías. Por el contrario, eran dos disciplinas distintas, dos modos distintos de enfrentarse a la naturaleza, con sus propios criterios. Pero, además, ni siquiera puede aceptarse la proyección que Duhem hace de su ficcionalismo a la astronomía hasta el siglo XVII. De hecho, por más que después de Aristóteles los astrónomos se inclinaran, a su pesar, por la predicción sin poder ofrecer, a la vez, una «explicación» y correlato con la realidad que resultaran satisfactorios[15], lo cierto es que nunca renunciaron a conseguir la unificación de la cosmología y la astronomía y nunca dejan de acudir a los argumentos físicos en apoyo de sus tesis[16].

Pero Duhem no se limita a atribuir a la Edad Media anticipaciones y precursores en el terreno metodológico. También desciende al terreno concreto de la física. Hay un texto muy revelador en este sentido que, además de sintetizar tesis que podemos encontrar aquí y allá en los escritos de Duhem, tiene la ventaja de poner de manifiesto el carácter apologético de la campaña duhemiana en defensa de la Edad Media y contra la imagen del Renacimiento de Burckhardt. Se trata de una carta de 1911 que Duhem dirige al padre Bulliot, donde

---

[13] «Una teoría física no es una explicación, sino un sistema de proposiciones matemáticas deducidas de un pequeño número de principios que tiene como objetivo representar tan simple, completa y exactamente como sea posible un conjunto de leyes experimentales». La teoría verdadera o falsa, según Duhem, es la que *representa*, de modo adecuado o no, un conjunto de leyes experimentales (Duhem 1989, p. 24).

[14] Duhem 1990, pp. 1 y 2. Véase al respecto el artículo de Peter K. Machamer «Fictionalism and realism in 16th century astronomy» en Westman (comp.) 1975, pp. 346-354.

[15] Hanson 1978, pp. 102-104; 136-138; 144.

[16] Feyerabend «Realism and Instrumentalism. Comments on the logic of factual support» (1964), hoy en Feyerabend 1981, vol. I, pp. 176-202; B. Nelson, «Los comienzos de la moderna revolución científica y filosófica: ficcionalismo, probabilismo, fideísmo y "profetismo" católico», en Hanson, Nelson, Feyerabend, 1976, pp. 53-97. Pueden encontrarse un examen de la cuestión y muchas otras referencias en A. Elena 1985.

entre otras muchas cosas alude a la presencia de la teología en la ciencia griega. Era, claro está, una filosofía pagana que, con su divinización de los astros y cielos y su atribución a éstos de un movimiento perfecto, introdujo postulados que, si bien fueron provisionalmente útiles, muy pronto se convirtieron en estorbos para la física. En este punto el texto continua así:

Ahora bien, ¿quién ha roto estas cadenas? El cristianismo. ¿Quién ha sostenido, en pleno siglo XIV, que los cielos no eran en modo alguno movidos por inteligencias divinas o angélicas, sino en virtud de un impulso indestructible conferido por Dios en el momento de la Creación, exactamente igual que se mueve la bola lanzada por un jugador? Un maestro en artes de París: Juan Buridan. ¿Quién, en 1377, declaró que el movimiento de la Tierra era más simple y satisfactorio para el espíritu que el movimiento diurno del firmamento y quién ha refutado todas las objeciones formuladas contra aquel movimiento? Otro maestro parisiense: Nicolás Oresme. ¿Quién ha fundado la dinámica, descubierto la ley de la caída de los graves, sentado las bases de una geología? La Escolástica parisina, en una época en la que la ortodoxia católica de la Sorbonne era proverbial en el mundo entero. ¿Qué papel han jugado en la formación de la ciencia moderna los tan alabados espíritus libres del Renacimiento? En su supersticiosa y rutinaria admiración por la antigüedad han ignorado y desdeñado todas las ideas fecundas de la Escolástica del siglo XIV, retomando las doctrinas menos sostenibles de la física platónica o peripatética. ¿En qué consistió, en las postrimerías del siglo XVI y comienzos del XVII, ese gran movimiento intelectual que alumbró las teorías que desde entonces admitimos? En una pura y simple vuelta a las enseñanzas que en la Edad Media había ofrecido la Escolástica de París, *no siendo Copérnico y Galileo más que los continuadores* y, por así decir, los discípulos de Nicolás de Oresme y Juan Buridan. Por lo tanto, si esta ciencia de la que estamos tan orgullosos ha podido ver la luz, es gracias a que la Iglesia Católica ha sido su comadrona [17]. [Cursiva mía.]

Como se ve, el texto no precisa comentario. Es la formulación nítida de las tesis continuistas en los más distintos ámbitos [18], viene a

[17] Véase Hélène P. Duhem 1936 pp. 165-167. Citado por A. Elena 1985, p. 9.

[18] Incluso el de la geología, lo cual ya resulta pasmoso. Las ideas ¿geológicas? de Buridan están tan lejos de las de Stenon o Descartes como cerca de las de Alejandro de Afrodisia sobre el equilibrio de la Tierra y los mares y el centro de gravedad de la Tierra, que tienen poco, si algo, que ver con la geología. Puede verse al respecto Duhem 1913-1958, t. IX (1958). Pero además están no menos lejos de las ideas de los «teóricos de la Tierra» ingleses como T. Burnet, W. Whiston, J. Ray, etc., que, a la hora de formular sus «teorías de la Tierra» a pesar de lo dicho por Duhem, se tomaban

significar la inversión de la tesis historiográfica tradicional, y constituye el reverso ideológico de las tesis de Condorcet que dan entrada a este capítulo.

Pero, de hecho, Duhem no fue el único en aquellos momentos que valoró tan negativamente el Renacimiento. El citado G. Sarton, en un artículo de 1929, hace una valoración igualmente negativa:

> Desde el punto de vista de la ciencia, el Renacimiento no fue un renacimiento... no fue tanto un renacer como una pausa o la mitad del camino entre dos renaceres ... Desde un punto de vista filosófico así como desde un punto de vista científico éste —el Renacimiento— fue indudablemente un retroceso. Comparado con la Escolástica medieval, tediosa pero honesta, la filosofía característica de aquella edad, que es el neoplatonismo florentino, fue una mezcla superficial de ideas demasiado vagas para tener algún valor real [19].

Como es obvio, la perspectiva de Sarton no coincide en todos sus presupuestos filosóficos con la de Duhem. Así, por ejemplo, cuando afirma que los renacentistas llevaron a cabo una cierta labor destructiva de algunos obstáculos, pero que, en el campo teórico, no construyeron nada en su lugar.

Pero, se da aquí un hecho curioso. Veinte años más tarde, Sarton escribía un artículo titulado «La busca de la verdad. Breve relato del progreso científico durante el Renacimiento». Lo iniciaba con una nota a pie de página en la que recordaba que había escrito una ponencia «La ciencia en el Renacimiento» —a la que pertenece el texto que acabamos de citar— de la que decía: «nunca la he vuelto a leer; por consiguiente, esta lección es independiente de aquel estudio» [20]. Sin duda, de lo contrario la contradicción sería flagrante. Aquí el Renacimiento aparece como enormemente fecundo:

> En el campo de la ciencia las novedades fueron gigantescas, revolucionarias. Eso explica por qué los timoratos se asustan de la ciencia. Su instinto es acertado: nada puede ser más revolucionario que el crecimiento del conocimiento. Los científicos renacentistas no sólo introdujeron una «nueva cos-

---

el texto bíblico mucho más en serio que Buridan. Lo que tengan que ver las ideas de Buridan con la geología propiamente dicha, que se inicia hacia principios del siglo XIX, hay que inventarlo.

[19] G. Sarton. «Science in Renaissance», en J.W. Thompson *et al., The Civilisation in the Renaissance,* Chicago, 1929, pp. 76-79. Citado por Ferguson, 1969, pp. 533-535.

[20] Sarton 1968, p. 103.

movisión», sino un nuevo ser. Con frecuencia las novedades fueron tan grandes que no deberíamos hablar de Renacimiento, sino de un verdadero nacimiento, de una cabal iniciación.

El Renacimiento humanista fue una trasmutación de valores, un *«new deal»*, un nuevo barajar el mazo, aunque muchas de las barajas fueran viejas; en cambio el Renacimiento *científico* fue un *«new deal»* en el cual muchas de la cartas eran totalmente nuevas[21]. [Cursiva en original.]

Lo cierto es que el libro (Sarton 1965) no presenta en absoluto la historia de un cambio de cosmovisión tal como lo entendemos hoy y metodológicamente no difiere en lo más mínimo de sus obras anteriores. De hecho, cuando hace sus consideraciones iniciales, establece diferencias de este tenor entre los distintos siglos: el intento de una presentación completa del siglo XIV abarca en su *Introduction to the History of Science*, 2 192 páginas. «Admitamos —dice— que el número de acontecimientos científicos se duplicó en el siglo XV y se triplicó en el XVI», en este caso, calcula, una presentación más adecuada del Renacimiento le llevaría 8 768 páginas[22]. Es obvio, pues, que no nos encontramos ante una visión rupturista, sino en el más puro positivismo decimonónico y ante una curiosa contabilidad conceptual. Teniendo en cuenta que el texto está escrito y pensado para las conferencias Patten de 1955, quizás podamos suponer que los nuevos vientos rupturistas que estaban soplando influyeron el estilo literario de Sarton. No creo que debamos ser muy severos por la flagrante contradicción entre afirmaciones separadas por treinta años. Pensándolo bien, después de tres décadas ni uno ni el mundo son los mismos. Lo sorprendente es que mientras que las evaluaciones globales son tan contradictorias, su modo de historiar es el mismo.

Otro gran representante de las tesis continuistas es Lynn Thorndike, de erudición tan abrumadora y admirable como la de Duhem. Su obra más conocida es su monumental *A history of Magic and Experimental Science*[23], que tuvo gran influencia. Ya en libros y artículos anteriores había hecho una valoración muy negativa de la obra e intereses retóricos y literarios de los humanistas para la ciencia, frente al rigor del razonamiento escolástico. Así también en su *opus maius*, donde sigue la misma tónica, su estudio de los grandes personajes de la ciencia renacentista, como Copérnico, Vesalio, Leonardo, por

[21] Sarton 1965, p. 16 y 1968, pp. 103-105.

[22] Sarton 1965, p. 8.

[23] L. Thorndike 1923-1958.

ejemplo, tiende siempre a una cierta infravaloración. En cuanto a las «ciencias y artes ocultas», su interés radica únicamente en su estrecha conexión con las «ciencias experimentales». Aparece ya aquí la idea de los «magos» como primeros experimentadores, una idea que volveremos a encontrar en historiadoras como F. A. Yates. En cualquier caso, el único valor de estas «artes operativas» consiste precisamente en haber acumulado cimientos empíricos, es decir, hechos, instrumentos y métodos que la auténtica ciencia podría utilizar después. Como señala Vasoli:

> Y precisamente en este sentido, su investigación que, en principio, debía estar dedicada únicamente a la historia de las «artes y supersticiones ocultas», se ha tenido que transformar también en el estudio de las «ciencias experimentales», subproducto inesperado de la superstición mágica. Estas ciencias, en su desarrollo histórico, se separan, no obstante, de su antigua envoltura mágica a medida que van adquiriendo la dignidad y el estatuto racionales de sólidas actividades científicas. De modo que la «verdad» científica aparece, para Thorndike, como el fruto de una gradual liberación de los errores y de la lenta pero segura acumulación de métodos cada vez más racionales[24].

No resulta extraño que Thorndike comente una y otra vez lo «paradójico» del progreso científico de finales de la Edad Media y la creciente difusión, en estos mismos momentos, de creencias en todo tipo de «fuerzas ocultas» y de las más variadas «supersticiones». Para Thorndike, en definitiva, en el terreno científico, lo que insiste una y otra vez en demominar «el llamado Renacimiento» no es, a lo sumo, más que una continuación de la Edad Media.

Las tesis continuistas de estos grandes pioneros, especialmente las de Duhem, fueron posteriormente reformuladas y matizadas por sus continuadores que, en general, centraron su atención en los aspectos y momentos del pensamiento medieval decisivos para los inicios de las ciencia moderna. Después de todo, y a pesar de los dicho por Duhem, es obvio que en 1277 no surgió una nueva teoría astronómica, ni una nueva teoría física ni, en definitiva, una nueva cosmología. En otras palabras, no nació lo que suele llamarse la «nueva ciencia» o «ciencia moderna».

Los defensores del continuismo tuvieron que especificar, pues, en qué consistía la «anticipación» que habría hecho el pensamiento

---

24 Vasoli (comp.) 1976, véase la «Introducción» del mismo, pp. 14-15.

medieval de la «ciencia moderna». La postura de A. C. Crombie es, en este sentido, ejemplar y no puede ser más clara. En el mismo comienzo de su estudio monográfico más importante, *Robert Grosseteste and the origins of experimental Science 1100-1700*, enuncia claramente su tesis:

La historia de la ciencia muestra que los cambios más notables son casi siempre los producidos por nuevas concepciones del trabajo científico. La tarea que exige auténtico genio es la revisión de las preguntas hechas, los tipos de explicación buscados, los criterios para aceptar una u otra explicación [...] La característica distintiva del método científico en el siglo XVII, comparado con el de la antigüa Grecia, fue su concepción de cómo relacionar una teoría con los hechos observados que explicaba, el conjunto de procedimiento lógicos que comportaba para construir teorías y para someterlas a prueba experimental. La ciencia moderna debe la mayoría de sus éxitos al uso de estos procedimientos inductivos y experimentales, que constituyen lo que usualmente se llama «el método experimental». La tesis de este libro es que la comprensión sistemática, moderna de al menos los aspectos cualitativos de este método fue creada por filósofos occidentales en el siglo trece. Fueron ellos los que transformaron el método geométrico griego en la ciencia experimental del mundo moderno[25].

Grosseteste es el gran héroe de esta historia, es el protagonista de la «revolución metodológica con la que comienza la ciencia moderna»[26]. Pero a partir de él pueden seguirse los pasos por los que, desde Alberto Magno, pasando por Roger Bacon, Witelo y Occam, el aristotelismo paduano, hasta Galileo, Bacon, Descartes, Hooke, Newton, Leibniz, una vez creado, se desarrolla y aplica el «método experimental». Algunos, como Occam, cayeron en excesos consagrándose puramente a la metodología y divorciándola de la práctica. Pero, también hubo práctica científica que, según Crombie, se llevó a cabo precisamente para poner a prueba la recién inventada «metodología». Galileo, Bacon, Descartes y Newton no sólo heredaron la concepción metodológica, «Heredaron también la aportación concreta que recibieron las diversas ciencias durante este periodo»[27]. ¿Cuál fue, en este ámbito, la contribución de los héroes tradicionales de la historia del nacimiento de la ciencia moderna: de Galileo a Newton? Desde luego, según Crombie, no aportaron ninguna novedad importante, radical o revolucionaria.

La mejora más importante aportada ulteriormente a este método escolástico es el paso general, en el siglo XVII, de los métodos cualitativos a los métodos

[25] Crombie 1971, p. 1 (orig. 1953).
[26] *Ibid.*, p. 14.
[27] *Ibid.*, p. 3.

cuantitativos. [Menciona el incremento de instrumentos de medida, la capacidad de aislar determinadas variables para su control, y continúa] Sin embargo, esto no representaba más que progresos realizados con procedimientos ya conocidos. La original y notable contribución del siglo XVII fue asociar la experiencia a la perfección de un nuevo tipo de matemáticas y a la nueva libertad que se tenía para resolver los problemas físicos por medio de teorías matemáticas, de las cuales las más asombrosas son las de la dinámica moderna[28].

De lo cual se deduce que Galileo, que no disponía de un «nuevo tipo de matemáticas» debió ser algo así como ¿un mero continuador genial?. Lo que resulta extraño, en realidad, es que esa «revolución metodológica», que descubre Crombie en el siglo XIII, no produjera, no fuera seguida de una eclosión de descubrimientos científicos. Pero no hubo tal eclosión. Grosseteste no hizo ni una sola aportación, ni siquiera a la óptica, que era su campo favorito. En cuanto a las de sus inmediatos sucesores, no está nada claro que sus aportaciones tuvieran algo que ver con la «metodología»[29].

J. H. Randall Jr., por su parte, había ubicado el centro decisivo de las aportaciones metodológicas en Padua, el centro del aristotelismo renacentista. Durante los siglos XV y XVI, dice Randall, Padua fue lo que París y Oxford fueron conjuntamente en el siglo XIV. Y fue aquí donde se llegó a los conceptos de la física matemática a través de una larga crítica interna de las ideas aristotélicas.

El «nuevo método», la lógica y la metodología acogidas y aceptadas por Galileo y destinadas a convertirse en el método científico de los físicos del XVII [muy diferentes de las numerosas propuestas de los *buccinatores* del XVI hasta F. Bacon] fueron el resultado de una fértil reconstrucción crítica de la teoría científica aristotélica emprendida en especial en Padua y fecundada por las discusiones metodológicas de los comentadores de los grandes médicos [...] Es posible seguir paso a paso la gradual elaboración del método aristotélico a la luz de la tradición médica, desde su primera discusión por obra de Pietro d'Abano hasta su expresión completa en las controversias lógicas de Zabarella en las cuales éste asumió la forma que se convertirá en familiar en Galileo y en los científicos del siglo XVII[30].

---

28 *Ibid.*, pp. 9-10.

29 Véase el amplio comentario que hace Koyré de este libro de Crombie, en Koyré 1977, pp. 51-75. Para el punto mencionado, pp. 65-66.

30 J. H. Randall Jr. 1940. Cito por la traducción italiana, «Il metodo scientifico allo Studio di Padova», en Philip P. Wiener y Aaron Noland 1971, pp. 147-155.

Con todo, dentro del continuismo puede apreciarse, en el caso de algunos autores al menos, una importante matización de las posturas iniciales y un decidido rechazo de lo que se consideran infundados excesos. Este sería el caso, por ejemplo, de historiadores como Ernst Moody y Marshall Clagett. Sus detallados estudios de la estática y mecánica medievales, hoy fundamentales, les permiten dilucidar los logros de los filósofos escolásticos y nominalistas más allá de Aristóteles. Ubican, sí, a Galileo dentro de esta tradición, continuándola. Pero su continuismo se basa en la ilustración del uso, por parte de Galileo, de conceptos o teoremas elaborados especialmente en el siglo XIV, y no les impide reconocer la transformación efectuada por Galileo.

> Los precursores medievales de Galileo están aquí para quedarse [...] aunque hay que discutir en qué sentido estricto merecen el título que les confirió Duhem. Y mientras la mayor parte de nosotros continúa creyendo que la verdadera y efectiva revolución científica tuvo lugar en el siglo XVII y no en el XIV, la pregunta acerca de qué la convierta en una revolución científica no admite una respuesta simple[31].

Tanto Moody como Clagett están muy lejos del radicalismo de Duhem o siquiera de Crombie en la obra citada. En su conocida obra *The Science of Mechanics in the Middle Ages*, Clagett renuncia a ocuparse de las discusiones metodológicas de las que se había ocupado «tan lúcidamente» Crombie, dice. Lo que le parece importante y necesario es publicar los textos completos subsanando «el procedimiento de Duhem de citar sólo partes, a menudo privadas del contexto». Eso permite ver los excesos de Duhem que, según Clagett:

> [...] hizo absurdas reivindicaciones de la modernidad de los conceptos medievales: así la teoría del *impetus* de Buridan se transforma en sus manos en una teoría de la inercia; y Oresme es considerado inventor de la geometría analítica, gracias a su sistema de representación gráfica de las cualidades y de los movimientos, y un precursor de Copérnico por su discusión de la posibilidad de la rotación de la Tierra[32]. [Cursiva en original].

Nuestra cita en 154-155. Del mismo autor puede verse *The School of Padua and the Emergence of Modern Science*, Padova, Antenore, 1961.

[31] E. Moody. «Galileo and his precursors», en C. Golino (comp.), *Galileo Reappraised*, Univ. of California Press, 1966, pp. 23-43. Cito por la versión italiana «Galileo e i suoi Precursori», en Carugo, Adriano (comp.), 1978, p. 157.

[32] Clagett 1972, p. 9.

Lo mismo podría decirse de E. Moody. Es obvio, recuerda Moody, que no pueden aceptarse afirmaciones como las de Mach, usuales en tiempos de Duhem y contra las que éste reaccionaba, según las cuales el análisis de Galileo sobre la caída libre introduce una serie de ideas totalmente desconocidas en su tiempo y que Galileo tuvo que crear de la nada. Duhem puso de manifiesto que sí se conocían muchas de las ideas que aparecen en Galileo. Ahora bien, para Moody, en contra de la idea muy extendida a partir de Duhem, no existió una ciencia de la mecánica del siglo XIV, en el sentido de una teoría general del movimiento local aplicable a toda la naturaleza y basada en unos pocos principios unitarios. Si se tiene la suficiente paciencia para buscar, en los escritos de física de finales de la Edad Media, sólo las ideas y ejemplos de análisis cuantitativos que tres siglos más tarde resultarían importantes para la mecánica del siglo XVII es posible encontrarlos,

> y es posible construir, como hizo Duhem, una «ciencia de la mecánica medieval», que *parece* formar un todo coherente y estar construida sobre nuevos fundamentos que sustituyen a los de la física aristotélica. Pero se trata de una ilusión, y de una ficción anacrónica, que nosotros podemos construir sólo porque Galileo y Newton nos han proporcionado el esquema en base al cual elegir las piezas adecuadas y juntarlas. Se trata de una ficción, no porque estas teorías y análisis aislados, concebidos en el siglo XIV como medio para resolver algunas dificultades de la física de Aristóteles, no fuesen *susceptibles* de ser puestos como fundamento de una nueva mecánica. Se trata de una ficción, simplemente por el hecho de que en el siglo XIV estas ideas *no* se convirtieron en los principios fundamentales de una nueva ciencia, y *no* fueron generalizadas de modo que provocaran el abandono de doctrinas incompatibles derivadas de Aristóteles. Fue Galileo quien hizo todo eso, esta fue la obra que le hizo merecer el título que ha conservado durante tres siglos, el de fundador de la mecánica moderna. No creó su mecánica de la nada, y en este sentido Duhem tenía sin duda razón. Pero concibió el *tipo* de ciencia que se convertiría en la mecánica clásica usando materiales a su disposición. Esto es lo que sus precursores medievales no hicieron ni trataron de hacer. En esta conquista Galileo no tiene precursores entre sus predecesores medievales[33]. [Cursiva en el original.]

Es obvio que Moody y Clagett, en estos textos, están muy lejos de Duhem. Tanto que, a veces, parecen muy cerca de Koyré. Si nos ate-

---

[33] E. Moody 1966, pp. 174-175. Al margen de sus libros sobre Occam, la lógica y la mecánica medievales, sus artículos han sido recogidos en E. Moody 1975.

nemos al primer texto citado de Moody, parece que el problema radica en qué se entienda por «revolución» y «precursor». Pero ¿cómo los entiende Moody? Lo que podemos deducir de sus palabras es que para él no parecen ser dos conceptos incompatibles. No obstante, si recordamos lo dicho en nuestro capítulo anterior, en 1961, cuando Moody escribe este texto, la historiografía rupturista que ve como incompatibles ambos conceptos ya se había desarrollado ampliamente.

Así pues, resulta extraño y a la vez iluminador el hecho de que Moody comente, creo que con cierto tono de censura que

> Las polémicas en torno a la tesis de Duhem han tenido la tendencia a ser más filosóficas que históricas, más interesadas en el significado de los hechos que en los hechos mismos[34].

Naturalmente. Ésa es precisamente la cuestión y así lo había dicho explícita y literalmente Koyré diez años antes:

> Los partidarios de una evolución continua, al igual que los de una revolución, se mantienen todos en sus posiciones, y parecen incapaces de convencerse unos a otros. Esto es, en mi opinión, mucho menos porque estén en desacuerdo sobre los hechos que porque lo están sobre la esencia misma de la ciencia moderna y, por consiguiente, sobre la importancia relativa de algunos caracteres fundamentales de esta última. Además, lo que a unos les parece una diferencia de grado, a otros les parece una oposición de naturaleza[35].

Precisamente esta diferencia de apreciación del desacuerdo, muestra que se trata de un desacuerdo «teórico» fundamental y no de un desacuerdo sobre «hechos» —por lo menos en algunos casos, que incluyen a Moody y a Koyré. Moody parece creer que esta discusión se puede solucionar acudiendo sólo a los hechos[36]. Koyré ya acepta que la cuestión no es tan simple y no se limita a la ostensión. Son, en efecto, dos posiciones filosóficas distintas.

---

[34] Moody 1966, p. 157.

[35] Koyré 1977, p. 51.

[36] «Si los historiadores de la ciencia hubieran dedicado más tiempo a una investigación histórica sobre este problema, en lugar de dejarse arrastrar a debates apriorísticos sobre la validez o invalidez de la tesis de Duhem, se habría podido alcanzar un conocimiento más profundo de la naturaleza de las conquistas científicas de Galileo». Moody 1966, p. 172.

Pero, el más moderno representante del continuismo que, dicho sea de entrada, está de nuevo, mucho más cerca de Duhem que Clagett o Moody, ve la cuestión de otra manera. Se trata de William A. Wallace. Sus estudios le han llevado a la convicción de que Galileo jamás será entendido si se aisla del contexto en el que su obra emergió. Con ello Wallace está afirmando que hacía falta prestar atención al descuidado periodo de los últimos veinte años del siglo XVI, en los que Galileo compuso sus primeros escritos, y él se ha encargado de llenar esta laguna[37]. El principio metodológico lo formula algo más abajo cuando afirma que algunos estudiosos, entre ellos Drake y Koyré, han estudiado a Galileo «*a parte post*», con una consideración retrospectiva más que atendiendo al contexto en que se desarrolló su trabajo. Dicho de estos historiadores y, especialmente, de Koyré, resulta una afirmación sorprendente. Especialmente si tenemos en cuenta que está hecha por un defensor del continuismo y, por tanto y en cualquier caso, por un defensor de la importancia de los «precursores» de Galileo. El de «precursor», evidentemente, es un concepto que sólo tiene sentido «retrospectivamente», y por eso lo critica Koyré. Pero, sea como fuere, Wallace dice que él, como otros autores —Duhem, Maier y Moody— ha adoptado la perspectiva opuesta «*a parte ante*», con lo que la contextualización parece convertirse en una prerrogativa de los medievalistas. Naturalmente, Wallace está de acuerdo con la tesis continuista de Duhem, pero precisa:

> La tesis revisada que se defenderá en este ensayo es que el período *tardo*-medieval no fue el único que contribuyó al surgimiento de la ciencia moderna; más importante, quizás, fue lo que nosotros denominaremos «*alta* ciencia medieval», la ciencia desarrollada principalmente por pensadores del siglo trece, tales como Robert Grosseteste en Oxford y Alberto Magno, Tomás de Aquino y Giles de Rome en París, todos los cuales trabajaron antes de las condenas de 1277, o en esencial independencia de éstas. Nuestra posición será que este primer grupo fue tan influyente en el nacimiento de la *nuova scienza* de Galileo como el grupo posterior; en realidad, sólo cuando las ideas de ambos se yuxtapusieron el genio de Galileo tuvo los elementos para volverse operativo[38]. [Cursiva en el original.]

---

[37] W. A. Wallace 1981, p. IX.

[38] Wallace 1981, p. 304. Pero pueden verse al respecto, las partes III y IV del libro, especialmente los artículos 14-16. En estas páginas, Wallace divide la ciencia medieval en «*early*», la del siglo XII y anterior; «*high*», la del siglo XIII y primera década del XIV; y «*late*» la del XIV y XV.

Se ha insistido tanto en la influencia del nominalismo en Galileo porque se ha interpretado el método de ambos, es decir el método «*ex suppositione*», como una formulación del moderno «método hipotético-deductivo». Según Wallace, ésta es una interpretación equivocada, en base a la cual, además, este método nunca habría permitido a Galileo sus pretensiones ni en el copernicanismo, ni en la teoría del movimiento. En realidad, Galileo heredó la metodología del razonamiento «*ex suppositione*» de la tradición tomista, a través de Buridan, que, a diferencia de Occam, afirmaba la posibilidad de un conocimiento cierto de la naturaleza, es decir que se asociaba con el realismo. Un poco de escolasticismo, preferentemente tomista, otro poco de tradición matemática, el ideal arquimediano de la físico-matemática, «contribuyeron sustancialmente a la nueva síntesis que Galileo iba a elaborar en sus últimos escritos»[39]. El minucioso estudio que Wallace realiza de los escritos de Galileo, conocidos desde Favaro como *Juvenilia*, le lleva a la convicción de que dichos elementos llegaron a Galileo gracias a la tomista pero ecléctica enseñanza del Colegio Romano, es decir, de los jesuitas[40].

Bastante próximo a Wallace, por lo que respecta a la identificación de los precursores medievales de Galileo más importantes, es James A. Weisheipl. Éste afirma también que los principios, la filosofía —de la ciencia— sobre la que se desarrollará la labor científica del siglo XVII, fueron introducidos por el escolasticismo medieval, en especial por la obra de Alberto Magno y Sto. Tomás, que habrían introducido una teoría «puramente física» de la naturaleza. Aunque, por otra parte, afirma que la «vía matemática» de Thomas Bradwardine que intentaba unificar todos los movimientos físicos en una sola ley matemática fue el fundamento del triunfal desarrollo de la física en el siglo XVII[41].

Como puede verse, quizás podría decirse que no hay un sólo «continuismo» sino una serie de tesis continuistas. No obstante, sus defensores más comprometidos tienen importantes puntos en común.

---

[39] Wallace 1981, p. 315.

[40] Creo que ya es inveterado el desacuerdo entre los medievalistas respecto a estas cuestiones. Mientras unos valoran el siglo XIII, con la obra de Santo Tomás, como una culminación, respecto a la cual el nominalismo sería pura decadencia, otros ven en este último un pensamiento original y moderno, la liberación de una escolástica que se había vuelto estéril. Parece que Wallace estaría más cerca de los defensores del tomismo.

[41] J. A. Weisheipl 1967.

En primer lugar valoran como esencial en los logros teóricos del siglo XVII el elemento metodológico. Y, por otra parte, retrotraen la introducción de este «nuevo método» o «método revolucionario» a uno u otro momento de la Edad Media, desde el que es posible seguir «paso a paso» su «gradual elaboración» y sus progresos hasta el siglo XVII.

Cualquiera que se interese por la historia de la ciencia en general y por el nacimiento de la ciencia moderna en concreto, no puede valorar más que positivamente el trabajo de estos historiadores, en cuanto *descubridores* de la ciencia medieval. Ya no es posible creer que las ideas que hoy incluiríamos en el campo de la mecánica no sufrieron cambio alguno desde Aristóteles hasta Galileo. Más aún, hoy ya nadie puede dudar que Galileo conocía al menos parcialmente estas tradiciones medievales y que «en cierto sentido» le influyeron[42].

Por otra parte, no es menos cierto que no es suficiente hallar determinadas declaraciones metodológicas, ni aún ciertas aplicaciones de esta «metodología» que, «formalmente», anticipan las «declaraciones» de autores del siglo XVII para situar las causas determinantes de las nuevas teorías tres o cuatro siglos antes. ¿Quién es capaz de afirmar que incluso las frases «literales» tomadas de textos de la *Metafísica* de Aristóteles, tienen el mismo sentido en éste que en Sto. Tomás, Occam, o cualquier otro pensador medieval, o mejor, cristiano? Pues bien, en el campo de la cosmología, para emplear un sólo término, sucede lo mismo entre las teorías o reflexiones de los siglos XIII-XIV y las del XVII.

A principios de la década de 1730, el luterano J. S. Bach optó al título de compositor de la corte de la católica Dresde, que por cierto ganó. Con tal motivo escribió la *Misa en si menor* (1733). Obviamente, esto no significaba en absoluto una conversión de Bach al catolicismo. Más aún, es indudable que ni siquera se preocupó de la viabilidad litúrgica de su *Misa* en el culto católico, al que sin duda no se adaptaba[43]. Algo similar podría decirse de las reflexiones «modernas» de los nominalistas: sus afirmaciones en el campo de la física o la cosmología en realidad no apuntaban a una nueva física o cosmología.

---

[42] Recordemos que autores ejemplarmente rupturistas, como Koyré, han puesto de manifiesto este punto. *Cf.* Koyré 1980.

[43] Véase A. Robertson y D. Stevens (comp.), *Historia general de la música*, 3 vols. (orig. ingl. 1966), trad. cast.: Aníbal Froufe, Madrid, Ed. Istmo, 1979, vol. II, p. 364.

La teoría del *impetus* de Buridan y su aplicación no sólo a la explicación del movimiento de los proyectiles sino también a la del movimiento de los planetas podría hacer pensar, como de hecho ha sucedido desde Duhem, que se estaba aproximando al moderno principio de inercia y al abandono de la dualidad aristotélica de mundos sublunar y supralunar, o anticipando una primera formulación. Estas tesis ya han sido criticadas y matizadas en numerosas ocasiones por los propios medievalistas desde A. Maier hasta Clagett y Wallace. Pero también es importante decir que estos argumentos forman parte de una preocupación más teológica que astronómica.

La exploración exhaustiva de las posibilidades especulativas del sistema escolástico apuntaba a poner de manifiesto la soberanía de Dios y su *potentia absoluta* [poder absoluto], pero no a ampliar el conocimiento del mundo por el hombre [44].

Eso explicaría el hecho de que los comentarios críticos a Aristóteles o los experimentos mentales de autores como Buridan u Oresme no concluyeran en el abandono definitivo de Aristóteles o en la afirmación de la realidad del movimiento de la Tierra.

El más claro «precursor» de Copérnico en el nominalismo, Nicolas Oresme, se desvió de la *cosmología* aristotélica precisamente para poder ser capaz de salvar la *física* de Aristóteles» [45].

Por otro lado, es cierto que la teoría del «*impetus*» está claramente presente en el *De motu* de Galileo, incluso en una versión diferente en los *Discorsi*, pero no lo es menos que, con todas las matizaciones que puedan introducirse, en esta última obra, Galileo ha transformado radicalmente el concepto de *impeto.* Ahora no es ya causa de movimiento, sino un efecto de éste [46]. Aunque demos por cierto que conoció y usó, no sólo el vocabulario, sino también conceptos y teoremas de la cinemática mertoniana, como por ejemplo el de la velocidad media o aceleración uniforme, eso difícilmente auto-

[44] Blumenberg 1987, p. 162.

[45] *Ibid.*, p. 158. En este texto, Blumenberg generaliza su afirmación: «El nominalismo parisino tiene, en su propósito general, una actitud conservadora hacia el sistema aristotélico. Los cambios que se propusieron o intentaron en la física y cosmología del sistema pueden ser considerados como arreglos».

[46] Véase Koyré 1980, pp. 91 ss.; y Clagett 1972, pp. 729 ss.

riza a retrotraer la función metodológica y el estatus epistemológico que las matemáticas tenían en Galileo a los oxonienses del siglo XIV[47]. A diferencia de los mertonianos, Galileo está interesado en que sus definiciones correspondan a los movimientos reales del mundo físico. A los filósofos del siglo XIV no les preocupa la relevancia empírica de sus afirmaciones[48]. Galileo estaba muy lejos de aplicar sus matemáticas a la medición de cualesquiera «cualidades» como el «calor», la «caridad» o la «gracia», tal como hacían los *calculatores*, del mismo modo que las aplicaba en sus teorías sobre el movimiento de los cuerpos. Sólo una descontextualización de lo que hoy entendemos como elementos «metodológicos» permite postular tal tipo de anticipaciones.

En un sentido trivial de «continuidad», se puede retroceder, si se quiere, hasta el caldo precámbrico, pero eso no aporta ninguna comprensión, sino que pone de manifiesto la aceptación de un determinado esquema. P. Duhem inicia su monumental obra *Le Système du Monde* que, no olvidemos, se subtitula —y pretende ser una— *Historia de las doctrinas cosmologicas de Platón a Copérnico*, como sigue:

> En la génesis de una doctrina científica no hay comienzo absoluto; por más arriba que nos remontemos en la línea de pensamientos que han preparado, sugerido, anunciado esta doctrina, siempre se llega a opiniones que, a su vez, han sido preparadas, sugeridas y anunciadas; y si se deja de seguir este encadenamiento de ideas que procedieron unas de otras, no se trata de que se haya alcanzado el primer eslabón, sino de que la cadena se hunde y desaparece en las profundidades de un insondable pasado.

Naturalmente, eso implica que:

> Incapaces de remontarnos hasta un principio verdaderamente primero, nos hemos limitado a dar un punto de partida arbitrario a la historia que queremos describir[49].

No obstante, resulta sumamente extraño y sospechoso que, por una elección puramente arbitraria, Duhem decida iniciar su «histo-

---

47 Sobre estos temas puede verse también S. Drake 1975 y A. C. Crombie 1975.

48 Recuérdese la insistencia de Galileo en este sentido en su tratamiento del movimiento naturalmente acelerado, en la Jornada Tercera de los *Discorsi*, Galileo, *Opere* VIII, pp. 197.

49 Duhem 1913-1959, vol. I, p. 5.

ria» con la cosmología griega, es decir, con la cosmología que los historiadores no continuistas han señalado, utilizando criterios fronterizos, como «la primera cosmología científica»[50]. Ir a la búsqueda de «nuestro» origen hasta el «primer hombre» no nos remite simplemente a Adán, sino que nos plantea problemas de criterios, de definiciones, de saltos cualitativos, de mutaciones, etc.[51]. Así tampoco la historia de determinadas ideas, por ejemplo, las de la mecánica galileano-newtoniana, se soluciona retrocediendo en la mera cronología de autores. Para entenderla también se necesitan criterios y, muy probablemente, recurrir a las mutaciones, etc.

Dado que, como hemos visto, no todos los historiadores continuistas están de acuerdo en cuál sea la «metodología» responsable del desarrollo de la ciencia moderna, ni sobre cuándo y dónde fue introducido, cabría hacer un examen de cada una de las versiones de la tesis continuista. Pero, para nuestro fines, es suficiente destacar un elemento común sumamente importante. Tanto Duhem, como Crombie, Randall, Weisheipl o Wallace parecen concebir el «metodo científico» como algo cuarteable y recomponible. Todos ellos, en efecto, afirman que Galileo habría recibido esto de aquí y aquello de allá, y lo habría unido como las piezas de un puzzle. Creo que hoy es legítimo tener dudas respecto a que exista tal método científico. Y si existe algo parecido, creo que podemos tener la seguridad de que no es una mera acumulación o suma de elementos heterogéneos. El propio Clagett concluye su importante libro sobre la mecánica medieval se-

---

[50] Véase Koyré 1977, pp. 76 y ss; y Kuhn 1978, pp. 52 y ss.

[51] Incluso en un mismo ser pueden producirse esquemas de desarrollo muy distintos dependiendo de las circunstancias. Permítaseme recordar a los cínifes cecidomíidos y sus modos de reproducción, que podría resultar interesante para la reflexión sobre la continuidad y la ruptura. En su artículo «La sabiduría orgánica, o por qué debe una mosca comerse a su madre desde dentro», en Stephen Jay Gould 1983, pp. 99-105, y especialmente p. 100, cuenta Gould que esos diminutos mosquitos pueden seguir en su reproducción el proceso normal de huevos, mudas larvaria y pupal y adulto de reproducción sexual. Pero, en determinadas circunstancias, las hembras se reproducen por partenogénesis con una interesante variante adicional: la descendencia se desarrolla en el interior del cuerpo de la madre —mientras aún es larva o pupa— pero no en un útero, sino dentro de los propios tejidos, y para crecer, los hijitos la van devorando desde el interior. Pocos días después, salen dejando la carcasa quitinosa de la madre, para, a su vez, dos días después, empezar a ser comidas literalmente, por sus propios hijos. Resulta tentador establecer comparaciones entre los dos modos de reproducción de estos bichitos, y la ciencia normal y la revolucionaria. Pero, si aún estoy a tiempo, no quisiera resultar grosero para nadie, ni siquiera para los cínifes.

ñalando el «marco» en que se originan y se desarrollan los logros medievales en este campo:

> La mayor parte de los conceptos que hemos presentado como importantes *surgieron en el interior de la estructura conceptual de la mecánica aristotélica*; pero estas doctrinas medievales contenían ya el germen de una confutación crítica de tal mecánica. Los estudiosos medievales de mecánica, difundiendo estos conceptos, *trataron de enmendar el sistema en los puntos en los que se mostraba más débil*, y al hacerlo así concentraron la atención sobre estas debilidades, llevando a cabo al mismo tiempo algunos intentos preliminares y no del todo fallidos de resolver los problemas cruciales: los problemas que derivaban de las reflexiones sobre las operaciones de la balanza y de la palanca, de la caída de la piedra, del vuelo de la flecha[52]. [La cursiva es mía.]

Los elementos de una estructura lo son en cuanto que pertenecen a ésta. Si los aislamos pierden su función y por tanto su identidad, lo cual hace difícil imaginar en qué pueda consistir su suma. Un caso donde la suma de lo heterogéneo se lleva hasta sus extremos es el de R. M. Blake, coautor de un libro citado muy frecuentemente en los estudios sobre estos temas[53]. Nos interesa traerlo aquí a colación, no únicamente para ilustrar una vez más este aspecto, sino porque nos retrotrae a nuestro punto inicial. ¿Qué consecuencias tiene este continuismo para la concepción del Renacimiento y su papel o lugar en la historia de la ciencia?

Como ya señalábamos, la recuperación historiográfica, el descubrimiento del pensamiento científico medieval, se convirtió con su espíritu antiburkhardtiano en una contraofensiva. El desarrollo de la tesis continuista venía a mostrar que la parcialidad de la imagen del Renacimiento que Burckhardt había trazado, no se debía tanto a una deficiencia del trabajo del historiador, como a una realidad histórica: no había ciencia en el Renacimiento, o más exactamente, no había ciencia renacentista. Parecía una tesis implícita en el continuismo y como ya hemos visto sus grandes pioneros hacían hincapié en este punto. Duhem ya había insistido en que para los humanistas los temas de los nominalistas eran demasiado abstractos, sus métodos demasiado sutiles, y su latín grosero y bárbaro. Muchos años más tarde,

---

52 Clagett 1972, p. 743.

53 Se trata del libro de R. M. Blake, C. J. Ducasse y E. H. Madden (comps.), 1966. El artículo de Blake a que me refiero es el titulado «Natural Science in the Reanissance», pp. 3-21.

Crombie iniciaba su discusión sobre la «Continuidad de la ciencia medieval y la del siglo XVII», afirmando:

> En la actualidad, muchos estudiosos están de acuerdo en que el humanismo del siglo XV, que surgió en Italia y se extendió hacia el norte, fue una interrupción en el desarrollo de la ciencia»[54].

Apenas un año después, R. M. Blake desarrollaría el tema. Blake es un duhemiano de estrictísima observancia —aunque establece una cierta relación entre las tesis de Duhem y las de Randall[55]. De las tres tendencias que identifica de finales del siglo XIV y principios del XV, los occamistas son los científicos más originales y los precursores más importantes de Galileo. Pero, en el siglo XV, dice, en Italia se desarrolló una notable oposición contra este nuevo movimiento científico. Se trataba, claro está, del «humanismo». Aquellos filólogos no podían soportar «las minucias lógicas de los nominalistas, su sobria investigación científica de la naturaleza», dice Blake siguiendo a Duhem. Estaban inspirados más bien por los escritos de Platón, los neoplatónicos y, sobre todo, por la recuperación del ocultismo y de «todas las extrañas extravagancias de las ciencias herméticas».

> De hecho, los humanistas —dice— ya bien entrado el siglo XVI continuaron desplegando una característica hostilidad hacia la investigación empírica misma[56].

e inicia a continuación una larga secuencia de citas de «humanistas» —parece identificarlos con «renacentistas»— que ridiculizan irónicamente o atacan violentamente a la ciencia. Petrarca, Erasmo, Rabelais, Luis Vives, Ficino, Pico della Mirandola, metidos en un mismo saco, son citados ampliamente.

Parece claro que, en cualquier caso, el continuismo tiene unas claras implicaciones de cara a la valoración de la ciencia renacentista. El Renacimiento, en cuanto tal, es un periodo de decadencia, si no de interrupción. Pero la defensa del Renacimiento científico no se hizo esperar.

---

[54] Crombie 1974, vol. 2, p. 98.

[55] Además eso le causa ciertos problemas: su propio «probabilismo» y el de los nominalistas parisinos, que es la concepción «correcta» según Duhem, no casa con el «realismo» de los grandes protagonistas de la ciencia del XVII. Estos no creyeron que su mejoría respecto a Aristóteles pudiera expresarse en términos de probabilidad. «Pero su error no era totalmente infundado, y no dejaba de tener su razón histórica», dice Blake (Blake 1966, p. 20). Menos mal, pobrecitos.

[56] Blake 1966, p. 5.

2. A LA BÚSQUEDA DEL «RENACIMIENTO CIENTÍFICO»

> Las artes llevan consigo el que el hombre cree a partir de sí mismo lo divino [...] En la industria, el individuo se ve obligado a atenerse a su propia actividad y a ser él mismo el elemento creador; los hombres acaban, de este modo, sabiéndose libres, haciendo valer su libertad y teniendo la fuerza necesaria para actuar al servicio de sus propios fines e intereses.
>
> Así volvió el espíritu a sí mismo; así se recobró, y contempló como sus propias manos su propia razón. Este renacimiento del espíritu queda en la historia como el renacimiento de las artes y de las ciencias dedicadas a la materia presente, como la época en que el espíritu cobra confianza en sí mismo y en su propia existencia, y encuentra su interés en su presente. El espíritu ahora se reconcilia en verdad con el mundo, no en sí, en el más allá, en forma de pensamientos vacíos, en el día del Juicio final, en la hora de la transfiguración del mundo, es decir, cuando ya éste no es realidad, sino con el mundo como tal y no con el mundo extinguido.
>
> El hombre, que venía esforzándose por buscar la moral y el derecho, no podía ya encontrarlos en aquel terreno y tendió la mirada en torno, para buscarlos en otro sitio. El lugar que ahora se le señala al hombre es el hombre mismo, su interior, y la naturaleza exterior; en la observación de la naturaleza se atisba como presente el espíritu que vive en ella.
>
> HEGEL. *Lecciones sobre historia de la filosofía* (1833).
> Traducción Wenceslao Roces.
> FCE, México, 1955, vol. III, p. 160.

Como ya hemos dicho, la obra de Burckhardt fue suficientemente fértil como para inspirar el trabajo historiográfico de lo que restaba de siglo. Es más, éste no se agotó con el inicio del siglo XX. Al contrario, la labor historiadora dedicada a estudiar y caracterizar los aspectos teóricos, filosofía y ciencia, del Renacimiento, descuidados por Burckhardt, proliferaron con la misma —y progresivamente mayor— intensidad que la de la oposición continuista que hemos examinado.

Quizás pueda señalarse a Wilhem Dilthey como gran iniciador de esta tendencia. No nos interesa aquí detenernos especialmente en sus ideas filosóficas. De cualquier manera es obvio que su escuela de

«Geisteswissenschaften» tuvo gran importancia en la filosofía de la historia y en la historiografía, especialmente la alemana. No resulta nada extraño si pensamos que, en Dilthey, la «filosofía» viene poco menos que a identificarse con la «historia de la filosofía». Sus tesis implican la necesidad de una historiografía que había de ser forzosamente más global, y abordar y relacionar los diversos aspectos del momento histórico a «comprender», en busca de la estructura cultural de la época, de su *Gestalt*, a través del análisis de sus tipos de *Weltanschauung*.

Desde estas premisas, Dilthey inició el estudio de los aspectos relativos a la historia de las ideas descuidados por Burckhardt en su imagen del Renacimiento, analizando sus diversos tipos de *Weltanschauung* renacentista: religioso, histórico y político, con los cuales, para Dilthey, también en el campo del pensamiento, se inicia la modernidad en clara ruptura con el Medievo. Pero, naturalmente, los aspectos teóricos a estudiar, las posibilidades de investigación en el campo de la historia del pensamiento que ofrece una época tan compleja como el Renacimiento eran muchas y Dilthey no hacía más que comenzar, o más bien recomenzar.

Otro investigador en este campo, procedente también de la historia de la filosofía es Ernst Cassirer. Con él estamos ya plenamente en el ámbito concreto que nos interesa aquí. De hecho, su *Individuum und Kosmos in der Philosophie der Renaissance* (1927) se propone, sin entrar en problemas ni discusiones de relación histórica, dar

> Una respuesta a la pregunta de si, y en qué medida, el curso del pensamiento de los siglos XV y XVI, a pesar de la multiplicidad de los puntos de partida y aún con todas las divergencias en las soluciones de los problemas, constituya un todo unitario, cerrado en sí mismo [1].

Aunque parte del libro está dedicado a Nicolás de Cusa porque, según Cassirer

> «Cualquier estudio que tienda a concebir la filosofía del Renacimiento como una unidad sistemática, debe tomar como punto de partida la filosofía de Nicolás de Cusa» [2].

Los pares de conceptos de «libertad-necesidad» y «objeto-sujeto» constituyen el núcleo de su investigación que destaca especialmente

---

[1] Cassirer 1974, p. 16.

[2] *Ibid.*, p. 19.

dos ideas características del Renacimiento. En primer lugar, la de un «nuevo hombre», dueño ahora de su destino. Es el tema de la *virtus* contra la *fortuna*: *sors animae filia*. En segundo lugar, la idea de una naturaleza regida por una causalidad físico-matemática, por más que el origen de esta concepción residiera más en una rebelión ética que científica[3]. Lo cierto es que algunas de sus tesis, especialmente la relativa a la influencia de Nicolás de Cusa en Italia,[4] hoy son difícilmente defendibles. No obstante, el libro constituye, sin duda, una respuesta al interrogante que se plantea y fue un paso importante en el estudio del pensamiento renacentista que destaca la originalidad de éste.

En este sentido, mucho más radical aún sería G. Gentile que, desde una postura hegeliana, ve en la filosofía del Renacimiento la antítesis de la medieval y el origen de la filosofía moderna. Pero, según Gentile, el antecedente de la filosofía de Bruno y de la ciencia de Galileo son los «humanistas».

> El humanismo [...] tiene que explicarnos el Renacimiento, la Reforma y la Contrarreforma, la filosofía empirista y la racionalista del XVI y XVII, y el estado liberal; tiene que explicarnos la Ilustración y el Romanticismo y el siglo XIX[5].

El de Gentile es, sin duda, un auténtico furor explicativo que podría hacer palidecer incluso el entusiasmo de un Jules Michelet. Pero, al margen de estas expresiones radicales, los estudios de Gentile sobre el Renacimiento tuvieron gran influencia en la historiografía de la filosofía italiana de entreguerras.

También en la década de los veinte, aunque desde un contexto y una perspectiva opuestos a los de Gentile, Leonard Olschki[6] destacaría la importancia primordial de dos elementos que sitúa en el origen de la ciencia moderna. Por una parte, los técnicos, artesanos, ingenieros, artistas... del Renacimiento. Según Olschki, lo que da origen a la ciencia moderna no es la apropiación de determinados «métodos» antiguos o medievales. La ciencia empírica y matemática de Galileo o Descartes tenía su origen en la actividad práctica de los constructores y técnicos en general, ajenos a la cultura oficial y uni-

---

[3] *Ibid.*, pp. 186 y 191.

[4] Para este tema puede verse Eugenio Garin 1976a, p. 267.

[5] Citado por Ciliberto 1975, p. 30.

[6] En su obra *Geschichte der neusprachlichen wissenschaftlichen Literatur*, 3 vols., Leipzig-Heidelberg 1919-1927.

versitaria, que estaban en contacto con la naturaleza. Por otra parte, y en estrecha relación con lo anterior, este nuevo espíritu estaba íntimamente ligado a, y era inseparable de, la «lengua vulgar» que le dará expresión y es la usada por aquellos que desarrollaban actividades prácticas. En la visión de Olschki, esto sitúa por igual a escolásticos y humanistas fuera del camino que llevará a la ciencia moderna.

I. HUMANISMO Y RENACIMIENTO: UN PROBLEMA PREVIO

A partir de los años treinta, los estudios historiográficos sobre el Renacimiento, entendido como un período histórico en ruptura con la Edad Media e iniciador de la modernidad, proliferan enormemente, a la vez que la diversificación de investigaciones sobre distintos aspectos del Renacimiento se hace poco menos que inabarcable. Cabría, naturalmente, citar algunas grandes figuras de la historiografía de la filosofía especializadas en el período en cuestión, como Eugenio Garin, Paul O. Kristeller, Cesare Vasoli, Frances Yates o D.P. Walker entre otros[7].

Nuestro objeto de estudio es la RC y, por tanto, en principio, la historia de la ciencia. Pero, de nuevo, ¿cómo y hasta qué punto se distingue o es independiente de la historia de la filosofía cuando un periodo central del objeto a estudiar es el Renacimiento? No se trata únicamente de que partamos de la premisa de que el pensamiento filosófico o científico adquiere su sentido sólo tras la debida contextualización en su entorno. El hecho es más bien que, tratándose de Renacimiento, esto es prácticamente inevitable. Se trata de un periodo en el que es más difícil encontrar un personaje que sea *filósofo*, o *teólogo*, o *mago*, o *científico*, o *artista* exclusivamente, que una docena que lo sean todo a la vez. Cuando se afronta el Renacimiento el problema consiste más bien en delimitar, aislar analíticamente al *filósofo* o al *científico*, o mejor aún *la filosofía* de *la ciencia* etc. En definitiva, puede ser tan difícil «descontextualizar» el objeto de nuestro interés como contextualizarlo debidamente.

[7] Pero, para nuestros intereses, en ocasiones puede ser útil o incluso necesario tomar en cuenta también investigaciones como las de D. Catimori, H. Baron o F. Chabot, de E. Panofsky o F. Saxl, R. Klein y A. Chastel, por aludir sólo a estudiosos de algunas aréas de la cultura del momento.

Por un lado, queda claro que la mayor parte de la historiografía sobre el Renacimiento, y en cualquier caso la que nos interesa aquí en este punto, a partir de la década de los treinta, reconoce a éste, en el plano del pensamiento, como una entidad histórica autónoma que rompe con el Medievo e inaugura una nueva época. Ahora bien, a la hora de caracterizar esa «entidad», de determinar en qué consiste la ruptura o la innovación aparecen muy diversas interpretaciones y toda una serie de problemas. Para empezar, cabría mencionar:

1) las relaciones del «Humanismo» y/o el «Renacimiento» con los orígenes de la ciencia moderna, y

2) las relaciones del «Humanismo» y/o el «Renacimiento» con la Revolución Científica,

que, en mi opinión, no son dos enunciados distintos de un mismo problema, sino de dos problemas distintos, como creo que quedará claro más adelante. Pero, por el momento, abordemos el problema con su planteamiento usual.

La primera dificultad consiste en saber con un mínimo de exactitud de qué se está hablando. La imprecisión se explica quizás por el propio origen de los términos que nos ocupan. No podemos olvidar que el término, y sobre todo el concepto, de «Renacimiento» se gana un lugar en la historia como fruto de la propaganda cultural de los humanistas o renacentistas —del mismo modo que el término y concepto de «Reforma» constituyen un éxito en distintos frentes que pone a la Iglesia católica en la tesitura de tener que actuar a la «contra». Cantimori habla de la

> confusión extraordinaria y formidable, compleja, total, universal, armónica, tan variopinta como se quiera, que se oculta demasiado a menudo bajo el concepto de Renacimiento, tal como es usado comunmente[8].

El concepto de «Humanismo», aunque no poco huidizo, parece más abordable, más acotable, hasta el punto de que autores como Cantimori o Tenenti han propuesto cambiar el uso de «Renacimien-

---

[8] D. Cantimori. *Studi di Storia*, Turín, 1959; citado por Ciliberto 1975, p. 50. Pero pueden verse, en castellano, dos importantes recopilaciones de artículos de Cantimori (Cantimori 1984 y 1985) muchos de los cuales tienen interés para este tema, especialmente la segunda parte de su 1985 dedicada toda ella a problemas historiográficos del Renacimiento.

to» por el de «Humanismo» o «Edad humanística». Pero su propuesta no parece haber tenido mucho éxito y tampoco esa sustitución deja de producir cierta incomodidad. Más aún, eso pone de manifiesto una dificultad añadida, las relaciones entre los campos semánticos de ambos términos. Cuando Tenenti proponía la mencionada sustitución advertía que eso no servía de nada antes de que se hubiese impuesto «una revalorización casi completa de la periodización histórica». Y eso nos lleva al tercer elemento en discordia. Ciliberto comenta estas propuestas con el siguiente texto:

> De hecho, los historiadores que hoy ya prefieren sustituir el término Renacimiento por el de Revolución Científica se remiten a una nueva periodización de la historia europea fundada sobre el convencimiento de que los orígenes del «mundo moderno» coinciden con los orígenes del desarrollo de la ciencia clásica, de Copérnico a Newton[9].

Una afirmación que recuerda forzosamente la anterior, ya clásica y famosa, de H. Butterfield:

> Como esta revolución ha sido la que echó abajo la autoridad de que gozaban en las ciencia no sólo la Edad Media sino también el mundo antiguo —acabó no solamente eclipsando la filosofía escolástica, sino también destruyendo la física aristotélica—, cobra un brillo que deja en la sombra todo lo acaecido desde el nacimiento de la Cristiandad y reduce al Renacimiento y a la Reforma a la categoría de meros episodios, simples desplazamientos de orden interior dentro del sistema del cristianismo medieval[10].

La irrupción del término «Revolución Científica» en el texto de Ciliberto es un tanto abrupta. Pero, además de proporcionarnos un dato más sobre la imprecisión que domina la cuestión, nos recuerda de nuevo que el tema de la «periodización», de los criterios de periodización, es crucial. Obviamente, ésta depende del centro de intereses del historiador. A buen seguro, para el historiador de la literatura y para el de la ciencia el término humanismo tendrá, a pesar de las coincidencias, un sentido y un alcance teórico y cronológico distintos. Y, además, según parece, los especialistas de una determinada rama de la historiografía tienden a dar por supuesto que la situación en otras ramas es menos confusa que en la propia.

---

[9] Ciliberto 1975, p. 49.

[10] Butterfield 1971, p. 8.

Pero incluso dentro de una misma disciplina, la historia de la filosofía o la historia de la ciencia, por ejemplo —siempre relacionadas con la tradición burckhardtiana— los términos «Humanismo» y «Renacimiento» son conflictivos. Por aludir sólo a dos grandes especialistas, P. O. Kristeller y E. Garin entienden, relacionan y valoran ambos conceptos de modo muy distinto. Parten, eso sí, de un acuerdo básico muy bien expresado por Kristeller:

Simplemente insisto en que el llamado período renacentista tiene una fisonomía propia, y que la incapacidad de los historiadores a la hora de dar una definición sencilla y satisfactoria de dicho período no nos autoriza a dudar de su existencia; de otro manera, y siguiendo la misma línea de pensamiento, tendríamos que dudar de la existencia de la Edad Media y del siglo XVIII [11].

Pero, a partir de ahí, existe un desacuerdo importante entre los dos eminentes historiadores. Según Kristeller

El pensamiento filosófico del Renacimiento italiano inicial puede agruparse en tres grandes corrientes o tradiciones: humanismo, platonismo y aristotelismo» [12].

Y, cuando se refiere al «Humanismo», insiste una y otra vez en que para comprender este concepto debemos olvidarnos de la referencia a los valores humanos que el término ha adquirido en el lenguaje moderno. Si queremos entenderlo debemos recuperar su sentido inicial en el que «humanista» era el «maestro de humanidades o *studia humanitatis*», es decir, del conjunto de disciplinas compuesto por «gramática, retórica, poesía, historia y filosofía moral». Para Kristeller, el humanismo fue un movimiento intelectual renacentista cuyo interés primordial consistía en un programa cultural y educativo, erudito y estilístico, basado en el estudio de autores griegos y latinos.

Además [insiste Kristeller] no creo yo que sea posible definir el humanismo renacentista como una serie de ideas filosóficas específicas común a todos los humanistas, o considerar el humanismo como un movimiento exclusivamente filosófico, y mucho menos como la suma total de la filosofía renacen-

---

[11] Kristeller 1982, p. 34.

[12] E. Cassirer; P. O. Kristeller, y J. H. Randall Jr. (comps.), *The Renaissance Philosophy of Man*, Univ. of Chicago Press, 1975 (orig. 1948), p. 2.

tista, tal como algunos eruditos recientemente se han inclinado a pensar. Gran parte del trabajo de los humanistas era erudito o literario más que filosófico, aun en el sentido más amplio de la palabra, y muchos de los humanistas, sabios distinguidos o escritores, no contribuyeron significativamente, incluso en aquella rama de la filosofía, la ética, considerada dentro de su terreno[13].

Kristeller se está enfrentando aquí a Garin, cuya postura es claramente distinta, tanto en el tono general como en varios puntos concretos que resultan esenciales a la hora de evaluar las relaciones del Humanismo y del Renacimiento con la ciencia. Para empezar, no deja de ser significativo que Garin titule uno de sus libros *L'Umanesimo italiano* cuando en él estudia e incluye las tres corrientes que Kristeller distingue en el pensamiento filosófico del Renacimiento. Efectivamente, Garin se opone rotundamente a distinciones que usualmente se postulan respecto al periodo renacentista. Se opone, especialmente, a la idea de un primer momento, el Humanismo, como mero imitador de la antigüedad, frente a un segundo momento del Renacimiento, que habría no ya imitado sino desarrollado las ideas de la antigüedad. Para ello insiste en la convergencia de los «*studia humanitatis* y de fermentos científicos».

En efecto, cuando pasamos de la cultura viva de entre los siglos XIV y XV a la que se desarrolla entre el XV y el XVI tenemos la impresión de una maduración, no de una antítesis[14].

Está claro que según se entienda el Humanismo, en el sentido de la distinción u oposición denunciada por Garin, de un doble humanismo, literario-retórico el primero y naturalista-científico el segundo, o bien en el sentido más amplio y global propugnado por Garin, la valoración de la relaciones con la ciencia pueden ser variadas y matizadas incluso dentro de cada término de la alternativa. Cabe también la postura de Kristeller cuando dice:

Cuando los historiadores de la ciencia afirman que el humanismo renacentista retardó el progreso de la ciencia en un siglo o dos, la observación está fuera de

---

[13] Kristeller 1974, p. 15. Puede verse también la introducción y el primer capítulo de Kristeller 1982; y los capítulos de la primera parte de Kristeller 1986.

[14] E. Garin. «Umanesimo e Rinascimento: connessione o antitesi?», en Garin 1976b, pp. 46-59, especialmente 57-58. Pueden verse tambien, en castellano, los artículos «Edades oscuras y Renacimiento: un problema de límites» y «Los humanistas y la ciencia», en Garin 1981a; así como Garin 1981b.

foco. Es como decir que el progreso de la ciencia en el siglo XX es obstaculizado por la crítica literaria o por los filósofos existencialistas [15].

A mi entender, este texto denuncia correctamente los excesos de los historiadores de la ciencia aludidos, pero el postular simplemente la independencia entre humanismo y ciencia no parece el mejor modo de corregir aquellos excesos. Por lo demás, quizas convenga tener en cuenta las relaciones que sí establece Kristeller entre aristotelismo y ciencia. Así lo señala Garin cuando aúna a Kristeller con Gilson, Nardi, Toffanin, Duhem, Thorndike y Crombie y afirma que todos ellos

coinciden en lo sustancial al señalarnos que las líneas maestras del pensamiento durante estas centurias transcurren según directrices aristotélicas desde la escolástica tardía hasta llegar a Galileo y Descartes [16].

Pero aquí no necesitamos examinar todos los matices que se dan respecto del concepto de Humanismo. Ateniéndonos a nuestro problema puede establecerse una gran línea de demarcación entre dos, o más bien tres posturas.

Por una parte, estarían los historiadores continuistas que, como hemos visto en el capítulo anterior, no sólo interpretan el humanismo como un movimiento eminentemente literario o artístico sino que, además, le atribuyen una mayor o menor responsabilidad, según los casos, en el retraso del desarrollo de la ciencia en su época.

En segundo lugar, pueden aunarse los historiadores más o menos claramente rupturistas. Entre éstos los hay que establecen una distinción entre un humanismo literario, pedagógico, valorándolo neutral o negativamente, según los casos, y un humanismo posterior, naturalista, de clara influencia positiva en el nacimiento de la ciencia moderna; y los que, como Garin, tienden a restar importancia a la posible distinción entre los dos momentos humanistas, y destacan como aspecto positivo, primordial, del humanismo en general, la introducción de un nuevo espíritu, una nueva filosofía que estaría en la base del nacimiento de la nueva ciencia. Lo importante a señalar en este último punto de vista es que tiende a destacar no tanto los contenidos, es decir lo logros efectivos en uno u otro campo del saber, como la nueva atmósfera, la *nueva filosofía* que posibilita esos logros.

---

15 Kristeller 1974, p. 196.

16 Garin 1981a, p. 249.

En mi opinión está claro que, por más que efectivamente la polisemia del término «humanismo» plantea serias dificultades, el equívoco en esta discusión no radica tanto en las interpretaciones del término «humanismo», como en la expresión *«orígenes de la ciencia moderna»*. Como se habrá advertido, para los continuistas la expresión «orígenes de la ciencia moderna» remite a las teorías de física y astronomía del escolasticismo de los siglos XIII y XIV en el que encontramos a los «precursores de Galileo». Son precisamente los desarrollos de esta tradición los que critican y ridiculizan los humanistas. De ahí la acusación de que retrasan o entorpecen el desarrollo o progreso de la ciencia, y la valoración negativa de que son objeto.

Por el contrario, para los rupturistas, la expresión «orígenes de la ciencia moderna» refiere a la «nueva visión», el cambio de contexto que, en contra del escolasticismo y en ruptura con éste, introduce el Renacimiento, y en el que los humanistas desempeñan un papel más o menos importante, según los historiadores.

Debo apresurarme a señalar que las posturas historiográficas descritas difícilmente se dan en estado puro en todos y cada uno de los historiadores. Si bien muchos de éstos pueden ser arropados en una u otra parte de la clasificación, no dejan de serlo un tanto procústeamente. Un caso significativo de las variaciones posibles lo constituiría el caso de Allen G. Debus que establece no ya una doble distinción en el Humanismo, sino que distingue tres humanismos e insiste en la importancia de su reconocimiento. Según Debus habría habido un primer humanismo del que destaca la dimensión pedagógica, su ideal educativo, y que valora negativamente respecto al desarrollo de la ciencia.

> En resumen, el clima educativo del Renacimiento inicial fue de un dudoso valor para el desarrollo de las ciencias. La formación universitaria en este período puede ser caracterizada en su mayor parte como conservadora. Respecto a la reforma de la educación primaria llevada a cabo en los siglos XIV y XV, ésta fue abiertamente anticientífica[17].

Después, el humanismo, en un principio literario, jugaría un doble papel en el origen de la ciencia moderna.

> Seguramente hubo una Revolución Científica. Pero como toda revolución fue un asunto de largo plazo. Los monumentales cambios que hemos descrito tu-

---

[17] Debus 1978, p. 4.

vieron lugar a lo largo de un periodo de siglos más que de décadas. Y, en la mayor parte del periodo que hemos estudiado, hubo un diálogo e interrelación constante entre los descendientes intelectuales de Ficino y Paracelso por una parte, y de Guinter de Andernach y Peuerbach por otra. El hermetista y el alquimista continuaron debatiendo con sus adversarios galenista y ptolemaico [o copernicano] hasta bien entrado el siglo XVII. Quizás este continuo intercambio es lo que mejor establece los límites de la ciencia «renacentista»[18].

La recuperación por parte de los humanistas de autores como Arquímedes o Ptolomeo por una parte y la de Hermes Trismegisto por otra es lo que hace afirmar a Debus que «el siglo XVI es paradójico».

Pero es, sin duda, Garin el que con sus numerosas investigaciones de historia de la filosofía dedicadas al estudio del Renacimiento ha hecho, una y otra vez, la defensa más apasionada de la relevancia del papel representado por los humanistas del Renacimiento en el nacimiento de la ciencia moderna. Es el representante más claramente anticontinuista de la historiografía de la filosofía.

Recogiendo la observación de R. Klein[19], Garin niega la existencia de una relación causa-efecto entre humanismo y declinar de la ciencia —en el caso de que tal declinar hubiera existido— por razones puramente cronológicas. En efecto, la decadencia de la investigación científica en Oxford y en París precede y no sigue al auge de los *studia humanitatis.* Y en Italia, donde realmente se da tal auge, la investigación científica no decae. En realidad, todas y cada una de las tesis continuistas se ven refutadas por Garin. Según éste la crítica humanista a los *barbari* no era puramente formal o estilística, sino que iba dirigida a la falta de funcionalidad de las teorías de los nominalistas. Señala que el humanismo en su origen no fue literario, sino notarial, ligado a las cancillerias y a la vida política, a la redacción de cartas, oraciones y disputas públicas. E incluso como cultivadores de las *litterae humanae* en la facultad de artes pudieron llegar a la filosofía natural, al leer a Aristóteles en el original griego. Garin niega con vehemencia que hubiese una progresiva conversión del humanismo a la ciencia. Por el contrario, se trata simplemente del acceso a la filosofía o a la ciencia a través de los *studia humanitatis,* y a continuación ex-

[18] *Ibid.,* p. 140.

[19] En su artículo «Los humanistas y la ciencia», en R. Klein 1980, pp. 299-312, especialmente p. 299.

trae las consecuencias de su argumentación y de los datos históricos, señalando:

> Ante todo, es insostenible no sólo la oposición, sino la mera distinción entre «humanistas» y «científicos» o «filósofos». Por el contrario, el contraste real es el que se da entre «lectores» de los originales griegos o de las obras latinas clásicas directamente derivadas de ellos y los «lectores» de las compilaciones arábigo-latinas y comentarios medievales[20].

En relación con esto, cabe mencionar que la primacía que con el humanismo se da a ciertas disciplinas provoca un nuevo equilibrio entre las facultades que iniciará una nueva e importantísima valoración del *homo faber* y su relación con el *homo sapiens.* El contacto entre artistas, constructores y humanistas constituye un primer paso. Pero además, frente a la actitud medieval que ve en las obras que conoce de la antigüedad los retazos, a lo sumo momentáneamente contradictorios, de una única concepción, de un todo teórico unitario, la pulcritud filología lleva a los humanistas a un descubrimiento fundamental: la pluralidad de las doctrinas y concepciones de las cosas. Se descubre el matematismo platónico enfrentado al empirismo aristotélico, y distinto a éstos a Arquímedes, Demócrito, Epicuro, Lucrecio, Galeno. Los humanistas empiezan a contextualizar las doctrinas. Y así se produce la consiguiente crisis de la creencia de una ciencia unitaria depositada en un solo autor, el Filósofo, en un solo libro, al igual que la Biblia recogía las enseñanzas de la fe. Y, para citar un elemento más al que volveremos más tarde, ¿qué decir de la influencia del humanismo en la revolución copernicana, a través de la literatura del mito solar y la idea de armonía de las que bebió Copérnico?

---

[20] Garin 1981a, p. 259. Dicho sea de paso, el tema de la recuperación y traducción de las obras de la Antigüedad también es, naturalmente, objeto de debate entre los medievalistas y los estudiosos del Renacimiento. Kristeller, por ejemplo, observa que si los filósofos modernos «pueden leer hoy no sólo traducciones de Aristóteles hechas por Tomás de Aquino, sino los originales de Aristóteles, de Platón y de muchos otros filósofos griegos ya sea en el original o traducidos, deben este enriquecimiento de su biblioteca filosófica al trabajo de los humanistas del Renacimiento» (Kristeller 1974, p. 16). Compárese esta afirmación con la de E. Grant, un distinguido medievalista, quien tras señalar que los traductores del Renacimiento utilizaron las traducciones de numerosos autores griegos hechas por Guillermo de Moeberke sin mencionarlo, añade: «Sin la valiente labor de este pequeño ejército de traductores de los siglos XII y XIII, no sólo no hubiera logrado materializarse la ciencia medieval sino que la revolución científica del siglo XVII difícilmente podría haberse producido» (E. Grant 1983, pp. 44-45).

De ese conjunto de elementos unidos al descubrimiento del Nuevo Mundo, y no de la teoría del *impetus* o las técnicas lógicas de los escolásticos, surgirá Galileo y la nueva ciencia, según Garin.

Como podemos ver, «Humanismo» es el nombre que parece dar Garin a todo el movimiento intelectual del Renacimiento responsable de la ruptura con la Edad Media e introductor de una nueva filosofía en un sentido muy amplio. El Renacimiento, pues, es aquel periodo histórico que con su ruptura con el mundo medieval y el cambio de visión, de intereses, etc. da *origen* a la ciencia moderna. Esta es, sin duda, una tesis rupturista. Pero no está libre de dificultades. Su ambigüedad quedará de manifiesto, a continuación, en nuestro tratamiento de alguno de los más representativos historiadores de la ciencia rupturistas.

II. APORTACIONES Y VALORACIÓN DEL RENACIMIENTO «CIENTÍFICO»

El primero que deberíamos citar, siguiendo un criterio cronológico, es Alexandre Koyré. Pero, por razones que inmediatamente se pondrán de manifiesto, nos ocuparemos antes de una obra que puede ser considerada ya como clásica en la historiografía de la ciencia de este periodo. Me refiero a *The Scientific Renaissance 1450-1630* de Marie Boas Hall. En ella se nos ofrece lo que posiblemente sea la visión de conjunto más conocida en la historiografía de la ciencia del Renacimiento. Me atrevería a decir que constituyó el primer intento importante de mostrar, también en el campo de la historia de la ciencia, la autonomía del Renacimiento y, por tanto, puede considerarse el punto álgido de esa corriente postburkhardtiana que venimos comentando. En este sentido las palabras iniciales de su prefacio no pueden ser más significativas:

> Espero que este libro muestre que el periodo que va de 1450 a 1630 constituye un estadio definido en la historia de la ciencia. Fue una era de transformaciones profundas, pero esas transformaciones fueron llamativamente coherentes. A su vez, esta época marca una ruptura con el pasado[21].

Pero ¿qué es lo que define, lo que caracteriza a este periodo? Incluso en el libro de Boas Hall resulta difícil hallar una formulación clara de estas características. Me refiero, obviamente, a una caracteriza-

---

21 Marie Boas Hall 1966, p. XI.

ción más concreta que las que hemos examinado hasta ahora y similar a las que fácilmente podemos encontrar —se acepten como correctas o no— de los periodos anterior y posterior. Boas menciona como elemento definitorio de la época las apasionadas tentativas de revivir el saber antiguo y, por otra parte, las sorprendentes implicaciones que esto iba a tener.

> Lejos de rebelarse contra este énfasis literario y filológico que, superficialmente, podría parecer más alejado de la ciencia que el curriculum de los escolásticos con su interés omnicomprensivo de las obras de Dios, el científico del siglo XV se sometía gustoso a la rigidez de una aproximación intelectual que estaba anclada en la adoración del pasado remoto, y así sorprendentemente preparó el camino para una forma genuinamente nueva de pensar la naturaleza en la generación siguiente[22].

Pero Boas va poco más allá de este nivel de abstracción. Alude, naturalmente, a los diversos desarrollos que provocaría esa recuperación del saber antiguo en los distintos campos. Pero lo cierto es que las consecuencias revolucionarias de esa labor se darían sólo *después* del Renacimiento, como, por otra parte, puede entreverse en numerosos textos del libro. Por ejemplo, cuando Boas nos dice que

> la ciencia no era aún reconocida como una rama independiente del saber [...] la ciencia mística, en este período, era la más ampliamente conocida [...] la entonces naciente ciencia experimental era popularizada como magia natural, en sentido restringido como el estudio de las fuerzas aparentemente inexplicables de la naturaleza [...] en sentido más general como maravillas naturales y trucos de charlatanes. La matemática aportaba su parte a la magia bajo la forma de misticismo de los números, útil para los pronósticos[23].

Éste es un hecho histórico especialmente importante: los renacentistas estaban «fascinados por la magia» como titula Boas uno de los capítulos de su libro. Y aquí es donde la historiadora introduce sus reflexiones, respecto a la sutil demarcación entre los aspectos mágico-místicos del período y los hoy considerados netamente científicos, que me parecen destacables. Boas nos dice que «los propios científicos no estaban seguros de dónde terminaba la filosofía natural y dónde empezaba la ciencia mística», pero a continuación añade:

---

22 *Ibid.*, p. 18.

23 *Ibid.*, pp. 19 y 21.

> La dificultad no consistía en que no hubiera diferencia entre la filosofía natural y la ciencia mística, sino más bien en que aquellos hombres veían que cada ciencia tradicional tenía su contraparte mágica, oculta o sobrenatural. La aplicación de la astronomía podía ser navegación o astrología, la aplicación de la química, metalurgia o búsqueda de la piedra filosofal. No obstante, al mismo tiempo, incluso los más ardientes practicantes de las ramas místicas sabían que su forma de ciencia no era, ni intelectual ni moralmente, tan digna de crédito como las formas más normales. Los astrólogos estaban mejor pagados que los fabricantes de instrumentos, pero, en el siglo XVI, incluso los no científicos *sabían en el fondo de sus corazones* que los astrólogos, como los magos, apuntaban a cosas prohibidas, aunque también sabían que *la mayoría de ellos* no estaban realmente aliados con el diablo.
>
> [...] En cada caso, lo único importante para el científico era la conciencia de la diferencia entre sus dos campos de interés, pues en cada caso aceptaba el misticismo en cuanto conducía a aquel conocimiento inaccesible por los medios científicos ordinarios de investigación. El área a la que la magia podía ser y era aplicada, en el siglo XVI, era aún muy grande. Resulta fascinante observar el modo en que *los problemas científicamente válidos* fueron *progresivamente cribados y separados* del *abigarrado misticismo* del pensamiento y la práctica del siglo XVI, para dejar al margen las áridas ahechaduras de la superstición[24]. [La cursiva es mía.]

Así pues, el Renacimiento sería aquel período en que, a pesar del abrumador dominio de la «ciencia mística», los «problemas científicamente válidos» fueron separándose progresivamente de la superstición. De ahí que, a lo largo del capítulo citado, veamos expurgados en ciertos autores algunos aspectos de su obra que pudiera aportar elementos «anticipatorios» de la nueva ciencia que iba a surgir en el siglo XVII, ya fueran materiales o «hechos» de algun alquimista paracelsiano como Basil Valentine, que más tarde utilizaría la química, ya fueran ciertas anticipaciones de carácter metodológico, como en el caso de G. B. della Porta, del que Boas dice que «tenía cierta genuina comprensión del papel del experimento en la investigación»[25]. Naturalmente, ocupan parte importante del libro los casos muchos más claros de Copérnico, Kepler o Harvey, sobre los que cabe poca discusión respecto a que estén en los *orígenes* de la ciencia moderna.

Pero ¿podemos aceptar que la dificultad no consistía en que no hubiera diferencia entre «filosofía natural» y «ciencia mística», entre «magia» y «ciencia racional»? De hecho, la propia autora señala en

---

[24] *Ibid.*, pp. 166-168.

[25] *Ibid.*, p. 188.

más de una ocasión que la «ciencia», la «ciencia racional» no había nacido aún. ¿Sabían realmente, «en el fondo de sus corazones», los magos, alquimistas, astrólogos, etc., que su labor era de una autenticidad dudosa, que se estaban engañando? ¿Qué margen de ambigüedad nos deja la afirmación de que «la mayoría de ellos» no estaba realmente aliada con el diablo? No resulta extraño que Boas considere a Kepler como totalmente ajeno al mundo moderno y «uno de los científicos más difíciles de retratar con precisión o valorar tal como realmente fue». Es bien sabido que llegó al menos a dos de sus precisas leyes matemáticas *científicamente válidas* a partir de sus ideas místicas típicas del Renacimiento, «aparentes absurdos metafísicos» como dice M. Boas[26]. Resulta muy difícil, en el caso de este «auténtico científico renacentista», establecer las demarcaciones y la conciencia de éstas que le atribuye Boas[27]. Y, en definitiva, podemos preguntarnos, ¿cuáles eran esas formas «más normales» de ciencia en el siglo XVI? ¿Era la construcción de intrumentos «más normal», en un sentido epistemológico, que la confección de horóscopos u otras actividades de la astrología? Apenas pensamos en el criterio posible para determinar esa «normalidad» nos vemos irremediablemente abocados al anacronismo. Creo que, simplemente, debemos aceptar que, en el siglo XVI, la forma más «normal» de ciencia era precisamente la que Boas llama «ciencia mística» o «ciencias ocultas». Más aún, si puede hablarse de *la* ciencia, en el siglo XVI la «ciencia mística» no era simplemente la dominante, sino *la* ciencia, sin más.

Todas estas cuestiones pueden plantearse desde dos vertientes. Una de ellas sería la del problema de la credulidad, de la seriedad u honestidad con que aquellos hombres propugnaban y creían en lo mágico[28]. Me parece claro que al insinuar la incredulidad de aquella

---

26 *Ibid.*, cap. X, especialmente p. 309.

27 No estoy afirmando que Kepler no estableciera diferencias entre, por ejemplo, sus horóscopos y sus estudios sobre la órbita de Marte. Sabemos que sus ideas sobre la astrología eran bastante matizadas. Pero no es menos cierto que mantuvo hasta el final de su vida lo que Boas llama «ideas místicas» que alimentaron su «investigación científica». Hoy puede verse en castellano la obra de A. Koestler, tan criticada como apasionante y apasionada, *Los sonámbulos* (Koestler, 1986). Puede verse también Gérard Simon 1979; y Edward Rosen. «Kepler's attitude toward astrology and mysticism» en Brian Vickers 1984, pp. 253-272.

28 En otro lugar (A. Beltrán 1988) he tratado el tema de la paradoja que presenta el Renacimiento en relación a este tema. Por una parte, por ejemplo en Koyré, el siglo XVI se presenta como *crédulo* y *acrítico*; por otra, como en Popkin 1983, se nos presenta como el siglo de la recuperación y explotación del *escepticismo*.

época, lo que estamos haciendo únicamente es afirmar la incredulidad de la nuestra, y no sé hasta qué punto eso no es exagerado[29]. Si buscamos las razones de la apreciación de Boas, es mucho más fácil encontrarlas en su presente que en aquel pasado.

Sabemos muy bien que la ciencia del siglo XVI difería profundamente de la nuestra y, no obstante, nos obstinamos en juzgar los esfuerzos que se hacían entonces como si secretamente aquellos investigadores hubieran experimentado ya nuestro *tour d'esprit.* Es absolutamente necesario deshacerse de esta ilusión[30].

Este texto de Lenoble parece una respuesta a las observaciones de Boas Hall. Pero podemos encontrar más voces en este sentido:

Aquellos hombres, habituados a nadar en la imprecisión, se acomodaban a situaciones confusas, ambiguas, poco definidas que nos parecen absurdas y nos irritan [...] Entre tanta incertidumbre, los contemporáneos de Rabelais no experimentaban en absoluto este malestar que para nosotros resultaría insoportable, lógicamente insoportable [...] Pero, se dirá, la que creía estar en el Sabbat mientras permanecía en su casa era pobre gente [...] ¿Pobre gente? Pero ¿y sus jueces? Esos no eran pobres gentes, ni analfabetos [...] Nada nos autoriza a tachar de especial credulidad, de tontería, de debilidad mental respecto de sus contemporáneos a los magistrados [...] ¿Locura?, esta palabra no tiene sentido. Su modo de pensar no era el nuestro, he aquí toda la cuestión[31].

Son, sin duda, textos sugerentes, representativos de la moderna historiografía. Lenoble insiste también en este sentido y afirma que el mejor medio de prepararnos para comprender el pensamiento científico renacentista consistiría en leer las obras de Piaget sobre la representación del mundo en el niño o de Lévy-Brhul sobre la mentalidad primitiva[32].

---

[29] Aunque se que es mezclar niveles, no es totalmente inoportuno decir que no sólo las masas populares y algún presidente de gobierno y señora, sino también la «gente universitaria» no está en absoluto libre de ciertas creencias e incluso formas de pensamiento típicas del siglo XVI. Un elevado porcentaje de mis alumnos sigue con atención, e incluso pasión, su horóscopo. Y más de un profesor de actividad profesional «más científica» que la mía no sólo sigue el suyo, sino también el del prójimo que, a veces, he sido yo.

[30] R. Lenoble 1971, p. 83.

[31] L. Febvre 1968, pp. 405-406. Cabe ver también los artículos de la cuarta parte de L. Febvre 1970.

[32] Lenoble 1971, p. 85-86.

Obviamente, éste es un punto en el que la postura de Boas necesitaba una revisión y, desde entonces, como veremos, se ha trabajado mucho en este campo[33].

Pero hay aun otro gran problema, la otra vertiente de la que hablabamos, que debe plantearse. En el prefacio a la obra de Boas Hall que venimos comentando se nos dice que

> Las teorías y métodos revolucionarios de la década 1540 estaban completamente actualizados en 1630. El trabajo de Harvey sobre la circulación de la sangre, publicado en 1628, y el brillante *Diálogo sobre los dos máximos sistemas del mundo*, acabado en 1630, señalan al unísono la culminación del trabajo del siglo precedente y el comienzo de una nueva edad[34].

Es cierto que, tanto en el capítulo dedicado a Galileo como en el epílogo, Boas insiste casi exclusivamente en el carácter innovador de la obra de Galileo. No obstante, cabe plantearse la pregunta ¿constituye realmente Galileo la «culminación» del proceso o progreso renacentista? ¿Constituye Galileo el final feliz de esa criba progresiva de los «problemas científicamente válidos»? Posiblemente, si consideramos el único aspecto de la obra de Galileo que estudia Boas en este libro[35], es decir, la astronomía, habrá que establecer, sin duda, una vinculación entre ambos. Pero, si nos atenemos únicamente a la astronomía, ¿por qué no considerar a Kepler como la culminación del proceso? Sin duda su obra astronómica fue más importante y conclusiva que la de Galileo. No puede ser, pues, únicamente en base a su obra en astronomía, sino a su obra en cosmología por lo que Boas considera a Galileo el fin del camino. Pero ¿es la obra de Galileo en este terreno, en cosmología, la culminación del progreso renacentista, de los métodos de la década de 1540? Aunque tendremos que volver

---

[33] No obstante, veinte años después de la publicación de su libro, con ocasión del homenaje a Garin en su setenta aniversario, Boas hacía una revisión de los distintos temas de la historiografía del Renacimiento científico, y seguía afirmando que las «ciencias herméticas no recibieron nunca un pleno reconocimiento social y eclesiástico, sino que siempre fueron sólo *quasi* lícitas». Boas. «Il Rinascimento Scientifico», en VV AA 1983, pp. 325-352, p. 331.

[34] Boas Hall 1966, p. XI. También en el epílogo nos dice que «el juicio de Galileo señala el clímax del gran debate sobre cosmología, y el fin de la larga búsqueda de una nueva astronomía que empezó con Peuerbach». *Ibid.*, p. 344.

[35] De hecho el libro que nos ocupa forma parte de la serie de volúmenes sobre *The Rise of Modern Science*, editados por Rupert Hall, y puede completarse con A. Rupert Hall 1963 y A. Rupert Hall 1983.

a considerar el libro de Boas, por el momento diré que, en mi opinión, la respuesta es un «no» rotundo. En este sentido, la posición de A. Koyré en su artículo «La aportación científica del Renacimiento»[36] es mucho más moderna que la de Boas, a pesar de que fue escrito trece años antes que el libro de ésta.

No obstante, Koyré y Boas tienen mucho en común. El inicio del artículo de Koyré señalaría uno de los puntos de acuerdo entre ambos.

> Hablar de la aportación científica del Renacimiento puede parecer paradójico e incluso increible [...] sabemos todos que la inspiración del Renacimiento no fue una inspiración científica. El ideal de civilización (del Renacimiento) no es de ningún modo un ideal de ciencia, sino un ideal de retórica[37].

Según Koyré, el artista y sobre todo «l'homme de lettres» son los «tipos» que encarnan el espíritu del Renacimiento que, en la perspectiva koyreana, habría sido una de las épocas menos provistas de espíritu crítico, en que la superstición más grosera y profunda, la magia, la brujería, la astrología, lo dominan todo y están presentes en autores como Ficino, Pomponazzi o Campanella; un periodo en el que los libros de éxito no son tanto las traducciones de clásicos, como los libros de magia de Cardano y Porta. Lo más positivo del Renacimiento habría sido, según Koyré, su labor negativa, destructiva del gran enemigo de su pensamiento filosófico y científico: la síntesis aristotélica. Y esa destrucción sería decisiva puesto que tuvo como consecuencia lo que caracteriza al Renacimiento, su «credulidad sin límites»[38]. Aquí Koyré ha introducido una afirmación un tanto sorprendente:

> Efectivamente, después de haber destruido la física, la metafísica, la ontología aristotélicas, el Renacimiento se encontró sin física y sin ontología, es decir, sin posibilidad de decidir con anticipación si algo es posible o no[39].

Resulta relevante que sólo unas líneas más adelante Koyré afirme que

> el Renacimiento se ha visto lanzado o reducido a una ontología mágica. Si se miran los grandes sistemas, las grandes tentativas de síntesis filosóficas de la

[36] En A. Koyré 1977, pp. 41-50.

[37] Koyré 1977, p. 41.

[38] *Ibid.*, p. 42.

[39] *Ibid.*.

época [...] se encontrará siempre en el fondo de su pensamiento una ontología mágica[40].

¿Desde qué punto de vista la ontología *mágica* no es una ontología? No se me ocurre otra respuesta que sólo desde la nuestra, es decir, la *científica*. Pero, el anacronismo de Koyré es muy distinto del de Boas. Lo es hasta el punto de que le lleva a la primera caracterización concreta del pensamiento o mentalidad renacentista, que es de signo radicalmente opuesto a la de Boas. «De hecho, si se quiere resumir en una frase la mentalidad del Renacimiento, yo propondría la fórmula: *todo es posible*»[41]. Después Koyré menciona también, como característicos del Renacimiento, la recuperación de los grandes textos científicos como los de Ptolomeo y Arquímedes que están en la base de la RC. Alude a Copérnico y su heliocentrismo, a Kepler, «Jano bifronte» cuyas limitaciones vencerá el osado Bruno, gran filósofo y «matemático execrable», proclamando la infinitud del universo. Y ya no más. Con ellos se acaba el Renacimiento. O mejor aun, se acaba cuando surge Galileo.

Kepler [y Bruno] pueden ser incorporados al Renacimiento; con Galileo salimos sin ninguna duda y definitivamente de esta época. Galileo no tiene nada de lo que lo caracteriza. Es antimágico en el más alto grado [...][42].

No se trata pues de disputar sobre fechas. El «1630» de Boas podría señalar la muerte de Kepler, y entonces estaría de acuerdo con Koyré. No es una cuestión cronológica. La mayor parte de los contemporáneos de Galileo, y muchos después de su muerte responden a la mentalidad renacentista. Pero lo importante es que con Galileo

---

40 *Ibid.*, p. 43.

41 *Ibid.*. L. Febvre, años más tarde desarrollaría el tema. «En realidad, entonces nadie tenía el sentido de lo imposible. La noción de imposible. Se nos dice que un decapitado ha cogido su cabeza entre sus manos y ha echado a correr por la calle. Nosotros nos encogemos de hombros, sin preocuparnos más por el hecho: seríamos ridículos. Los hombres de 1541 no dicen: imposible. No pueden dudar de la posibilidad de un hecho. Ninguna noción tiránica, absoluta, constrictiva de *ley* limitaba para ellos el poder ilimitado de una naturaleza creadora y productora sin freno. La crítica del hecho no empezará, precisamente, más que el día en que esta noción de ley entrará en vigor universalmente —el día en que, por eso mismo, la noción de imposible, tan fecunda a despecho de sus apariencias negativas, adquirirá un sentido; el día en que, para todos los espíritus, el *non posse* engendrará el *non esse*». L. Febvre 1968, pp. 406-407.

42 Koyré 1977, p. 49.

se introduce una nueva mentalidad que, en adelante, iba a ser dominante en el mundo científico. Esta es, sin reticencias, una postura rupturista.

Pero, aun con esta diferencia fundamental, hemos visto que en la valoración del Renacimiento en la historia de la ciencia por parte de Boas y Koyré había, como no podía ser de otro modo, muchos puntos en común. En especial, el hecho de que, en aquel periodo, domine la «ciencia mística», la «ontología mágica», hace que para ambos el Renacimiento *científico*, como un todo, quede reducido a muy poco. Tiene un pasado y un futuro tan claros que su presente queda totalmente oscurecido. Especialmente en Koyré, el papel del Renacimiento en la historia de la ciencia parece quedar reducido al de administración de correos de la cultura, que trae del pasado la buena nueva pero que, como corresponde al cartero, no tiene nada propio que decir.

III. HERMETISMO Y REVOLUCIÓN CIENTÍFICA. PRIMERA APROXIMACIÓN

Pero la historiografía no se detendría aquí. El mismo Koyré, como ya hemos indicado, señalaba una y otra vez, frente a la historiografía positivista como historia de aciertos hacia nuestro presente, la importancia de tomar en cuenta los «errores», de reandar las «sendas equivocadas». Él más que nadie puso de manifiesto y mostró la necesidad de poner el pensamiento científico en relación con su entorno cultural.

Pues bien, esa directriz fue imponiéndose progresivamente en la historiografía de la ciencia y del pensamiento en general, dando lugar a partir de la década de los sesenta a un conjunto de trabajos que, hasta cierto punto, permiten calificar a sus autores de movimiento historiográfico bien definido. La radicalización de las tesis sobre la inter-relación entre la ciencia y su entorno cultural, su reevaluación de las «sendas equivocadas» les llevó, no obstante, a posturas totalmente opuestas a la de Koyré.

Este conjunto de historiadores que, en muchos casos, tenían una estrecha relación con el *Wargburg Institute*, modifican los términos del planteamiento e insisten en el valor y aportaciones de esas tradiciones místicas, la «ciencia mística» de Boas, en el nacimiento de la ciencia moderna.

La importancia de la tradición hermética en la cultura del Renacimiento había sido señalada ya por Kristeller y Garin. Pero, en el ámbito que nos ocupa, sin duda el antecedente y pionero más importante fue Paolo Rossi con su obra *Francis Bacon: De la magia a la ciencia*, de 1957[43], que significó un paso fundamental en el abandono de la imagen tradicional de Bacon como «fundador de la ciencia moderna», como héroe de la RC por su preciosa aportación metodológica: la inducción o método inductivo. Así, hoy se llama frecuentemente la atención sobre el aforismo CXXX, último del primer libro del *Novum Organum,* donde parece renunciar a la elaboración difinitiva y acabada de su método inductivo, poniendo el acento en los rudimentos ya construidos y en la elaboración de la historia natural:

> Ha llegado el momento de proponer el arte mismo de Interpretar la Naturaleza. Aunque pensamos haber establecido preceptos utilísimos y certísimos, no le atribuimos una necesidad o una perfección absolutas [como si nada pudiera hacerse sin ella] [...] Por el contrario, nosotros, que consideramos la mente no sólo en su capacidad nativa, sino también en su relación con las cosas, debemos dejar sentado que el Arte de descubrir puede perfeccionarse con los descubrimientos mismos[44].

Pero en 1957 el texto de Rossi, en el que Bacon era puesto en relación con la tradición mágico-alquimista y consecuentemente reubicado en la RC, fue revolucionario. Rossi destacaba precisamente cómo el programa metodológico baconiano hallaba su culminación en una de las obras menos *científicas* de la primera mitad del siglo XVII, la *Sylva sylvarum,* en la que Bacon se desplazaba cada vez más de una historia *natural* a una historia *literaria.* Por lo demás, puntualiza Rossi:

> El plano en el que se desarrolla la *Sylva sylvarum* es aquél, típicamente «mágico», de Della Porta y Cardano y que más tarde será también el de los «herméticos» y magos del siglo XVII inglés, de John Dee y Robert Fludd»[45].

Lo realmente importante en Bacon, históricamente, sería la concepción de la ciencia como poder, como dominio de la naturaleza, y

---

[43] La obra fue revisada en la segunda edición que es la que traduce la versión castellana. Véase Rossi 1990.

[44] F. Bacon. *La Gran restauración*, trad. cast. M. A. Granada, Madrid, Alianza 1985, pp. 185-186.

[45] Rossi 1990, pp. 360-361.

la del hombre como capaz de desarrollar esa ciencia dominadora. Ideas que coinciden y se derivan del ideal renacentista del mago, pero que a partir de Bacon cobran una nueva dimensión.

Pero, como decíamos, a partir de finales de los años cincuenta y principios de los sesenta y, en especial, del trabajo de Frances Yates, *Giordano Bruno y la tradición hermética*, publicado originariamente en 1964, historiadores como D. P. Walker, A. G. Debus, P. M. Rattansi, M. C. Jacob, Ch. Webster y otros trabajarán en este ámbito de intereses desarrollando una importante labor dedicada a poner de manifiesto que la magia, numerología, alquimia, el conjunto de ciencias ocultas a que nos hemos referido, en definitiva, la tradición hermética no podía dejarse de lado como mera «superstición», como «credulidad grosera», como mero error. No podía olvidarse que esta tradición estaba presente, no sólo en autores como Ficino, Agrippa, Paracelso o Campanella, sino también en científicos que contribuyeron de manera decisiva a la ciencia moderna como Gilbert, Kepler o Newton. Allen G. Debus, al que ya hemos aludido, afirma que

> Paracelso puede ser visto como el heraldo de la Revolución Científica [Y en otro lugar destaca:] Es importante tratar de no separar lo «místico» y lo «científico» cuando ambos están presentes en el trabajo de un único autor. Hacerlo así sería distorsionar el clima intelectual del periodo [...] imponer nuestras distinciones al siglo XVII es ahistórico[46].

Como puede verse, la reivindicación de las ciencias ocultas se hace, precisamente, desde preceptos historiográficos intachables.

El hermetismo tenía, sin duda, una importancia enorme en el siglo XVI. Es bien conocida la historia según la cual en 1463 llegó a Florencia un monje —en realidad un buscador de manuscritos a las órdenes de Cosme de Médici— procedente de Macedonia, que traía consigo una copia del *Corpus Hermeticum*. La leyenda, que se tuvo por cierta hasta 1614, hacía del autor, Hermes Trismegisto, un profeta y vidente egipcio, casi contemporáneo de Moisés, una especie de profeta del cristianismo y mago prodigioso, de cuya sabiduría se habrían alimentado todos los filósofos griegos y cristianos[47]. Al saber de la llegada de tales escritos, Cosme de Médici ordenó a Ficino que abandonara la traducción de las obras de Platón, que ya había reunido, para que tradujera, antes, los escritos herméticos.

---

46 Debus 1978, pp. 15 y 11 respectivamente.

47 Véase al respecto Yates 1983, pp. 17 ss.

Pues bien, este hermetismo, recuperado de su infravaloración tradicional por los historiadores de la ciencia, será ahora valorado, especialmente por la insistencia del mago hermético en la importancia de la observación de la naturaleza, como un elemento esencial a la hora de explicar el nacimiento de la ciencia moderna[48]. Sirva la propia Yates de ejemplo. Para ella, el mago renacentista es el que ejemplifica el cambio de actitud del hombre hacia el cosmos, lo que, en su opinión, era un preliminar necesario para el nacimiento de la ciencia moderna.

Si, como yo creo, el mago renacentista era el inmediato antecesor del científico del siglo XVII, entonces es verdad que el «neo-platonismo» tal como es interpretado por Ficino y Pico era efectivamente el cuerpo de pensamiento que, interviniendo entre la Edad Media y el siglo XVII, preparó el camino para la emergencia de la ciencia[49].

Este «camino» tendría varias fases. Yates propone a los «historiadores sensibles» el uso del término «Rosacrucian» para designar «una fase de la tradición hermética en relación con la ciencia»; es decir, referiría el tipo de mago hermético que desarrollaría sus intereses en dirección a la ciencia, mezclada con la magia. La demostrada influencia de ese hermetismo rosacruciano en personajes como Gilbert, Bacon, Bruno, John Dee etc. le hace decir:

Tales descubrimientos no hacen a las grandes figuras menos grandes, sino que demuestran la importancia de la tradición hermética renacentista como un inmediato antecedente de la emergencia de la ciencia. El ejemplo de ello que estudiaré en este libro es Giordano Bruno [...] Más aún, [G. Bruno] es el precursor de la visión del siglo XVII, aunque formulada dentro del marco de referencia renacentista[50].

---

[48] Aunque este aspecto es especialmente importante y destacado por la propia Yates, su tesis incluye también otros elementos de continuidad. Fundamental sería la aceptación del copernicanismo por parte de los filósofos herméticos. Estos interpretaron la obra de Copérnico como un jeroglífico mágico y un momento crucial, aunque insuficiente, de la recuperación de la *prisca theologia.* Pero, aun así, contribuyeron a la adopción y justificación del heliocentrismo y sus consecuencias físicas y, por tanto a la ciencia moderna. Véase Yates 1983, pp. 182-186 y 239 ss.

[49] F. Yates. «The hermetic tradition in Renaissance science», en Ch. S. Singleton (comp.), 1970, p. 258.

[50] *Ibid.*, p. 270. A.G. Debus piensa que Yates sobrestima la datación correcta, 1614, de los escritos del *Corpus Hermeticum* como pertenecientes al siglo III, como causa del debilitamiento de la influencia de la primera fase del hermetismo. Según Debus, en toda la primera mitad del siglo XVII, más allá de 1614, hubo un creciente interés en «la aproximación ocultista a la naturaleza que corría paralelo al surgimiento de la filosofía meca-

Es un hecho que, desde sus primeras afirmaciones respecto a la importancia del hermetismo en el nacimiento de la ciencia moderna, en su *Giordano Bruno y la tradición hermética*, Yates ha radicalizado sus posturas de modo que a muchos nos parece exagerado. Pero no, más bien debería decir que la radicalización de sus tesis ha ido poniendo de manifiesto, cada vez más claramente, unos presupuestos filosóficos e historiográficos que hoy rechaza la mayor parte de la historiografía de la ciencia, precisamente la historiografía rupturista.

En mi opinión resulta muy difícil no observar el estricto paralelo existente entre las tesis de esta historiadora y las de los medievalistas. Como estos últimos, Yates y algún otro colega como Debus han pasado del *descubrimiento* del hermetismo a una valoración de éste según la cual presentan a la tradición hermética como el claro punto de partida u *origen* de la ciencia moderna. Como en el caso de los medievalistas con los escolásticos tardíos, Yates y sus colegas han encontrado entre los magos hermetistas a los *precursores* de la nueva ciencia, y han visto la tradición hermética como la primera fase de la RC. Es, en definitiva, una tesis *continuista* absolutamente análoga y paralela. Sustitúyase, en las tesis de Yates, «mago» por «escolástico parisino u oxoniense del siglo XIV» y se habrán reproducido de modo estricto las tesis de Duhem o sus más fieles seguidores.

Resulta paradójico que tesis que parecían surgir de una exigencia historiográficamente moderna, como la de la *contextualización*, la no proyección de nuestros esquemas a épocas pasadas, hayan resultado susceptibles de ser acusadas precisamente de ser eso: descontextualizadoras. En efecto, una de las críticas más válidas que pueden hacerse al continuismo duhemiano es que *descontextualiza* determinados teoremas o reflexiones metodológicas falseando, por tanto, su significación y atribuyéndoles un sentido que en su contexto histórico no tenían. Y éste es un tipo de acusación que puede dirigirse igualmente a lo que, por analogía, podríamos denominar *«la revuelta de los renacentistas»*, es decir, de los historiadores del hermetismo renacentista.

Pero, quizás lo más sorprendente y destacable es que este *nuevo continuismo*, como creo que puede llamarse, se postula tras el desa-

---

nicista contemporánea. El colapso real de la ciencia mágica renacentista solamente ocurrió en el período posterior a 1660. Hasta entonces fue una fuerza positiva que estimuló a algunos científicos a un nuevo modo observacional de aproximación a la naturaleza» (Citado por Yates 1967, p. 272). G. J. R. Parry pone en cuestión los supuestos de esta discusión al mostrar que la datación del *corpus hermeticum* por Casaubon no constituyeron una novedad, como Yates y Debus creen. Véase G. J. R. Parry 1984.

rrollo de toda una historiografía de la ciencia *rupturista*, la más importante, sin duda, de las últimas décadas y, precisamente, en el mismo decenio en el que ese rupturismo era objeto de la reflexión más importante e influyente que se haya hecho hasta el momento sobre los procesos rupturistas. *La estructura de las revoluciones científicas*, de Thomas S. Kuhn, se publicó en 1962, y *Patrones de descubrimiento*, de N. R. Hanson, se había publicado en 1958. Eso es precisamente lo que hace más llamativo el hecho de que Yates diga que Bruno «es el *precursor* de la visión del XVII aunque formulada dentro de un marco de referencia renacentista». En la moderna historiografía de la ciencia, cuyas características hemos esbozado en nuestro primer capítulo, este modo de expresión ya es de por sí totalmente insatisfactorio. El de «precursor» es un concepto ya desterrado, pero es especialmente difícil de encajar cuando se habla, a la vez, de «marcos de referencia» en el desarrollo científico. Pero, en cualquier caso, a partir de los años 60, la década de la aparición de lo que se llamó *nueva filosofía de la ciencia,* cuyos grandes protagonistas eran Kuhn, Hanson y P. K. Feyerabend, la afirmación de Yates es, quierase o no, contradictoria. Naturalmente, no pretendo en absoluto criticar a Yates porque su erudición no sea aún más vasta y no incluya un mínimo conocimiento de la filosofía de la ciencia de su momento.

En realidad Yates participaba de unos presupuestos que sólo en los años en que ella publicó el libro estaban entrando en crisis. Pero lo más curioso es que la contradicción a la que aludo se pone de manifiesto en la propia obra de Yates. Efectivamente, refiriéndose a su propio libro sobre Bruno y el hermetismo, Yates nos dice

> Este texto no tiene relación ninguna con la historia de la ciencia pura y de sus vicisitudes, que llevarán hasta la elaboración de la mecánica galileana. Tal proceso pertenece a la historia de la ciencia propiamente dicha, a las investigaciones de Duhem [...] [51].

Pero, a continuación, Yates introduce un texto extraño:

> La historia de la ciencia puede explicar y seguir paso a paso los diversos estadios que llevaron hasta el nacimiento de la ciencia moderna en el siglo XVII, pero no explica el *porqué* de tal eclosión en este momento determina-

---

[51] Yates 1983, p. 506. Resulta revelador que en esta página, Yates nos remite o se apoya en tres historiadores continuistas como Duhem, J. H. Randall Jr. y Crombie y no en Koyré u otros historiadores rupturistas.

do ni cuáles fueron los motivos que condicionaron el surgimiento de este nuevo interés por la naturaleza y por su funcionamiento [52].

No está muy claro qué *«explicación»* es la que «puede» dar la historia de la ciencia del nacimiento de la ciencia moderna si no puede responder a los *«porqué»* a que alude Yates a continuación. Pero, en cualquier caso, y tras aducir en su apoyo esos historiadores continuistas, Yates ¿matiza? su afirmación primera cuando nos dice, respecto a la pregunta por las causas del nacimiento de la ciencia moderna, que

> Una de las respuestas a tal pregunta que sugiere este libro es «Hermes Trismegisto». Bajo este nombre incluyo el núcleo hermético del neoplatonismo ficiniano. [Y algo más abajo insiste:] Los procedimientos con los que el mago intentaba operar en la práctica no tienen nada que ver con los rigurosos metodos de la ciencia. Pero se plantea la siguiente cuestión: ¿acaso tales procedimientos mágicos servían para estimular la voluntad en dirección de la genuina ciencia y de sus actividades? En un capítulo precedente he dado una respuesta afirmativa a esta pregunta [...] [53].

Es decir, que en el mismo libro se señala una y otra vez la independencia teórica de, digamos las dos «mentalidades» o «marcos mentales» y sin embargo se establece una continuidad entre ellos. O sea, el hermetismo no tiene nada que ver con la ciencia pero la prepara, la estimula, la anticipa. Pero, si la prepara, estimula y anticipa ¿no tiene que ver algo con ella? ¿Cómo puede el mago hermetista ser *precursor* del científico moderno y no tener nada que ver con él? Parece claro que se utilizan categorías que hoy consideramos incompatibles.

Resulta sorprendente que no se haya destacado este punto. El propio Rossi que, como hemos dicho, podría situarse en el inicio de la directriz historiográfica de Yates, en la segunda edición de su *Francis Bacon: de la magia a la ciencia*, se distanciaba de estos historiadores un tanto escandalizado por sus exageraciones y aludía a la cuestión. Pero resulta curioso que fuera precisamente Rossi, que se escandalizaba aún mucho más con lo que él consideraba el rupturismo inaceptable de Kuhn, que no compartía en absoluto, quien haya

---

[52] *Ibid.*

[53] *Ibid.*, pp. 507-508.

aludido a este punto[54]. Rossi nos dice que frente a su insistencia inicial de la proximidad de Bacon a la magia, ahora, «precisamente en parcial desacuerdo con F. Yates y P. M. Rattansi», preferiría insistir en la imagen del «hombre de ciencia» que dibuja Bacon en tantas páginas suyas. Y tras aludir a que subrayar la presencia del hermetismo en autores del siglo XVII se ha convertido en una moda, añade:

> Lo que fue en otros tiempos una útil polémica contra la imagen luminosa de una historia de la filosofía y de la ciencia que va de triunfo en triunfo según un línea garantizada de progreso, tiene el peligro de dar lugar a una historiografía únicamente «retroactiva», dedicada sólo a subrayar los elementos de continuidad y el peso ejercido por las ideas tradicionales[55].

En un artículo posterior, Rossi precisa que su desacuerdo con Yates o Rattansi no es respecto a la necesidad de estudiar la magia y el hermetismo, también Rossi lo considera necesario, sino porque

> éstos enfatizan únicamente los elementos de continuidad entre la tradición hermética y la ciencia moderna[56].

Éste no es, obviamente, el único punto de posible discusión que suscita la obra de estos historiadores. Pero una consideración más detallada puede suscitar otros, y quizás sea el momento de detenernos en lo dicho hasta ahora.

[54] El uso del pasado es forzoso porque, desde su libro *I segni del tempo* (Rossi 1979) Rossi ha cambiado considerablemente su actitud respecto de las tesis de Kuhn. Pero esto hace doblemente interesante la denuncia del continuismo por parte de Rossi, en este momento de nuestra historia y de la suya.

[55] Rossi 1990, pp. 18-19.

[56] P. Rossi. «Hermeticism, Rationality and the Scientific Revolution», en M. L. Righini Bonelli y William R. Shea (comps.), 1975, p. 264. Posteriormente el artículo se publicó en versión italiana en Rossi 1977, pp. 149-184.

3. REVOLUCIÓN, FILOSOFÍA, CIENCIA Y MÉTODO

> Educaban a sus discípulos en el santo temor a la hipótesis, considerada [por hombres que, por otra parte, tenían siempre en la boca las grandes palabras «método» y «verdad» científica] como el peor de los pecados contra lo que ellos llamaban *Ciencia.* En el frontón de su historia grababan con letras de fuego un perentorio *hypotheses non fingo.* Y para la clasificación de los hechos, una máxima única: seguir rigurosamente el orden cronológico [...] ¿No era una engañifa el orden cronológico? La historia que se nos explicaba [...] la historia que se nos enseñaba a hacer no era, en realidad, más que una deificación del presente con ayuda del pasado. Pero rehusaba verlo —y decirlo—. [Cursiva en el original.]
>
> LUCIEN FEBVRE. *Combates por la historia* (1953).
> Trad. F. J. Fernández Buey y Enrique Argullol
> Barcelona, Ariel, 1986, p. 23

I. EL NUEVO CONTINUISMO

Hemos visto que, contra la imagen burckhardtiana del Renacimiento, surgía un movimiento historiográfico que, ateniéndonos a los historiadores de la ciencia, fue denominado *continuista.* No obstante, como veíamos, su labor no era en absoluto defensiva, por decirlo de algún modo. Es cierto que entre sus principales objetivos estaba el de reivindicar la importancia de la Edad Media y sus aportaciones a la ciencia, en contra de la imagen que los renacentistas habían introducido de aquélla. Pero, especialmente en el caso de los historiadores de la ciencia, su obra no se limitaba al *descubrimiento* del pensamiento científico de la Edad Media, sino a la consiguiente descalificación de la relevancia del periodo renacentista en la historia de la ciencia. Según estos historiadores, la Edad Media es, en realidad, creadora de *métodos* y *teorías* que constituyen el origen, el *inicio* de la ciencia moderna. En eso consiste el continuismo, en afirmar la *continuidad* entre los *métodos* y *teorías* de los siglos XIII o XIV, según las distintas versiones, y los del siglo XVII. En esta perspectiva el Renacimiento constituye un periodo de decadencia en la investigación, incluso un momento de oposición a este proceso o progreso científico. En realidad, más que reparar la injusticia que cometieran los propios humanistas al inventar la imagen de la Edad Media como «edad tenebrosa», estos historiadores medievalistas únicamente han invertido los términos de ésta. Sí hay una «edad de las tinieblas» en el desarrollo científico y es, precisamente, el Renacimiento, podría ser la nueva formulación.

Por otra parte, hemos visto que, paralelamente, tanto en el campo de la historia de la filosofía como en el de la ciencia, se desarrolla, o más bien se continúa si lo incluimos en la tradición burckhardtiana, otro movimiento historiográfico que reafirma la *ruptura* del Renacimiento con el Medievo, así como su especificidad teórica. Por lo que respecta al pensamiento filosófico y científico esto implica, naturalmente, negar la *continuidad* de teorías y métodos entre la Edad Media y el siglo XVII. Significa, por tanto, negar que los orígenes de la ciencia moderna se hallen en la Edad Media. Muy al contrario, para estos historiadores, esos orígenes se hallan en el Renacimiento. Pero, ¿qué significa eso? En general, podemos decir que estos historiadores son *rupturistas* en cuanto que niegan la *continuidad entre los métodos y teorías del siglo XIV y los del siglo XVII. Pero, a su vez, atribuyen los orígenes de la ciencia moderna al Renacimiento, es decir, afirman la continuidad entre el pensamiento renacentista y la ciencia moderna.* Con ello se hacen susceptibles de la misma acusación que algunos de ellos dirigían a los medievalistas.

Con todo, debemos introducir inmediatamente dos aclaraciones que matizan de modo importante lo anterior:

1) No se trata en ambos casos de un mismo *tipo* de continuismo.
2) Las tesis continuistas de los distintos historiadores que sitúan el origen de la ciencia moderna en el Renacimiento —que a partir de ahora denominaremos «continuismo renacentista» frente al «continuismo medievalista»— tienen importantes matices que ponen de manifiesto tanto diferencias, como curiosos puntos de contacto entre una y otra.

Por lo que respecta al primer punto hay, en efecto, dos diferencias importantes. Ya vimos que los continuistas medievalistas afirmaban especialmente una continuidad de *método.* Mientras que los continuistas renacentistas, al margen de ciertas diferencias que veremos, insisten especialmente en la continuidad de «una nueva filosofía», de «una nueva visión del mundo», de «una nueva relación hombre-naturaleza» que habría introducido el Renacimiento. Esta nueva visión tiene, naturalmente, claras e importantes consecuencias en el terreno metodológico. Pero en este caso, los elementos metodológicos aparecen como una consecuencia, como un *efecto* de algo más fundamental o general. No se postula un método como origen y *causa* de la ciencia moderna, como en el caso del continuismo medievalista.

Pero hay otra diferencia importante. Ninguno de los continuistas renacentistas niega, como era frecuente en el caso de los medievalistas, la existencia de una revolución científica, de la RC. Muy al contrario, todos ellos la afirman con énfasis. Y aquí es donde se hace explícita la ambigüedad de expresiones como «orígenes de la ciencia moderna» y «Revolución científica» y podemos justificar nuestro planteamiento inicial. Es decir, que el problema de las relaciones entre «Humanismo-Renacimiento-orígenes de la ciencia moderna» y el de las relaciones entre «Humanismo-Renacimiento-Revolución Científica» son dos problemas distintos. En efecto, en el caso del continuismo medievalista, lo que se propugna es una continuidad *intrateórica, intracientífica.* En este caso, «orígenes de la ciencia moderna» significa exactamente que lo que llamamos «ciencia moderna» empieza en y con el escolasticismo tardío, es entorpecida con el humanismo, y es continuada por el siglo XVII, sin transformación revolucionaria alguna. Como hemos visto, eso era explícitamente afirmado por Duhem.

En cambio, para los historiadores que hablan de los «orígenes de la ciencia moderna», ubicándolos en el Renacimiento, la afirmación no tiene el mismo sentido. Todos en general aceptan explícita y reiteradamente que la ciencia moderna *empieza* en el siglo XVII, y más aún, que lo hace de un modo revolucionario. Es decir, afirman la existencia de la RC. Es obvio, pues, que «orígenes de la ciencia moderna» no significa lo mismo para ambos. Para los continuistas renacentistas viene a significar que, sea cual sea el elemento inmediatamente responsable del inicio revolucionario de la ciencia moderna, sea un elemento metodológico u otro, tiene su causa primera en algo más global, en un cambio de actitud ante la naturaleza, en una *nueva filosofía* que, y eso es lo importante, introdujo el Renacimiento. Resulta que las causas del nacimiento revolucionario de la ciencia moderna había que buscarlas fuera de la propia ciencia, de la propia teoría científica. Eso explica además lo de nacimiento *revolucionario.* Porque la *nueva filosofía* que estaba en su raíz, por más elementos medievales que contuviera, con su nueva imagen de la relación hombre-naturaleza había roto con la filosofía que inspiraba la ciencia tardoescolástica y había sentado las bases y premisas necesarias para el nacimiento de la ciencia moderna.

De hecho, estos continuistas renacentistas comparten una tesis general que ya había sido desarrollada por Koyré. En 1954, por ejemplo, en su ensayo dedicado al tema de «La influencia de las concepciones filosóficas sobre la evolución de las teorías científicas», Koyré destacaba tres enseñanzas fundamentales que nos proporcionaba la historia del pensamiento científico:

1.º El pensamiento científico no ha estado jamás enteramente separado del pensamiento filosófico.
2.º Las grandes revoluciones científicas siempre están determinadas por los trastocamientos o cambios de concepciones filosóficas.
3.º El pensamiento científico —hablo de las ciencias naturales— no se desarrolla *in vacuo*, sino que se encuentra en el interior de un marco de ideas, de principios fundamentales, de evidencias axiomáticas que, habitualmente, han sido consideradas como propias de la filosofía [1].

Ésta sería una tesis de gran éxito y ampliamente compartida. Pero sería interpretada de muy distinta manera por unos u otros historiadores, y con ello ya entramos en nuestro segundo punto, es decir, las coincidencias y divergencias entre los continuistas renacentistas. En parte, ciertas diferencias pueden ser explicadas, por un lado, a partir de los distintos centros de interés de los historiadores [1], y por otro por la peculiaridad teórica del Renacimiento, por la diferencia de su mentalidad respecto a la nuestra, pero también respecto a las mentalidades inmediatamente anterior y posterior.

Debido a la gran distancia teórica que lo separa de nosotros, el pensamiento renacentista se nos aparece como especialmente confu-

---

[1] El artículo se encuentra hoy en Koyré 1961, pp. 253-270. Nuestra cita en p. 256.

[2] Aun sin pretender, en absoluto, repartir carnets profesionales, parece claro que Garin puede ser considerado, básicamente, historiador de la filosofía, mientras que Boas y Debus, a pesar de sus diferencias, son historiadores de la ciencia. En cuanto a Yates y algunos colegas, no creo que pueda negárseles el título de historiadores de la filosofía, pero lo cierto es que se centran especialmente en ámbitos de sabor warburgiano y, en concreto, en el estudio del hermetismo. Y lo cierto es que, en la mayoría de casos, las distintas adscripciones suelen conllevar ciertos presupuestos y preferencias, cierta sensibilidad a determinados problemas e indiferencia por otros, cierta pulcritud en unos temas y una mayor generalidad e imprecisión en otros que, cuanto se tratan temas fronterizos como los presentes, pueden resultar importantes y creo que pueden, efectivamente, ayudar a explicar ciertas diferencias.

so. Desde nuestra perspectiva constituye un *totum revolutum*. Eso explica que la historiografía de la filosofía y de la ciencia, e incluso de otras ramas de la cultura, de este periodo tengan que entrecruzarse constantemente por más que una u otra prestaran mayor atención a unos determinados autores u obras. Pero veamos algo más detenidamente a los historiadores que aquí nos ocupan.

En cuanto a M. Boas Hall, su ubicación en este aspecto es especialmente compleja. Hemos visto en el capítulo anterior que, por una parte, afirmaba claramente la ruptura del Renacimiento con la época anterior y el carácter de «estadio definido» de éste como periodo en la historia de la ciencia. Pero, además, nos decía que el científico renacentista se sometió a la perspectiva humanista y así «sorprendentemente», puntualiza Boas, «preparó el camino para una forma genuinamente nueva de pensar la naturaleza en la generación siguiente»[3]. Desde un principio, pues, afirma cierta continuidad entre el Renacimiento y la ciencia moderna. Pero, ¿en qué consiste exactamente esta continuidad?

El libro de Boas presenta una paradoja. Por una parte, como vimos, distingue netamente entre la «ciencia mística» y «la ciencia racional» o «ciencia moderna»[4]. Además, como mencionábamos, en su capítulo dedicado a la magia y en otros, nos dice reiteradamente que las ciencias ocultas constituían la «*ciencia dominante*». Y a lo largo del libro podemos encontrar breves pero numerosos e inequívocos comentarios, en el mismo sentido:

> en un plano menos racional, el platonismo y el neoplatonismo dieron un impulso tan fuerte a la astrología y al misticismo de los números que, para el hombre de la calle, los términos «matemático» y «astrólogo» eran sinónimos[5].

Ahora bien, de los once capítulos del libro Boas dedica cinco a la astronomía, dos a las ciencias de la vida, otro a la historia natural, otro a la matemática aplicada, otro a la organización de la ciencia y,

---

[3] Boas 1966, p. 18.

[4] En lo cual, dicho sea de paso, coincide enteramente con Yates. Ya hemos visto que también ésta nos decía que «los procedimientos del mago» no tienen nada que ver con la «genuina ciencia» (Yates 1983, p. 508) Desde este punto de vista, y a pesar de las grandes diferencias, el libro de Boas y el de Yates se complementarían perfectamente. Ambas parten de y comparten un tajante criterio de demarcación entre ciencia y hermetismo.

[5] Boas 1966, pp. 167-168.

solamente uno a la «magia» o «ciencia mística». Hay, pues, un claro contraste entre la importancia que esta ciencia tenía y el espacio que el libro le dedica. Porque, cuando habla de matemática no dedica ni una línea a la numerología, cábala y otros aspectos de la matemática de los magos renacentistas. En los largos y excelentes capítulos sobre la astronomía, apenas puede encontrarse algún comentario sobre los desarrollos de la astrología. Vesalio y Harvey, Stevin y los constructores de instrumentos matemáticos, Peuerbach y Regiomontano, Copérnico y Kepler, Tartaglia y Galileo, éstos son los protagonistas de *su* Renacimiento. Por tanto, podemos ver que el Renacimiento que a ella le interesa, y que llama «científico» en el título del libro, no es el Renacimiento histórico, en el sentido del periodo caracterizado o dominado por un marco mental mágico-naturalista. Éste merece, como digo, un capítulo de los once del libro. El «renacimiento» que ocupa a Boas es en buena parte, pues, un constructo teórico. Y el criterio para tal construcción consiste en reunir los elementos que *hoy* sabemos que jugaron un papel importante en la ciencia del siglo XVII, y los autores que los desarrollaron.

Podría pensarse que la continuidad entre el Bruno del argumento de la piedra que se deja caer desde lo alto del mástil de un barco[6], o el Kepler astrónomo y Galileo es más fácil de establecer que la que pueda existir entre Paracelso o Campanella y Galileo. Seguramente es cierto, pero por *pequeño* que sea el problema, aún hay que solucionarlo. No basta dar esa continuidad por sentada. Dejando de lado, por el momento, el caso de Copérnico, tras los trabajos de W. Pagel sobre Harvey está claro que por muy moderna que resulte su afirmación de la «circulación de la sangre», el hecho es que su descubrimiento pone de manifiesto su adhesión a ideas muy poco modernas que, difícilmente, pueden presentarse como antecediendo o anticipando el espíritu, método o estilo galileanos[7].

Pero el caso de Kepler puede servir perfectamente como base

---

[6] Bruno (1584) 1984, III, pp. 142 ss. Es el conocido argumento sobre la relatividad del movimiento y de su percepción que después reformularía y reorientaría Galileo en su *Diálogo.* Véase Galileo. *Opere,* VII, 170 ss. Puede verse al respecto Koyré 1980, pp. 159 ss., y Westman 1977, pp. 34 ss.

[7] Eso queda de manifiesto en el propio tratamiento que hace Boas del tema. Véase W. Pagel 1979.

de nuestra discusión. Boas acepta el carácter bifronte de la obra de Kepler, destaca como

Místico y racional, matemático y cuasi-empírico, Kepler transformó constantemente aparentes absurdos metafísicos en relaciones astronómicas de la mayor importancia y originalidad[8].

Incluso al comentar la creencia de Kepler en que el universo era un reflejo de la Trinidad —el Sol reflejo del Padre, las estrellas fijas del Hijo, y el espacio intermedio del Espíritu Santo—, Boas insiste en una afirmación anterior según la cual Kepler era «totalmente ajeno al mundo moderno», comentando:

En su misticismo y en su audacia, Kepler se situó fuera de las principales corrientes del progreso científico, que ya insistía sobre el racionalismo entendido como su principio guía[9].

Pero, si todo esto es así, ¿en qué sentido podemos aceptar que Galileo constituye la culminación de los métodos y teorías del período renacentista?

Es muy probable que algún lector piense en este punto que, una vez aceptado el movimiento terrestre, la exigencia lógica de una nueva física era demasiado evidente como para no provocar el nacimiento de una «nueva física» compatible con éste. Pero, diga lo que diga «nuestra lógica», nuestros criterios, eso tiene más que ver con la profecía del pasado que no fue. Lo cierto es que tenemos sólidos elementos de juicio para pensar que los renacentistas *hubieran seguido considerando* «compatible» con el heliocentrismo copernicano una física que, aun teniendo necesariamente puntos coincidentes, no sería la que se impuso y desarrolló a partir de Galileo, una física que distaría mucho de la «física matemática» que se impondría.

Para empezar, en el campo de la teoría del movimiento local, Copérnico se limitó a hacer brevísimas consideraciones «cualitativas»[10] y, por lo demás, si tenemos en cuenta la enorme debilidad de sus argumentaciones en este punto[11], no parece que la cuestión le ator-

[8] Boas 1966, p. 287.

[9] *Ibid.*, p. 311.

[10] Copérnico. *De Revolutionibus.* l. I, cap. VIII, en Copérnico 1965 (orig. 1543), p. 71.

[11] Así lo señaló Koyré en su «Introducción» a Copérnico 1965, p. 25: «Las prue-

mentara. Desde luego no atribuía a la cuestión la importancia que le concedemos nosotros. La primera generación de copernicanos dieron por buena la interpretación instrumentalista de Osiander. Y cuando Bruno se enfadó tanto con ese «asno ignorante y presuntuoso»[12], como llamaba a Osiander y reivindicó con Copérnico la versión realista, elaboró argumentos sobre la relatividad del movimiento, con la ayuda de la física del *impetus*, de nuevo, puramente cualitativos. Como ha señalado Westman, Bruno se dió perfecta cuenta de que la afirmación del movimiento de la Tierra exigía superar las dificultades en el campo de la física, pero sus reflexiones distaban mucho de ir en la dirección galileana de la geometrización, «un pasatiempo para locos ingeniosos»[13], ese «jugar con la geometría» que había constituido ya una de las limitaciones de Copérnico[14]. Al contrario, Bruno era un crítico radical del matematismo y proponía un naturalismo animista, totalmente ajeno al mecanicismo que se impondría[15].

No bastaba, pues, ser copernicano convencido y tener clara conciencia de la necesidad de superar graves dificultades en el campo de la física para llegar a la física galileana. Más aún, por más que Bruno fuera consciente de este tipo de dificultades, éstos no eran los problemas del heliocentrismo y copernicanismo que más le preocupaban. Sus intereses le llevaban a un marco que, desde luego, no tenía la física, y menos la física matemática, como elemento central tal como sucedería en el mecanicismo.

Así pues, debemos insistir, ¿cuándo, cómo y en qué autores se dió esta *progresiva* criba de los «problemas científicamente válidos de que habla Boas? Lo cierto es que la historiadora no nos explica el paso del dominio de la ciencia mística al dominio de la «ciencia racional», no nos explica la supuesta continuidad. Simplemente hacia

---

bas que Copérnico aduce para su doctrina son sumamente curiosas. Hablando con propiedad no llegan a probar nada en absoluto y, desde el punto del vista del adversario, no surten ningún efecto. Sus contraobjeciones físicas son —siempre desde el punto de vista del adversario— igualmente débiles».

T. S. Kuhn, por su parte, insistía: «A decir verdad, tales argumentos son muy poco convincentes... Sólo quien, como Copérnico, tuviera otras razones para suponer que la Tierra se movía, podría haber tomado completamente en serio el contenido del Libro Primero del *De Revolutionibus*». Kuhn 1978, pp. 197-198.

12 Bruno 1984, III, p. 117 (orig. 1584).

13 *Ibid.*, p. 118.

14 *Ibid.*, I, pp. 69-73.

15 Puede verse respeto a este punto Garin, «La rivoluzione copernicana e il mito solare», en Garin 1976a, pp. 255-282; y R. S. Westman 1977.

el final del libro se nos da a entender que esa «ciencia racional» es, a principios del siglo XVII, la dominante. Y así, en definitiva, su tesis viene a coincidir con la de Yates. La diferencia entre la obras de ambas sería que Boas se centra en los autores y obras de la «ciencia racional» y Yates, en cambio, historía el entorno hermético. Pero la difusa relación entre ambos aspectos y los tajantes criterios desde los cuales se establece, parecen ser los mismos o por lo menos vienen a coincidir. Y por tanto, también en Boas cabe señalar la contradicción entre la distinción radical entre dos «marcos mentales» y, a la vez, la afirmación de la continuidad entre ambos. Pero detengámonos un momento en un punto común que, con distinto énfasis, destacan estas dos historiadoras.

II. EL MITO DEL MÉTODO

Boas y Yates coinciden, al formular sus tesis, en destacar la importancia de un elemento que ha tenido gran aceptación en la historiografía de la ciencia como elemento decisivo a la hora de explicar el nacimiento de la ciencia moderna: las anticipaciones que los magos renacentistas habrían hecho en el terreno del «método experimental». Con ello vienen a coincidir con los continuistas medievalistas en un punto esencial. Unos y otros conciben la ciencia moderna como caracterizada por un *método*, pero además ambos continuismos afinan la caracterización con el adjetivo «experimental». Para ser justos, deberíamos decir que dan por buena, sin reticencias, la identificación que la filosofía de la ciencia había hecho durante muchos años del «método experimental» como definitorio de la ciencia.

Efectivamente, la idea de la ciencia como caracterizada por su *método* era una idea que a la largo del siglo, desde el empirismo lógico hasta el racionalismo crítico popperiano, se había mantenido poco menos que sin discusión. La adjetivación podía variar y podía hablarse de método «experimental», de «inducción explicativa», «hipotético deductivo»[16]. Pero la versión que valoraba especial

[16] Puede verse como ejemplo los famosos *loci*: Reichenbach 1967, pp. 111-112 y 239-240, donde habla de «método experimental», o de «método hipotético deductivo... llamado también inducción explicativa»; y Popper 1971, cap. I y II.

mente el sesgo «experimental» de tal método fue de los más afortunados en la historiografía. Sirva como ejemplo un texto de W. C. Dampier:

Se necesitaba una nueva base para construir el templo del saber: había que sustituir el sistema deductivo de Aristóteles y de Tomás de Aquino por la inducción basada en el estudio de la naturaleza, y ésa la pusieron, en primer término los matemáticos, astrónomos y anatomistas italianos. Leonardo comprendió intuitivamente y utilizó eficazmente el auténtico método experimental un siglo antes que Francis Bacon filosofase sobre él en términos todavía inadecuados y antes de que Galileo lo pusiese en práctica. Harvey llega a esta expléndida visión —el descubrimiento de la circulación de la sangre— no a fuerza de especulaciones ni deducciones a priori, sino a fuerza de inducción basada en múltiples observaciones directas sobre el funcionamiento del corazón [...] Galileo [...] combinó los métodos experimental e inductivo de Gilbert con la deducción matemática, con lo que descubrió y estableció el verdadero procedimiento de la ciencia física[17].

Si tomamos en cuenta textos como el citado quizas debamos pensar que el título del libro, *Historia de la ciencia y sus relaciones con la filosofía y la religión,* no aludiría tanto a la interdependencia entre estas disciplinas como al supuesto hecho de que la ciencia tuvo que avanzar en contra de la filosofía y de la religión. Pero en cualquier caso, está claro que, según Dampier, el nacimiento de la ciencia moderna fue una especie de orgía metodológica con «un poquito de cada» y, naturalmente, en este proceso la magia y sus desvaríos no tienen nada que pelar. Ya Leonardo, señala Dampier:

Por supuesto, no se dió por enterado de la idea que aún tenían sus contemporáneos de que el ojo emite rayos sobre el objeto que desea examinar. También descartó despectivamente las locuras de la alquimia, astrología y nigromancia[18].

Naturalmente, Dampier interpreta el famoso «*hypotheses non fingo*» newtoniano en el sentido de que, para Newton,

---

[17] W. C. Dampier 1972, pp. 133, 134, 147, 157. Una obra cuya reciente reimpresión (de la edición castellana) resulta sorprendente, sobre todo si tenemos en cuenta que la cuarta edición inglesa de 1948 —sobre la que se ha hecho la traducción— ya resultaba anticuada como muestra incluso el generoso apéndice de I. B. Cohen.

[18] *Ibid.*, p. 136.

las conjeturas no tenían ni arte ni parte en su análisis intuitivo de los hechos ni en sus deducciones matemáticas sacadas de la teoría[19].

A diferencia de Dampier, pero de acuerdo con su espíritu, muchos filósofos e historiadores consideraban a F. Bacon como uno de los héroes de la RC precisamente por su introducción de la «inducción», pero ya nos hemos referido a este punto y no vale la pena insistir en ello hasta que introduzcamos nuevos elementos de juicio. Con todo, a finales de los años treinta, tanto en la historiografía con Koyré como en la metodología con Popper, el inductivismo fue sometido a una dura crítica.

Después de todo, la historia muestra que Newton sí hizo hipótesis, muestra que hay diferencias importantes entre sus *Principia* y su *Optica.* Y por lo que respecta a autores como Copérnico, Kepler o Galileo, por no hablar de Descartes, caben menos dudas aún de que formularon hipótesis. Su adhesión al heliocentrismo, desde el punto de vista del experimentalista, es como mínimo osada y hay aspectos de su trabajo que pueden provocar serios problemas al inductivista. Por lo demás, apenas es necesario referirse aquí a las conocidas diferencias entre unos y otros. Hemos aludido ya a la distancia que puede establecerse, desde este punto de vista, entre Kepler y Galileo. Pero a Descartes, a pesar de un acuerdo fundamental respecto a la importancia de las matemáticas «para examinar las materias físicas», no sólo le parece que Galileo hace continuas digresiones que distraen del hilo argumental, que no sigue un orden y no se detiene con la atención debida a examinar cada asunto hasta el final, sino que además «sin haber considerado las primeras causas de la naturaleza, sólo ha buscado las razones de algunos efectos particulares y, así, ha construido sin fundamento»[20]. Mersenne y Descartes quedan totalmente desilusionados al leer a Bacon: promete mucho y no da nada, piensan. Por lo demás, hay diferencias generales importantes entre los filósofos o científicos del Continente y los ingleses. Y si tenemos en cuenta la diversidad de disciplinas que comprende la RC se hace cada vez más difícil hablar de *un* método científico, como señala A. R. Hall:

El método científico del siglo XVII no puede atribuirse a un sólo origen. No lo desarrolló lógicamente un solo filósofo y tampoco fue ejemplificado en

[19] *Ibid.,* p. 199.

[20] Carta a Mersenne del 11 de octubre de 1638.

una sola investigación. Hasta es dudoso que hubiera algún procedimiento tan consciente y definido que sea posible describirlo fuera del contexto de ideas con el que estaba relacionado. La actitud de los científicos del siglo XVII ante la naturaleza —especialmente su tendencia casi uniforme a la filosofía mecanicista— no formaba estrictamente parte de su método científico; pero ¿puede analizarse de algún modo salvo en relación con la idea de la naturaleza? En gran parte el carácter del método lo determinó el alcance de la inteligencia de los hombres que lo aplicaron[21].

Para el historiador resulta evidente que la RC no puede explicarse mediante el recurso a un determinado «metodo». Pero la tesis especialmente afortunada que identifica este método con el «método experimental», se nos aparece hoy como una tesis típica del fetichismo de los hechos del positivismo decimonónico. Sus defensores nos cuentan cómo Galileo, por tomar un caso especialmente ejemplar, sería el primero que, abandonando funestas autoridades habría estudiado las leyes del movimiento mirando, sin presuposiciones, es decir, «viendo» y descubriendo «cómo» cae una piedra de hecho. Esa imagen del Galileo antiaristotélico y experimentalista por naturaleza se inicia con el primer biógrafo de Galileo, su discípulo V. Viviani, que recoge la *Encyclopédie* y que consagran autores como Mach, en un primer momento, y que es recogida en nuestro siglo por los manuales de historia de la ciencia y numerosos libros de texto. La proverbial estupidez que, de ser esto así, tendríamos que atribuir a todos los científicos o filósofos anteriores a Galileo hace muy sospechosa nuestra inteligencia al proponer tales tesis. Afortunadamente lo más probable es, consolémonos, que en ninguno de los dos casos se trate de estupidez. Lo que esto pone de manifiesto es más bien que la falta de prejuicios está tan ausente en el estudio de las leyes del movimiento como en las consideraciones filosófico-metodológicas o historiográficas.

En realidad, hoy ya no es necesario destacarlo, el acuerdo entre la *teoría* y los *hechos* nunca ha sido total, ni antes ni después del siglo XVII. El requisito de que exista un ajuste entre las consecuencias o predicciones de la teoría y los hechos que ésta pretende explicar o predecir es una exigencia que se han impuesto los estudiosos de la naturaleza de todos los tiempos incluyendo, naturalmente, a Aristóteles o los magos y naturalistas del Renacimiento. Seguramente lo difícil es escontrar un momento histórico en que no se reivindique la *ex-*

---

21 A. R. Hall 1985, pp. 310-311.

periencia como fuente de conocimiento. Ahora bien, los criterios por los que se determina que tal requisito es satisfecho cambian a lo largo de la historia, o simplemente se aplican de manera diferente, dependiendo de diversos factores determinados por los distintos marcos mentales o paradigmas, y eso explica las diferencias entre un período y otro.

No se trata, pues, de que los escolásticos siguieran ciegamente a Aristóteles, en cuestiones que hoy incluiríamos dentro de la cosmología, por puro dogmatismo. Es cierto que las tesis de Aristóteles en torno al movimiento local están erizadas de dificultades y eso, por lo demás, se vió y criticó mucho antes de Galileo. Pero no es menos cierto que, en el momento en que fue recuperada o integrada en el pensamiento occidental, la obra de Aristóteles ofrecía un esquema conceptual que explicaba, de modo relativamente satisfactorio y unitario, grandes ámbitos de la realidad. Además no se conocía ninguna alternativa equivalente. Por eso, además de por las implicaciones teológicas que muy pronto pasó a tener la cuestión, y no por puro dogmatismo fanático, fue seguido Aristóteles, o mejor se desarrolló el aristotelismo[22]. Por otra parte, el siglo XVII no elimina las *autoridades*. Unas veces más retóricamente que otras, para muchos innovadores de aquel momento Platón o un cierto platonismo, Arquímedes, Demócrito, Epicuro o Lucrecio jugaron un papel hasta cierto punto similar al que Aristóteles desempeñaría para sus oponentes. No se trata, pues, de que a aquellos grandes científicos —ni tampoco a los magos renacentistas— les sucediera lo que a César en las Galias, de que a diferencia de sus antecesores se atuvieran a los hechos, que introdujeran el «método experimental». Una forma más frívola, pero quizás menos inexacta de caracterizar los cambios de la RC, sería decir que lo que se dió fue un cambio de *prejuicios*.

Cuando Boas o Yates afirman la continuidad de una determinada actitud experimental, de determinados elementos metodológicos entre dos marcos de referencia distintos, están independizando el «método» del marco en que se practica. Pero el «método experimental» no funciona en el vacío. Por lo demás, no consiste en el simple

[22] Ya hemos visto en el capítulo anterior que la ausencia de contrastación empírica de ciertas tesis de *física*, durante la Edad media, se explica por la sencilla razón de que no están haciendo física como la haría Galileo. Parece que lo que pretendían los medievales era, más bien, entender a Aristóteles y sobre todo no perder el carácter unitario del sistema.

atenerse a la *experiencia* del sentido común. Parece claro, como destacaba Koyré, que tanto Copérnico como Galileo, por ejemplo, introducen sus ideas más importantes *contra* la experiencia que reivindica el aristotélico. En cuanto al «experimento» ¿qué parecido tienen las actividades del alquimista en su *laboratorio* con los experimentos de Galileo? Con Galileo se ha dado un cambio de sentido al concepto de «experiencia», se ha introducido una nueva idea de naturaleza —constituida por las cualidades primarias— y en ésta y sólo en esta naturaleza tiene sentido el experimento galileano que se hace desde la matemática[23]. Por más que, efectivamente, a partir del siglo XVII, se de un incremento de la actividad experimental, lo importante no es el aumento, sino la diferencia cualitativa que hay entre el experimentalismo del científico moderno y el del mago renacentista o del filósofo medieval. La propia Yates o Boas reconocen esa diferencia, pero en lugar de deducir que sólo tienen sentido hablar de «método» en un contexto determinado, lo independizan y aislan como elemento autónomo y lo usan para afirmar la continuidad entre dos contextos y actividades heterogéneos.

III. CIENCIA Y FILOSOFÍA

En cuanto a Garin, es seguramente el más entusiasta defensor de las tesis de Koyré sobre las relaciones entre ciencia y filosofía enunciadas más arriba. En un artículo sobre estos temas recordaba otra formulación de estas mismas tesis:

> En 1957, Rupert Hall [...] había hecho una serie de precisiones muy claras [...] había insistido contundentemente en dos órdenes de tesis: 1) la prioridad del momento teórico, filosófico y lógico, en la revolución científica. 2) La iniciativa del científico, y no del artesano, tanto en la crítica de la tradición como en la discriminación y utilización de los instrumentos técnicos y de los datos [...] Hall, que hablaba en presencia de Crombie, tenía un vivo

---

[23] Hay, es cierto, otra clase de experimentos, los de Boyle por ejemplo, que podrían aproximarnos, estan más próximos, a las actividades o «procedimientos» del mago renacentista, y algo tendremos que decir de ello más adelante. Pero aquí, considerando las tesis de Yates, no son relevantes porque ella misma introduce una diferencia radical entre las actividades del mago y «los rigurosos métodos de la ciencia», por ejemplo, los de Galileo; y la continuidad que ella afirma y hay que explicar es entre esas *actividades opuestas.*

interés por poner claramente de manifiesto el carácter radicalmente innovador de la nueva ciencia respecto a la especulación medieval, ubicando su importancia, no en un enriquecimiento de datos «experimentales», sino en ideas originales[24].

Garin cita además a otros muchos historiadores y algún que otro filósofo en apoyo de sus tesis[25]. Especialmente, claro está, cita a Koyré que puede considerarse el padre de la criatura. Pero si Koyré hubiera podido estar presente y hubiera visto cortejar así a su criatura, seguramente no habría dudado de la honestidad de Garin, pero quizás sí de la rectitud de sus intenciones. Porque me temo que Garin está introduciendo un sutil equívoco. Esto, en mi opinión, empieza a ponerse de manifiesto cuando Garin llega al punto que le interesa:

> Llegamos así al centro de la discusión: la «revolución científica» constituye un momento inseparable del Renacimiento; se fundamenta en una nítida ruptura teórica, en el fortalecimiento de posiciones que admiten visiones alternativas entre las cuales es necesaria una *comparatio* que, a su vez, impone un análisis crítico de los fundamentos[26].

Los pasos de la argumentación de Garin están claros. En primer lugar, insiste en la tesis koyreana de la prioridad teórica. En segundo lugar, se utiliza ésta para para atacar el continuismo metodológico-experimentalista de Crombie. Por último, y éste es el paso importante, se da por sentada una determinada concreción de la tesis de Koyré para el caso de la RC: la teoría que subyace a la RC es la «nueva filosofía» —tal como la entiende Garin, naturalmente— que introduce el Renacimiento en ruptura contra la Edad Media. Acaso ésta sea una tesis defendible, pero desde luego no es la de Koyré y dudo que resulte legítimo apoyarse en las formulaciones abstractas de éste para defenderla como si existiera una clara coincidencia. Ya hemos visto lo que Koyré piensa de la inspiración y aportaciones renacentistas,

---

24 Garin 1976a, p. 302.

25 Lo cierto es que uno siente una cierta incomodidad al ver citados a Koyré, Popper, Kuhn y Feyerabend en defensa de una misma causa. Pero quizás la imprecisión que ello comporta está relacionada con la que exponemos a continuación. Como se verá, Garin es tan agudo en la crítica a la afirmación del continuismo entre la Edad Media y el Renacimiento, como impreciso cuando se trata de las relaciones entre el Renacimiento y la nueva ciencia.

26 Garin 1976a, p. 309.

cómo afirma explícitamente que su ontología es radicalmente distinta a la de la nueva ciencia. Hemos visto cómo, según Koyré, con Galileo, primer gran protagonista de la *nueva ciencia*, «salimos cierta y definitivamente de esta época», es decir del Renacimiento. Koyré afirma, sin duda, que una determinada filosofía está en la base del nacimiento de la nueva ciencia, pero ésta dista mucho de poder identificarse con la difusa «filosofía renacentista» o «nueva filosofía» de la que habla Garin, que se inicia con el Humanismo y se acaba no se sabe muy bien dónde. Pero eso es precisamente lo que hace Garin: dar por sentada la identidad de ambas.

Ahora bien, tanto en sus *Estudios galileanos* de 1939, como en un artículo posterior de 1943, Koyré afirma la existencia de *«dos platonismos»*, de *«dos tradiciones platónicas»*:

> En la historia de la filosofía hay varios platones y varios platonismos; hay sobre todo dos tipos distintos: el platonismo, o más exactamente, el neoplatonismo, de la Academia Florentina, mezcla de mística, aritmología y magia; y el platonismo de los mátemáticos —el de un Tartaglia, el de un Galileo—, platonismo que es matematismo, sin más[27].

Koyré destaca los puntos centrales de su posición a este respecto cuando aclara que si reivindicamos un status superior para las matemáticas y les atribuimos un valor real y una posición decisiva en la física, somos platónicos. Mientras que si consideramos la matemática como una mera ciencia abstracta sin una relación con lo real como la que tienen la física y la metafísica, si creemos que la física se construye directamente a partir de la experiencia, entonces somos, en este punto, aristotélicos. Ésta es la oposición que se daba en el siglo XVII, según Koyré. No era una simple cuestión del uso «técnico» o instrumental de la matemática

> De lo que se trata aquí no es de la certeza —ningún aristotélico ha puesto en duda la certeza de las proposiciones o demostraciones geométricas—, sino del ser; ni siquiera del empleo de las matemáticas en física —ningún aristotélico ha negado jamás nuestro derecho a medir lo mensurable y a contar lo numerable—, sino de la estructura de la ciencia, y por tanto, de la del ser.

---

[27] Koyré 1980, p. 202. Tanto en este texto, un poco más abajo, como en su artículo de 1943 («Galileo y Platón», hoy en Koyré 1977, pp. 150-179, esp. p. 176) Koyré acusa a Burtt del pecado venial de no distinguir entre estas «dos (y no una) tradiciones platónicas».

[Y más adelante:] Es evidente que para los discípulos de Galileo, lo mismo que para sus contemporáneos y antepasados, matemática significa platonismo. [Y al final del artículo:] La ciencia nueva es para él [Galileo] una prueba experimental del platonismo[28].

Está claro, pues, que no hay confusión posible entre la tesis de Garin que es continuista, por lo que respecta a la filosofía renacentista y la ciencia del siglo XVII, y la tesis de Koyré en la que se destaca la ruptura entre ambas. Por lo demás, se llame platonismo o no, quienes introdujeron la «nueva filosofía» fundamento de la nueva ciencia fueron Galileo y Descartes, y lo hicieron a principios del XVII, una vez que el Renacimiento ya había hecho su labor destructiva[29]. Pero, curiosamente, Garin cree estar de acuerdo con Koyré, incluso cuando llega a conclusiones opuestas. Efectivamente, en su largo comentario de las tesis de Koyré, insiste en que, especialmente en el caso de los grandes científicos que introducen profundas innovaciones, pretender separar su filosofía, suponiendo que *qual piuma al vento* sería cambiante, de su verdad científica estable es una ilusión y fuente de equívocos históricos sin fin, y concluye:

Así, dintinguir en Platón, y en la tradición platónica desde Proclo a Ficino, una metafísica pitagorizante de una ciencia fisico-matemática exacta, no es solamente la más antihistórica operación que pueda imaginarse; es, sobre todo, un error confundente, desde el momento en que, a menudo, los impulsos científicos más fecundos fermentaron precisamente a partir de los humores más turbios[30].

Con quien coincide Garin, en realidad, es con Yates. Ya vimos las tesis de ésta. Después de todo, Yates nos dice reiteradamente que

---

[28] Koyré 1977, pp. 172, 175 y 179.

[29] Al hablar de la aparente «claridad» y «simplicidad» del principio de inercia, de las leyes fundamentales del movimiento, Koyré nos dice que requirieron espíritus tan profundos como los de Galileo y Descartes, éstos, dice «no tenían que descubrir o establecer estas leyes simples y evidentes, sino que tenían que crear y construir el marco mismo que haría posible estos descubrimientos. Para empezar, han tenido que reformar nuestro propio intelecto; darle una serie de conceptos nuevos; elaborar una idea nueva de la naturaleza, una concepción nueva de la ciencia; dicho de otro modo, una nueva filosofía». Koyré 1977, pp. 182-183.

[30] Garin 1976a, pp. 267-268.

el mago renacentista tiene sus raíces en el núcleo hermético del neoplatonismo renacentista. —Afirma que— El neoplatonismo fue el cuerpo de pensamiento que preparó el camino para el nacimiento de la ciencia. —Y también— Tal vez pueda ser una perspectiva iluminadora distinguir dos fases en el progreso globalmente designado como revolución científica. La primera de ellas vendría caracterizada por un universo animado y gobernado por la magia, mientras que la segunda produciría un universo matemático gobernado por las leyes de físicas de la mecánica[31].

No hay duda de que Garin se aproxima mucho a estas formulaciones cuando, en un apasionado artículo, «La rivoluzione copernicana e il mito solare» nos dice que, en el marco cultural de la Italia donde Copérnico gestó su heliocentrismo, no debemos situar únicamente las grandes filosofías o la «filología» humanista, con su recuperación de textos, además, dice Garin

Había un modo de *ver* el cielo, y el cosmos en general, que va desde la literatura solar y de las representaciones artísticas a los renovados cultos herméticos, a la moda egipcia y a las plegarias al Sol. El libro de Copérnico vendrá a colocarse en el lugar justo en el momento justo, casi para *concluir en el plano de la racionalidad científica un modo distinto de sentir madurado a lo largo de aproximadamente un siglo*, en aquella cultura italiana a la que el docto polaco se unió en momentos decisivos, y que recibió su herencia con Bruno y con Galileo en un continuo diálogo, nunca interrumpido bajo el signo del Sol [...][32]. [Cursiva mía.]

Aquí es Copérnico quien aparece como conclusión en *otro plano*, no ya mágico sino científico, de un *modo de sentir*. En definitiva, es la afirmación de la continuidad entre una perspectiva «neoplatónica» desarrollada a lo largo del siglo XV y del XVI y la «racionalidad científica». Ahora ya sabemos en qué consiste la «nueva filosofía», el «nuevo modo de ver» de que habla Garin a lo largo de sus textos. Esa nueva manera de pensar, que como vemos está en la base del nacimiento de la ciencia moderna, es el «neoplatonismo». Por tanto la coincidencia con la tesis de Yates parece clara. No obstante, también cabe señalar que, mientras que Yates —y Boas— insisten, a la vez que en la continuidad, en la radical diferencia entre «el neoplatonismo» y la «nueva ciencia», Garin sólo se preocupa de la continuidad entre

---

[31] Yates, «The Hermetic Tradition in Renaissance Science», en Singleton (comp.), 1967, pp. 255 y 258; y Yates 1983, p. 511.

[32] Garin 1976a, pp. 258-259.

ambos. Parece como si, en Garin, la ciencia se redujera a la filosofía en la que surge y la historia de la ciencia se diluyera en la historia de la filosofía.

Si yo he entendido correctamente el texto —y no estoy muy seguro— el mérito y la dificultad de la argumentación de Garin radica en su equivocidad, en que unifica dos tesis en una: quizás resulte aceptable la afirmación de la influencia de ese «neoplatonismo» renacentista en Copérnico; también es aceptable sin duda que, y aquí empiezan las dificultades, *en ciertos aspectos importantes*, Galileo y Bruno son «herederos» de Copérnico. De este modo Garin consigue introducir inadvertidamente dos *continuidades*, por así decirlo, distintas como si fuesen la misma: una entre la filosofía neoplatónica y (la gestación de) el «nuevo modo de sentir» de Copérnico, la teoría heliocentrica o, simplemente, Copérnico; otra entre la teoría heliocéntrica de Copérnico y Galileo y Bruno. Pero, *independientemente del hecho de que resulten aceptables o no*, es obvio que esas dos tesis, esas dos continuidades no pueden identificarse. La primera se establece entre dos elementos heterogéneos. La segunda entre dos momentos de una misma teoría, o entre dos visiones de una misma teoría astronómica en dos momentos distintos. Naturalmente no se trata de negar que el neoplatonismo pudo influir en Copérnico e impulsarle a elaborar su teoría heliocéntrica. Por otra parte sería ridículo negar que Galileo aceptó la teoría heliocéntrica de Copérnico. Pero lo que no puede aceptarse tan fácilmente es la transitividad entre ambas cosas que introduce Garin. Es decir, lo anterior no nos autoriza a afirmar alguna influencia del neoplatonismo en Galileo; no nos autoriza a afirmar ninguna continuidad entre el neoplatonismo que influyera en Copérnico, en cuanto «nuevo modo de sentir», y las ideas o teorías de Galileo[33].

Con todo, ahora podemos entender mejor la reiterada insistencia de Garin en que la ruptura entre los científicos medievalistas y Galileo era de tipo filosófico, de modos de ver. De hecho, como hemos visto, Garin insistía en la íntima relación entre filosofía y ciencia y, naturalmente, entre sus historias, afirmada por Koyré. De ahí que reaccione tan enérgicamente contra el continuismo medievalista postu-

[33] Naturalmente si la restricción del «nuevo modo de sentir» al ámbito de la «racionalidad científica» significa su identificación con el platonismo matemático de Koyré no se plantearían ningún problema. Pero no parece que éste sea el sentido de la afirmación de Garin.

lado por los historiadores de la ciencia y lo haga con especial agudeza. Su crítica no puede ser más lúcida, y vale la pena citarla *in extenso*:

> Cuantos, en diversas formas, a veces tan sutiles y difuminadas que son capaces de escapar a la mirada más atenta, han afirmado el nexo estrechísimo —incluso la identidad de fondo— de temas y problemas entre Galileo y la investigación lógica y física del siglo XIV, en esencia han desvinculado la renovación científica de toda transformación de las concepciones generales de la realidad y, a la vez, han negado cualquier ruptura filosófica. Con ello han llevado a cabo una doble operación: 1) la conservación de una metafísica dogmática, como perenne filosofía de eternos problemas; 2) la aparente «neutralización» filosófica de la ciencia degradada así, en realidad, de teoría conscientemente articulada en una concepción general, a «objetiva» consideración sectorial «autónoma» [cuando no a técnica refinada o instrumento práctico].
>
> La operación es de extremo interés, al estar ligada a una vasta acción de recuperación de la metafísica medieval, al vaciado de la «ruptura» renacentista, a una separación de la ciencia de la filosofía que, cuando no enmascara con la «continuidad» científica la pura y simple conservación de una metafísica dogmática, anhelando «una ciencia que esté libre de la *metafísica*, la coloca en las mejores condiciones para convertirse en un sistema metafísico dogmático»[34]. [Cursiva y entrecomillados en el original].

Aparece clara aquí la preocupación fundamental de Garin, historiador de la filosofía renacentista: la correcta interpretación del pensamiento filosófico renacentista, la reivindicación de su distancia y diferencia con el Medievo, es decir, su «ruptura filosófica» con la Edad Media. Los medievalistas han podido despreciar la filosofía del Renacimiento y su papel en la historia de la ciencia, porque desvinculaban la ciencia de la filosofía. De lo contrario... No, aquí ya no podemos seguir a Garin. De aceptar la relación e incluso inseparabilidad entre filosofía y ciencia en general, e incluso entre filosofía y ciencia en el siglo XVII, no se puede pasar a afirmar la inseparabilidad entre el neoplatonismo y la ciencia moderna, de Copérnico a Newton y aun más acá.

Los medievalistas descontextualizaban ciertos conceptos, teorías o métodos científicos de la filosofía en que habían surgido. Garin parece llevar a cabo una operación contraria a ésta: convierte el contex-

---

[34] Garin 1976a, pp. 303-304. El último entrecomillado es de Feyerabend 1971, p. 9.

to filosófico, el «neoplatonismo», en algo tan amplio y general que no parece haber ninguna teoría, método, o declaración filosófica que no la tenga por contexto. Pero ¿no se llega así a la neutralización del contexto? Si hay un sólo platonismo, de Proclo a Newton[35], ¿por qué se afirma tan contundentemente una ruptura entre el Medievo y el Renacimiento, mientras que se rechaza radicalmente una ruptura entre el Renacimiento, con su modo de ver mágico naturalista, y la ciencia del siglo XVII?

Resulta sorprendente que, precisamente aquí, se repita la historia. Si recordamos la crítica de Koyré a los continuistas medievalistas, veíamos que éste aceptaba abiertamente que no se trataba tanto de un desacuerdo sobre hechos como de un desacuerdo sobre la idea que cada uno tenía de la «ciencia moderna»[36]. Aquí, de nuevo y sorprendentemente, cuando Garin acusa de «antihistórica»[37] la separación koyreana de dos «platonismos» parece como si, a pesar de la aguda crítica *filosófica* que él hace a los continuistas medievalistas, también pretendiera que el desacuerdo es sobre hechos históricos.

Está claro que el «platonismo» —o «neoplatonismo»— tal como lo entiende Garin tiene un referente histórico muy claro, y en este sentido podría decirse que es un concepto *histórico.* Mientras que el «platonismo» tal como lo define Koyré, es más bien un concepto *historiográfico.* No estoy insinuando, como es obvio, que no tenga una realidad histórica en la que apoyarse; también el «platonismo» koyreano tiene un sólido referente histórico. Así lo muestra la polémica sobre la *certitudo mathematicarum* de Piccolomini, Barozzi, Catena, Clavio o Bianchini que ha estudiado Galuzzi[38]. Lo que quiero destacar es que el de Koyré es un concepto historiográficamente más elaborado. Con todo, creo que resulta significativo que en el caso de los filósofos-científicos, anteriores al siglo XVII, es muy frecuente encontrar autores en los que están fundidos, posiblemente inseparables y probablemente dominando el aspecto místico, los dos platonismos que distingue Koyré; lo cual, en principio podría favorecer la unicidad de la tradición platónica, defendida por Garin. Pero no es menos

[35] Garin 1976a, pp. 267-268. Ya hemos citado parcialmente el texto en nuestra nota 30, Garin continua hablando de «[...] la inseparabilidad de los dos pretendidos platonismos, no separables ni siquiera en tiempos de Newton, o de las polémicas antinewtonianas de Berkeley [...]».

[36] Koyré 1977, p. 51.

[37] Garin 1976a, pp. 267-268.

[38] Galuzzi 1973.

cierto que, en filósofos-científicos del siglo XVII en adelante, es cada vez más frecuente encontrar autores —aunque Descartes ya sería bastante— en los que o bien no aparece el «neoplatonismo» o bien es totalmente dominante el «matematismo». Y entonces, toda la argumentación pasaría a favorecer la distinción koyreana. Detengámonos brevemente en este punto, ateniéndonos especialmente a autores del siglo XVI y primera mitad del XVII como máximo.

IV. «PLATONISMOS» Y «COPERNICANISMOS»

La RC incluye como elemento fundamental lo que se ha llamado la «revolución copernicana». En su *De revolutionibus* de 1543, Copérnico proponía la recuperación y elaboración matemática de lo que el consideraba una idea «pitagórica», el heliocentrismo, que había sido unánimemente rechazada cuando fue propuesta en la antigüedad. ¿Qué es lo que indujo a Copérnico a proponer tal innovación?[39]. Copérnico nos dice que al intentar explicar el movimiento de los planetas, los astrónomos han ganado precisión a costa de la violación de principios fundamentales, como el de la circularidad, y de la introducción de técnicas geométricas, como el ecuante, que han convertido el sistema de los cielos en un «monstruo»[40]. Pero ¿qué fue lo que hizo que Copérnico viera un monstruo en la astronomía tradicional que llega hasta su tiempo? ¿Por qué él ve un monstruo que hay que abandonar, donde la mayoría de sus contemporáneos ven aún la posibilidad

---

[39] Naturalmente, se pueden sugerir muchos puntos de partida de la innnovación copernicana. Westman enumera los siguientes: su descontento con la teoría lunar de Ptolomeo (Rosen), su estudio del modelo excéntrico de Regiomontano para la segunda anomalía (Swerdlow), su percepción de un elemento anual en los epiciclos de los planetas superiores y de los deferentes de los planetas inferiores (Dreyer) o su intento de reforma del calendario a través de un nuevo modelo de la precesión de los equinoccios (J. Ravetz). Véase R. S. Westman (comp.) 1975, «Introducción», p. 3. Pero éstos no excluyen, o entran en conflicto con, sugerencias de carácter más general. Por lo demás, mi propósito aquí no es en absoluto responder a esta cuestión sino, especialmente, señalar las relaciones entre el heliocentrismo o copernicanismo y las concepciones generales de distintos autores de finales del siglo XVI y principios del XVII, aun con independencia de la importancia que tuviera en la gestación de sus respectivas ideas.

[40] Copérnico. *La revolución de las esferas celestes. Libro primero*, en Koyré (comp.) 1965, pp. 41-42. Para un amplio tratamiento del tema remito básicamente a Koyré 1961a; Kuhn 1978; y Hanson 1978, que puede servir de contrapunto.

de una progresiva mejora de la precisión, a partir de las mismas bases ptolemaicas? Corresponde a Koyré y especialmente a Kuhn el mérito de haber planteado estas preguntas y el haber indicado las respuestas.

Kuhn señala que uno de los factores más sorprendentes de esta revolución astronómica es, precisamente, la ausencia de elementos astronómicos «desencadenantes» de esa revolución. Copérnico, en efecto, no disponía de ningún instrumento nuevo que le permitiera observaciones más precisas —como sucedió con el telescopio de Galileo—, ni en su vida pudo observar ningún fenómeno celeste excepcional que resultara decisivo en la crítica de la astronomía tradicional —como sucedería, por ejemplo, con la «nova» de Tycho Brahe.

> Es, pues, en el medio ambiente intelectual tomado en su sentido más amplio, fuera del estricto marco de la astronomía, donde cabe buscar principalmente los hechos que permiten comprender por qué la revolución tuvo lugar en determinado momento y qué factores la precipitaron[41].

Esos «factores» que podemos encontrar en su entorno intelectual pertenecen al neoplatonismo.

> El neoplatonismo completa la escenificación, a nivel conceptual, que acoge el desarrollo de la revolución copernicana, al menos tal y como lo examinaremos en este libro. Se trata de una confusa y desconcertante escenificación para una revolución astronómica pues son muy escasos los elementos propiamente astronómicos que intervienen[42].

Sabemos bien, en efecto, cuál fuera el trasfondo filosófico en el que se educó Copérnico, cualquiera que sea el grado de conciencia con el que lo asumiera. Birkenmajer ha trazado el itinerario filosófico de Copérnico a través del estudio de sus citas, que puede completarse con el estudio de Paul W. Knoll sobre la universidad de Cracovia a finales del siglo XV, y el de Vasoli sobre el entorno filosófico de Copérnico en las distintas universidades italianas donde estudió[43]. Si

---

[41] Kuhn 1978, p. 182. Incluso en su sintético artículo, de 1948, «Las etapas de la cosmología científica», Koyré señalaba ya: «Así, una de las razones más profundas —probablemente la más profunda— de la gran reforma astronómica operada por Copérnico, no era del todo científica». Koyré 1977, p. 83.

[42] *Ibid.*

[43] Alexandre Birkenmajer 1965; C. Vasoli, «Copernico e la cultura italiana del suo tempo», en Vasoli 1977, pp. 313-350; P. W. Knoll 1975.

tomamos al pie de la letra su afirmación, en el *Prefacio* al *De revolutionibus*, de que ocultó sus ideas durante «no sólo nueve años, sino cuatro veces nueve» esto nos remitiría a 1506, durante su primera estancia en Italia, como fecha aproximada de la gestación de su teoría heliocéntrica, aunque especialistas como E. Rosen o N. Swerdlow se inclinan por 1514 o, como máximo, 1509-1510. En cualquier caso, durante la estancia de Copérnico en Italia, dominan aquí las corrientes neoplatónicas florentinas que han recuperado y traducido el *corpus hermeticum.*

En su detallado estudio, Vasoli nos habla de la «nueva apertura filosófica y metodológica, la perspectiva crítica» que había adquirido Copérnico en Italia; comenta como había «conocido sugestiones e influencias filosóficas que actuaron profundamente en la decisión de cambiar el centro del orden cósmico»[44]. Hemos visto más arriba las afirmaciones de Garin en este sentido, según las cuales un nuevo modo de ver el cielo, la literatura solar, los cultos herméticos, habrían formado parte del proceso de maduración de Copérnico y sus teorías. Pero, ateniéndonos a las comedidas reflexiones de Kuhn al respecto, éste identifica como elementos neoplatónicos concretos que pudieron ser importantes en la obra de Copérnico:

> una nueva fe en la posibilidad y la importancia de descubrir en la naturaleza simples regularidades aritméticas y geométricas, y una nueva visión del sol como fuente de todos los principios y fuerzas vitales existentes en el universo[45].

En el caso de Copérnico, no obstante, Kuhn se muestra muy prudente y, aunque en base al texto en que Copérnico habla del Sol en tonos un tanto poéticos[46], afirma

> Es, pues, manifiesto el neoplatonismo que preside la actitud de Copérnico frente al sol y a la simplicidad matemática;

y a continuación añade:

> Se trata de un elemento esencial del clima intelectual que alumbró su visión del universo. Sin embargo, no es fácil discernir si en el pensamiento de Co-

---

[44] Vasoli 1977, pp. 334-335.

[45] Kuhn 1978, p. 176.

[46] «Y en en el centro de todos ellos reside el Sol. Y colocado en ese templo her-

pérnico una actitud neoplatónica dada es posterior o anterior a la elaboración de su nueva astronomía. No existe una ambigüedad similar en los copernicanos posteriores. Por ejemplo, Kepler [...] [47].

Kepler, pues, ofrece menos dudas. Pero a estos elementos neoplatónicos, a finales del siglo XVI, vendría a añadirse otro relacionado con las discusiones teológicas: la infinitud del universo, y con ello estamos en Bruno.

Bruno es un copernicano, como lo son Kepler y Galileo. Está claro por otra parte que los tres mantienen cierta relación con el neoplatonismo o platonismo. Y ambas cosas —su copernicanismo y su platonismo— están íntimamente relacionadas. A pesar de las graves dificultades que plantea la teoría heliocéntrica, no sólo en el campo de la física, sino incluso en el campo de la astronomía —por ejemplo la ausencia de paralaje—, a pesar de estas dificultades, digo, se adhieren al copernicanismo. Tanto Kepler como Galileo aceptan el heliocentrismo *antes* de aportar los elementos —observaciones astronómicas, teorías del movimiento terrestre y celeste— que pudieran considerarse probatorios, fortalecedores o al menos no incompatibles con el movimiento terrestre y la posición central del Sol. Debemos pensar, pues, que su copernicanismo surge del hecho de que comparten con Copérnico los elementos filosóficos neoplatónicos que hemos mencionado más arriba. Pero, aún así, el copernicanismo de uno y otro muestra diferencias radicales que ponen de manifiesto la distancia teórica, el distinto modo de ver que tienen unos y otros, especialmente la diferencia entre Galileo y los otros dos.

Según Bruno, Copérnico es tan buen astrónomo como cualquiera de los grandes de la antigüedad y más inteligente que todos ellos. Más aún, es mejor astrónomo porque se liberó de los falsos presupuestos de la filosofía, pero no pudo alejarse lo suficiente de ésta porque «fue más estudioso de la matemática que de la naturaleza». Pero, a pesar de ello hay que alabarle, dice Bruno, porque aunque estaba «prácticamente desprovisto de razones vivas», supo reunir los

---

mosísimo, ¿quién podría haber puesto a este luminar en otro lugar mejor, donde pueda iluminarlo todo al mismo tiempo? Pues no impropiamente algunos lo llamaron "linterna del mundo", otros "mente", y otros "rector". Trismegisto lo llama "dios visible"; Sófocles, en *Electra*, "el que todo lo ve". Y así como en un trono real, gobierna la familia de los astros que giran en torno». Copérnico. *De Revolutionibus* l. I, cap. X. Copérnico 1965, pp. 81-82. Citado en Kuhn 1978, p. 180.

[47] *Ibid.*, p. 181.

fragmentos ruinosos del heliocentrismo del pasado y hacerlo más verosímil y, desde luego, dado que se trataba de un «discurso más matemático que natural», hizo la antigua teoría «más cómoda y expedita para la teoría y la razón calculatoria» [48]. La filosofía que había dominado era una filosofía basada en un burdo empirismo, que nos igualaría a los asnos y estaba sustentada por el principio de autoridad. A pesar de sus limitaciones, no eran pocos, pues, los méritos de Copérnico, un hombre

> dispuesto por los dioses como una aurora que debía preceder la salida de este sol de la antigua y verdadera filosofía, durante tantos siglos sepultada en las tenebrosas cavernas de la ciega, maligna, proterva y envidiosa ignorancia [49].

Como es sabido, Bruno no se andaba con chiquitas cuando se trataba de insultar al contrario o alabarse a sí mismo. Porque aquí, Bruno no está empleando sólo una florida metáfora. Copérnico no había sido sino un hito más en la preparación del camino para él, Bruno, que sería el auténtico protagonista de la recuperación de la verdadera filosofía. Contra el asno Aristóteles y frente a Cristo, cuya misión había consistido en anunciar las tinieblas, Bruno anunciaba la luz de la antigua sabiduría, continuando así a Hermes Trismegisto, Pitágoras, Platón... Copérnico [50]. Pero, dejando a un lado la *prisca theologia* a la que se liga Bruno, en la perspectiva de éste, la teoría copernicana, que el empirismo ingenuo no es capaz de asimilar, aparece como una condición necesaria para acabar definitivamente con la cosmología aristotélica. Pero, mientras que para nosotros el valor del heliocentrismo copernicano reside precisamente en su matematización, en que es una teoría técnica y matemáticamente comparable a la de Ptolomeo, para Bruno este enfoque matemático constituye una limitación. El orgullo de Copérnico por la armonía unitaria de su sistema, la supuesta relación precisa de unas órbitas con otras, era un espejismo porque los cuerpos celestes son «animales» cuya libertad de movimientos no pueden someterse al cálculo preciso, a la «razón calculadora».

---

48 Bruno (1584) 1984, I, pp. 71-72. Véase también IV, 162, donde insiste: «la [doctrina] de Copérnico, aunque cómoda para los cálculos, no es, sin embargo, segura y expedita en lo que se refiere a las razones naturales, que son las principales».

49 *Ibid.*

50 Bruno 1984, pp. 80 ss.

Considérese, pues, que de la misma manera que el macho se mueve hacia la hembra y la hembra al macho, cada hierba y cada animal (uno más expresamente y otro menos) se mueve hacia su principio vital, es decir, al Sol y otros astros. El imán mueve al hierro, la paja hacia el ambar y en definitiva cada cosa va al encuentro de su semejante y huye de su contrario. Todo es causado por el principio interior suficiente, por el cual viene a moverse de forma natural y no a partir de un principio exterior, como vemos que ocurre siempre en aquellas cosas que son movidas o en contra o al margen de su propia naturaleza. La Tierra, por tanto, y los otros astros, se mueven según las propias diferencias locales a partir del principio intrínseco que es su propia alma[51].

Por ello, nosotros no podemos comprender los movimientos planetarios. Para comprender ese «animal inmenso e infinito» que es el universo, hay que utilizar esas «razones vivas», «naturales» de que habla Bruno. Es decir, hay que hacer filosofía natural que —según Bruno, y de acuerdo con una larga tradición— excluye la matemática de la física.

Pero, recordemos que esta idea y esta tradición son las que tendrá que combatir Galileo a la hora de elaborar sus «nuevas ciencias». Lo que propugnará Galileo, contra la directriz propuesta por Bruno, será precisamente potenciar la «razón calculadora», ese «geometrare» que a Bruno le parece cosa de bobos. Curiosamente, el único modo de «vivificar» la filosofía natural sería utilizando la geometría, la matemática, la razón calculatoria. Pero, como decía Koyré, no se trata sólo del «uso» de la matemática. Lo que está en juego en el enfrentamiento de esas concepciones es la «ontología». La de Bruno es la «ontología mágica», su naturalismo es mágico y vitalista. La de Galileo es una ontología matemática, como nos dice en su famoso texto del libro del universo «escrito en caracteres matemáticos». Un texto que debe completarse con aquel en que diferencia las cualidades primarias y secundarias[52]. Las primeras son las que pertenecen a la naturaleza, son las matematizables. Es obvio que el «platonismo» de Galileo no tiene nada en común con el neoplatonismo de Bruno[53].

Quizás podríamos hallar una mayor proximidad teórica entre

[51] *Ibid.*, III, p. 136. Véase también V, pp. 166-167.

[52] Galileo, *Opere*, VI, pp. 232 y 347-348, respectivamente.

[53] Para la visión opuesta de la cuestión, puede verse «La rivoluzione copernicana e il mito solare» en Garin 1976a, pp. 257-281, especialmente 257-267, que ve en los textos de Bruno citados los elementos adecuados para situarlo en una misma línea de pensamiento con Copérnico, Kepler, Galileo y Newton.

Bruno y Kepler que entre Bruno y Galileo. Pero el copernicanismo de los dos primeros tiene demasiados puntos radicalmente divergentes para que permita aunarlos en cuanto a la concepción filosófica que está en la base de su obra. La idea más *moderna* de Bruno, el universo infinito y la pluralidad de mundos, es para Kepler «temible filosofía» y le hace estremecer de terror filosófico[54]. Al saber que los «planetas medíceos» descubiertos por Galileo son satélites jovianos y no planetas de las estrellas fijas, se consuela y dice a Galileo:

> pues del mismo modo que Copérnico y yo con él hemos demostrado el error de los antiguos en el modo de concebir cómo se plasmaban en el mundo los cinco cuerpos, sustituyéndolo por el procedimiento genuino y muy verdadero, así tú corrijes y en parte tornas dudosa esa doctrina que nuestro Bruce toma de Bruno[55].

Las preocupaciones de Kepler ante los nuevos cuerpos celestes eran muchas. No le preocupaba sólo la astrología que, aun con los cuatro nuevos satélites «se mantiene en pie»[56]. Además está el tema de la teleología antropocentrista. Parece claro, dice Kepler, que estos satélites no han sido creados para nosotros, como nuestra Luna, sino para las criaturas jovianas. Pero, entonces

> ¿qué pasa?, preguntarás, ¿acaso rivalizaremos con ellos acerca de quién ocupa el mejor puesto en el mundo? [...] ¿Cómo habrían de ser entonces todas las cosas para el hombre? ¿Cómo habríamos de ser los señores de la creación divina?[57].

Kepler expone todo tipo de razones para mostrar que nosotros habitamos el globo que corresponde a las criaturas (corpóreas) mas nobles que, en su opinión, somos los humanos; y que nuestro mundo sistema solar es el más perfecto. Porque si hay infinitos mundos, es

[54] Cuando comenta el descubrimiento galileano de los satélites de Jupiter, dice en el conocido texto dirigido a Galileo: «Ante todo estoy contentísimo de haber nacido de nuevo en gran medida gracias a tus trabajos. Si hubieras encontrado planetas girando en torno a una de las fijas, ya tenía yo reservadas cadenas y cárcel junto a las innumerabilidades de Bruno, o incluso más bien el exilio en aquel infinito. Así que me libraste ahora del gran temor que me embargó con las primeras noticias de tu libro.» Kepler 1619, pp. 137-138.

[55] *Ibid.*, 139-140.

[56] *Ibid.*, p. 142.

[57] *Ibid.*, p. 144.

absurdo que sean iguales, porque «¿para qué habrían de ser infinitos si uno cualquiera de ellos contiene toda la perfección?»[58]. Y si son distintos uno será más perfecto que otro. Ahora bien,

> La geometría es una y eterna, y resplandece en la mente divina, siendo la participación en ella concedida a los hombres una de las causas de que éste sea imagen de Dios. Ahora bien, en la Geometría, aparte de la esfera, el tipo más perfecto de figuras es el formado por los cinco cuerpos euclídeos, pues este nuestro mundo planetario ha sido ordenado tomándolos como norma y arquetipo[59].

La distancia entre Kepler y Bruno está bastante clara y no necesita mayor comentario. En todo caso, en su *Epitome astronomiae copernicanae* de 1618, Kepler insistiría en lo que son puntos cruciales del profundo desacuerdo con Bruno respecto a la filosofía natural, al comentar el orden geométrico de nuestro mundo:

> En fin, el orden de estas proporciones, proclama que el Creador [...] empezó por la Tierra como su primera medida [...] Efectivamente, la Tierra debía ser la sede de la criatura contemplativa, merced a la cual fue creado el universo [...] Puesto que la Tierra estaba destinada a convertirse en la sede de una criatura mensurante, está claro que debía convertirse en medida de los cuerpos celestes con su cuerpo, y con su semidiámetro, en cuanto línea, de las líneas, o sea de las distancias[60].

Desde la perspectiva de Bruno, eso era, sin duda, la exacerbación del error copernicano, elevándolo además a la categoría de sistema metafísico. Efectivamente, también según Kepler, Copérnico no se había dado cuenta de todas las dimensiones e implicaciones de su teoría, su descripción del mundo había sido «casi ocular, sacando sólo a la luz *tó oti*». Mientras que Kepler dice de sí mismo, hablando en tercera persona que, siguiendo a los «portentosos Pitágoras, Platón y Euclides», «asciende a las causas y al *to dioti*»[61]. Es decir, Copérnico sólo había mostrado el *cómo* es el mundo, mientras que Kepler explicaría además *por qué* es como es. Y la pregunta que tenía

---

[58] *Ibid.*, p. 145.

[59] *Ibid.*

[60] Kepler, *Werke*, VII, 276-279. Citado por Rossi 1971, p. 244, que desarrolla el desacuerdo mencionado aquí, entre Bruno y Kepler, sobre la pluralidad de los mundos.

[61] Kepler, *Conversación con el mensajero sideral*, ob. cit. p. 139.

que responder para ello era ¿por qué hay seis y sólo seis planetas y por qué se hallan a las distancias que están del Sol? Kepler está muy lejos de considerar, como podría pensar un partidario del nolano, que no hace filosofía. Por el contrario, incluso en el primer libro de su *Harmonice Mundi* que, como especifica el título, es *«GEOMÉTRICO, sobre el origen y la demostración de las Figuras Regulares, que engendran las relaciones armónicas»,* Kepler se preocupa de aclarar, en el Prefacio, que su temática es filosófica: «No trato de Filosofía como Geómetra, sino de esta parte de la Geometría como Filósofo»[62]. Por lo demás, Copérnico había ampliado enormemente las dimensiones del universo, pero, ¿cuán grande era este universo? Lo cierto es que, en su *Mysterium Cosmographicum,* Kepler no dice nada al respecto. Pero no hay ninguna duda de que, desde la perspectiva kepleriana, la infinitud que Bruno atribuye al mundo es una idea peligrosa y descabellada. Tal afirmación, observa Simon:

> habría representado desconocer todo lo que se puede inferir del lugar central y del papel vital del Sol: en la medida en que materializa simbólicamente la Trinidad, La Creación debe encerrarse en la Esfera de la Fijas, respetando proporciones determinadas[63].

Kepler avanzaba en la dirección opuesta a la de Bruno. Pero el «matematismo» que lo aleja de Bruno, no lo acerca a Galileo. Precisamente la *Conversación con el mensajero sideral* está escrito en forma de carta abierta a Galileo, y reanudaba la breve correspondencia que ambos habían mantenido años atrás. La interrupción se dió cuando Kepler, después de enviarle a Galileo su obra, conocida con el nombre de *Mysterium cosmographicum,* le pide su opinión. Nunca obtuvo respuesta. Sabemos que, para Galileo, los caracteres matemáticso con que estaba escrito el universo no obedecían a ninguna jerarquía de dignidad o nobleza ontológica como en Kepler[64]. El «platonismo» o «matematismo» de Galileo no incluyen este tipo de consideraciones:

---

[62] *Johannes Kepler gesammelte Werke,* Múnich, Beck, 1938. Vol. VI, p. 20. Citado en G. Simon 1979, p. 149.

[63] G. Simon 1979, p. 394.

[64] Kepler «toma el término *scibilis* en un sentido ontológico: es cognoscible lo que por naturaleza tiene una medida común, próxima o cercana, con el círculo. Y el círculo no es un figura geométrica cualquiera: *es* efectivamente la esencia divina y, como tal, sirve de medida y arquetipo para todo». G. Simon 1979, p. 157.

Antes de seguir adelante vuelvo a repetir a Sarsi que no soy yo quien quiere que el cielo, como cuerpo nobilísimo, tenga también figura nobilísima, cual es la esférica, sino el mismo Aristóteles [...] En cuanto a mí, no habiendo leído nunca las crónicas ni títulos de nobleza particulares de las figuras, no se cuáles de entre ellas puedan ser más o menos nobles, más o menos perfectas. Más bien creo que todas sean antiguas y nobles y perfectas en cierto modo, o mejor dicho, que en sí mismas no son ni nobles y perfectas ni innobles e imperfectas sino que, para levantar muros, las cuadradas son más perfectas que las esféricas, pero para rodar o arrastrar los carros son más perfectas las redondas que las triangulares[65].

A Galileo las especulaciones de Kepler en el *Mysterium* debieron parecerle totalmente desbocadas y, posiblemente fue esa la razón de que diera la callada por respuesta. Hasta que no necesitó el apoyo de Kepler para su *Mensajero* no volvieron a escribirse. Pero no parece que a partir de ahí Galileo se convirtiera en un lector de Kepler. Así no advertiría otro aspecto de la obra de Kepler con el que sin duda hubiera simpatizado. En 1605, cuando casi tenía terminada la *Astronomia Nova*, en la que formulaba dos de sus famosas leyes, Kepler hacía estas declaraciones programáticas a un amigo:

Mi objetivo es mostrar que la máquina celeste no es ningún tipo de ser divino vivo, sino una especie de mecanismo de relojería [y quien cree que el reloj tiene un alma atribuye a la obra la gloria del artífice], en cuanto que casi todos los múltiples movimientos los ocasiona una fuerza magnética y material muy simple, del mismo modo que todos los movimientos del reloj los ocasiona un simple peso. Y muestro también como estas causas físicas necesitan una expresión numérica y geométrica[66].

Pero, como sabemos, no sería Kepler quien llevaría a cabo este programa. Trece años más tarde, presa de la inspiración, cegado por la luz, confirma sus ideas iniciales del *Mysterium Cosmographicum* y se deja llevar:

Sí, me he dejado arrastrar por un desvarío sagrado. Desafío burlonamente a todos los mortales con esta confesión abierta: he robado las doradas naves de los egipcios para construir con ellas un tabernáculo para mi Dios, muy le-

---

[65] Galileo, *Opere*, VI, p. 319.

[66] Kepler, Carta del 10 de febrero de 1605 a Herwart von Hohenburg. Citada por Koestler 1986, p. 267. Véase también el artículo de G. Holton «Joannes Kepler's Universe: Its Physics and Metaphysics», en Holton 1973, pp. 69-90.

jos de las fronteras de Egipto. Si me perdonais, me alegraré. Si os irritais, lo soportaré. Ved, he arrojado los dados, y estoy escribiendo un libro, ya sea para mis contemporáneos, ya sea para la posteridad. No me importa. Puedo aguardar un centenar de años hasta encontrar un lector, puesto que Dios ha esperado seis mil años para tener un testigo [...] [67].

Y en este libro, *Harmonice Mundi*, en el que desentraña las leyes geométricas de la mente divina de Dios al crear las esferas y sus armonías, Kepler formula su famosa tercera ley que afirma que los cuadrados de los períodos de revolución de dos planetas cualesquiera son proporcionales a los cubos de sus distancias medias al Sol. Entonces tuvo más bien pocos lectores, y Galileo no parece haber sido uno de ellos. Pero sí encontró el lector idóneo: Newton. Éste sería el que completaría el programa de Kepler.

En cualquier caso, es obvio que no sólo el «platonismo» de Kepler, sino también su «copernicanismo» distan mucho del de Galileo. En Galileo la teoría copernicana no parece tener ninguna de las connotaciones teológicas o místicas que tiene para Kepler. La única insuficiencia de Copérnico, para Galileo, radica exclusivamente en la debilidad de sus pruebas, especialmente en el campo de la física. Lo que hace más admirable aún que Copérnico haya podido

anteponer lo que el razonamiento le dictaba, a aquello que las sensatas experiencias le mostraban clarísimamente en contra [68].

Lo fascinante de Copérnico, para Galileo, no es que constituya un paso en la recuperación de la *prisca theologia* o de la *prisca philosophia*, o que haya avanzado sin darse cuenta hacia el descubrimiento de la metafísica matemática del Creador. Lo fascinante para Galileo es que Copérnico obliga a repensar la física y sus relaciones con la matemática, las relaciones entre teoría y experiencia, lo que significa reconstruir las relaciones entre hombre y naturaleza; lo que históricamente significa embarcarse en la concepción mecanicista del mundo. Con Galileo estamos, lejos de Kepler y Bruno, en la ciencia moderna.

Estas breves consideraciones motivadas por el deseo de ilustrar la inoperancia de afirmar una sola tradición platónica a lo largo de la historia podrían ahora, sin duda, esgrimirse en defensa de una distin-

---

[67] Kepler, *Harmonice Mundi.* «Introducción» al l. v. Citado por A. Koestler 1986, pp. 312-313.

[68] Galileo, *Opere*, VII, p. 355.

ción entre multiples «platonismos». Pero lo que nos interesa es tratar, por lo menos, de comer el plato y no simplemente recoger las migajas. No todas las distinciones tienen la misma relevancia. Desde el punto de vista historiográfico de quien se interesa en las grandes transformaciones de la RC la distinción más *relevante* es, en mi opinión, la señalada por Koyré. Puede resultar sumamente interesante e incluso necesario señalar las diferencias entre Bruno y Kepler, o entre Kepler y Fludd cuando el primero le dice al segundo «yo me entrego a las matemáticas como matemático, tú como hermético»[69]. Pero la distinción koyreana se remite a una transformación conceptual, a una ruptura, que la afirmación de un único platonismo escamotea y a la que no remiten las otras distinciones. Pero si esto es así, hay que tratar de caracterizar el Renacimiento científico de modo más claro del que hemos visto hasta aquí.

---

[69] Kepler, *Apologia. Gesammelte Werke,* Ed. M. Caspar, Múnich, 1940, VI, 386. Citado por Yates 1983, p. 502.

4. MAGIA, CIENCIA, LEGALIDAD Y EMPIRISMO

> ¿Qué es la magia? El secreto de hacer lo que no puede hacer la naturaleza; es lo imposible, de modo que se ha creído en ella en todos los tiempos [...] [Los magos caldeos] sabían más que los demás: buscaban las causas de las lluvias y el buen tiempo, y pronto pasaron por hacer la lluvias y el buen tiempo. Eran astrónomos: los más ignorantes y los más osados fueron astrólogos. Un hecho sucedía bajo la conjunción de dos planetas: luego esos dos planetas habían causado este hecho; y los astrólogos eran los amos de los planetas. Mentes impresionables habían visto en sueños a sus amigos muertos o moribundos: los magos hacían aparecer a los muertos.
>
> [...] Lo peor era que los pueblos, viendo que la magistratura y la Iglesia creían en la magia, se convencían aun más de su existencia: por consiguiente cuanto más se perseguía a los brujos, más aparecían. ¿De dónde venía un error tan funesto y general? De la ignorancia: y eso prueba que quienes desengañan a los hombres son sus verdaderos benefactores.

VOLTAIRE. *Filosofía de la Historia* (1765).
Estudio preliminar, traducción y notas de Martín Caparrós.
Madrid, Tecnos, 1990, pp. 171 y 174.

I. REVOLUCIÓN CIENTÍFICA, RENACIMIENTO Y RUPTURAS

Si nos atenemos a lo dicho hasta aquí, está claro que la RC es un fenómeno sumamente complejo en el que intervienen distintas clases de factores. No nos hemos ocupado aquí de otros elementos, que podrían enriquecer más aun tal complejidad, como las relaciones de la ciencia con la religión y con las iglesias católica y protestante. Pero, en cualquier caso, éstas como otras posibles temáticas historigráficas como las desarrolladas por el externalismo, al que aludiremos más adelante, ponen de manifiesto la creciente conciencia de la necesidad de salir de la pura teoría científica para explicar un fenómeno de las características de la RC.

Paolo Rossi aludía a este hecho con las siguientes palabras:

> [...] No obstante, es indudable que puede hablarse (y de hecho se ha hablado) de «revolución científica», sólo abandonando el campo de las historias

especiales de las ciencias singulares y de los agrupamientos de los pensadores del pasado, constituidos en base a las disciplinas actualmente enseñadas en la universidad.

La contribución decisiva para el reconocimiento de la legitimidad de la expresión *methodological revolution of the seventeenth century* ciertamente no ha sido presentado ni por las historias especiales de las ciencias individuales, ni por una historia de la ciencia *exclusivamente* atenta a los procesos de desarrollo de las teorías, de las técnicas mentales y matemáticas. Nos hemos dado cuenta de su legitimidad en el momento mismo en que se ha aceptado la imagen de una ciencia y de su evolución sólo relativamente independientes de la historia de las ideas filosóficas, metafísicas y religiosas, de los cambios de la vida social[1]. [Cursiva en original.]

Es, como puede verse, la insistencia y *desarrollo* de la tesis koyréana sobre la relación ciencia-filosofía.

Ahora bien, aceptado esto, lo dicho hasta aquí nos ha mostrado que no es suficiente afirmar la ruptura del Renacimiento con la Edad Media, estableciendo a partir de entonces un proceso lineal de desarrollo de la ciencia moderna.

Entre el «cosmos cerrado» y jerarquizado de la Edad Media y el universo infinito, de infinitos corpúsculos o átomos que se mueven en el vacío sometidos a leyes matemáticas precisas, está el mundo «indefinido» del Renacimiento, donde «el centro está en todas partes y la circunferencia en ninguna», como dice Nicolás de Cusa[2], un universo que con Bruno se convertirá en un «inmenso e infinito animal». Un universo en el que, con la cábala y el hermetismo, la causa física y la analogía verbal vienen a coincidir; en el que números, palabras, plantas, metales, imágenes, astros, deseos, personas, pensamientos, constituyen o poseen fuerzas ocultas que pueden producir los más «admirables efectos»; en el que los distintos elementos son actores del gran drama cósmico. Es, sin duda, un universo difícilmente acotable según nuestras categorías, lo que hace que Koyré lo caracterice con la fórmula «todo es posible»[3]. Pero ésta es una caracterización que traza más los límites de nuestra propia mentalidad que la indefinición de la renacentista. Lo que se afirma así, en realidad, es que en el marco conceptual renacentista no rige la ley científica que

---

[1] Rossi 1977, p. 151.

[2] Recoge así la afirmación que un texto hermético del siglo XII, el *Liber XXIV philosophorum*, refería a Dios. Véase Yates 1983, p. 285.

[3] «Si se quisiera resumir en una frase la mentalidad del Renacimiento, yo propondría la fórmula: *todo es posible*». (Cursiva en original.] Koyré 1977, p. 43.

ordena el universo mecanicista, delimitando el campo de lo posible. Una caracterización positiva —que no se limite a decir lo que el Renacimiento científico no es— es realmente difícil pero, sin duda, este período teórico se define *también* por una ontología que conforma una *naturaleza* y, por tanto, por unos modos de aproximación a ella radicalmente distintos, si se quiere por unos *métodos* diferentes a los de la ciencia mecanicista. La magia, las ciencias ocultas constituyen el medio para penetrar esa «creación en cascada», esa naturaleza sin rupturas entre lo Uno y la materia más ínfima, ese gran organismo animado que se complace en mostrar prolijamente los más diversos prodigios y maravillas. El Renacimiento constituye un período teórico, si no delimitado, sí delimitable y, desde luego, diferenciable no sólo del marco aristotélico-escolástico, sino también del mecanicista del siglo XVII [4].

En 1976, cuando P. O. Kristeller estaba ya retirado de su labor docente, le propusieron escribir la obra definitiva, en el sentido de sintética y global, sobre la filosofía del Renacimiento. Su reacción fue inmediata. «No estamos listos —dijo— para llevar a cabo esta empresa» [5]. Cuando en 1979, unos treinta años después de escribir su libro *The Scientific Reanissance. 1450-1630*, en su participación en el homenaje a Garin, M. Boas revisaba los estudios historiográficos sobre el Renacimiento científico, señalaba que en esta área de la historiografía existían muy pocos campos sin explorar. Pero, aludiendo a una cita suya anterior, añadía que en casi todos estos campos «se ha desarrollado un trabajo que Bacon habría denominado «un buen inicio» [6]. Aun siendo optimista, quizás esta conclusión, si destacamos lo de «inicio», pueda interpretarse como coincidente con la de Kristeller. En cualquier caso, quizás sea mejor no exagerar en este sentido. Siempre quedará mucho por hacer, y la modestia de los grandes especialistas o la magnitud real del trabajo a realizar deben inclinarnos tan sólo a la prudencia, pero no deber servirnos como excusa paralizante. Para emprender una tarea como la caracterización del Renacimiento científico siempre hará falta audacia y, no lo olvidemos, algo más que documentos «suficientes». Quizás convenga recordar también aquí la aclaración que ya muchos años antes había hecho L. Febvre:

[4] Lo que, por otra parte, no es más que la consecuencia lógica de afirmar que el Renacimiento constituye un estadio teórico de la historia de la ciencia.

[5] Kristeller 1982, p. 9.

[6] M. Boas Hall, en Varios 1983, p. 352.

Establecer los hechos y después operar con ellos [...] Muy bien, sí, pero cuidad de no establecer de esa manera una nefasta división del trabajo, una peligrosa jerarquía. No estimuléis a quienes, en apariencia modestos y desconfiados y en realidad pasivos y gregarios, amasan hechos para nada y después esperan con los brazos cruzados eternamente a que llegue el hombre capaz de ordenarlos [...] Manipulaciones, invenciones: a un lado los peones a otro los constructores. No. Para que no se pierda nada del trabajo humano, la invención tiene que realizarse en todas partes. Elaborar un hecho es construir. Es dar soluciones a un problema, si se quiere. Y si no hay problema no hay nada[7].

Sea como fuere, las dificultades evidentes que plantea una caracterización del Renacimiento no deben inducirnos a rechazar cualquier intento en este sentido. Y quisiera indicar, por lo menos, algunos elementos que pueden acercarnos a nuestro objetivo.

Hemos visto que el Renacimiento entendido como periodo teórico, como marco mental, no introduce la filosofía que inspira la nueva ciencia. Por más que se le reconozca un papel en la historia de la ciencia, su *reculer pour mieux sauter*, la indudable importancia de algunas ideas de Cusa y Bruno, la nueva valoración del trabajo manual, etc., lo cierto es que su «marco teórico», su filosofía mágico naturalista no es la que inspira el nacimiento de la ciencia moderna. Por el contrario, la nueva ciencia insistirá una y otra vez por boca de sus primeros creadores, Galileo o Descartes, en que ha desterrado todo el abigarrado e *impensable* mundo de las fuerzas ocultas, simpatías y antipatías, etc. Más aún, la guerra frontal, el enfrentamiento directo con las formas de pensamiento renacentista que se reconocen como absolutamente diferentes y opuestas a la nueva ciencia, se llevará a cabo desde distintos frentes: la obra de Mersenne es un buen ejemplo de ello[8]. Pero Galileo o Descartes parecen tener bastante con «construir» la alternativa y simplemente ignoran las batallas puntuales. Del mismo modo que algunos renacentistas sienten un claro desprecio intelectual-moral por los escolásticos y su formalismo estéril, algunos de los *nuevos científicos* practican a veces esa forma refinada de desprecio que consiste en ignorar al adversario[9].

---

7 L. Febvre 1986, pp. 22-23.

8 Véase R. Lenoble 1971.

9 En su libro *Religion and the decline of magic*, Keith Thomas destaca el carácter autoconfirmador de sistemas de pensamiento como el mágico naturalista de Renacimiento. «Un brujo o un astrólogo siempre era capaz de dar una explicación de cualquier aparente fallo en sus operaciones, sugiriendo que debía haber habido un

Pues bien, esta valoración del marco mental renacentista no sólo no nos es en absoluto ajena, sino que además constituye tan sólo un momento de una larga historia de la oposición al pensamiento mágico. Nuestra cultura científica se ha ido constituyendo como cultura y civilización modernas en una reiterada polémica de varios frentes con la magia, con el ocultismo; una larga lucha que, si observamos los reiterados manifiestos de los *astrónomos* contra la *astrología*, no parece haber terminado.

En efecto, desde su mismo nacimiento, el cristianismo se enfrenta a la magia —de la que a su vez es acusado[10]— en varios frentes. Para empezar, no puede aceptar la equivalencia del milagro cristiano y el prodigio pagano, mágico. Este último sería propiciado por el poder residual de los *daimones*, que ahora se conciben como los ángeles caídos y cohorte de Lucifer. Pero el gran sacrilegio consiste en no aceptar a Cristo y su mensaje, pretendiendo explotar la eficacia del mundo demoníaco por medios distintos a los sacramentales, que son los que fueron concedidos por Cristo a su Iglesia. En cualquier caso, el cristianismo triunfante, que en la práctica integra, sustituye o desnaturaliza los ritos mágicos populares, especialmente a partir del siglo XIII domina, somete y persigue la magia, sistematizando su posición teórica ante ésta. Si antes hubo momentos de contemporización, a partir del *Malleus Maleficarum*, de finales del siglo XV, las dudas se han acabado y la intolerancia y la hoguera se impondrán[11].

Pero por entonces, con la recuperación y reivindicación de la tra-

---

error en sus cálculos o que había omitido alguna precaución ritual de vital importancia». En realidad casi siempre los *pacientes* eran culpables de los errores. «[...] Así pues, la reacción contra la magia no podía provenir del resentimiento acumulativo de clientes decepcionados. Tenía que proceder de fuera del sistema». Véase K. Thomas 1973, pp. 767-768.

[10] Véase, por ejemplo, el siguiente texto de Celso: «El poder que parecen poseer los cristianos les viene de la invocación de nombres misteriosos y de la invocación de ciertos «daimones» o espíritus (a los que algunos llaman demonios). Fue por Magia por lo que su Maestro realizó todo lo que parece espantoso o de maravillar en sus acciones; en seguida tuvo gran cuidado en advertir a sus discípulos que se guardasen de los que, conociendo los mismos secretos, pudiesen realizar lo mismo, y que evitasen como él de participar de mágicos poderes propios de dioses. ¡Ridícula e increpante contradicción! Si condena con razón a los que lo imitan, ¿cómo es que no vuelve contra él tal condena? Y si no es impostor ni perverso por haber realizado tales prodigios, ¿cómo es que sus imitadores, por el hecho de realizar los mismos hechos, lo son más que él?». Celso (178?) 1989, pp. 20-21.

[11] Por lo que respecta a las relaciones entre magia y cristianismo hasta el Renacimiento, puede verse Franco Cardini 1982.

dición neoplatónica y hermética, y la división del cristianismo con la Reforma, el problema adquirirá otro planteamiento. Ahora se centrará, por una parte, en el enfrentamiento de las magias *natural* y *demoníaca*[12]. Por otra, los protestantes constituirán un frente especialmente crítico acusando, a su vez, al catolicismo y su sacramentalismo de magia. El sacramentalismo era acusado de mágico en cuanto que comportaba una eficacia que residía en la ejecución del rito como tal, sin referencia a la interioridad moral y religiosa de los actuantes del rito mismo.

Por último, debemos aludir brevemente al frente más importante, y que más nos interesa aquí, contra la magia: la polémica que inició contra ella la nueva ciencia y que, continuada a lo largo de los siglos XVIII y XIX, como hemos mencionado, llega hasta nuestros días.

Cuando en su *History of Royal Society* Thomas Sprat canta las alabanzas de la sociedad científica y de su filosofía, la «nueva filosofía», afirma que no podemos esperar que la especulación se baste a sí misma para combatir los terrores y aprensiones que, en realidad, ella ha creado y que atormenta a las mentes débiles. Nos cuenta que, desde la antigüedad, los poetas introdujeron el engaño, toda clase de quimeras y fantasmas, que en tiempos recientes se revivieron las formas más fantásticas, que todas las iglesias se llenaban de apariciones y los hombres empezaban a ser asustados desde sus cunas. Pero desde que la auténtica filosofía ha aparecido dice Sprat que ya no queda sitio para esas fantasías: el curso de las cosas sigue el verdadero cauce de las causas y efectos, y

> los experimentos, aunque no han completado el descubrimiento de la verdad, ya han derrotado a estos fantásticos habitantes de los falsos mundos que asombraban a las mentes de los hombres[13].

Éste es uno de los hitos iniciales de la historia según la cual la ciencia experimental no sólo nos permitiría, ésta sí, descubrir el funcionamiento de la naturaleza, sino que además nos libraría de los horrores de la magia y de la superstición, realizando el noble sueño de Epicuro. Copenhaver nos recuerda como Fontenelle —autor no lo

---

[12] Véase el ya clásico libro de D. P. Walker 1975. Puede verse además Brian Easlea 1980.

[13] Th. Sprat. *History of Royal Society* (1667), editado por Jackson I. Cope y Harold Whitmore Jones, Londres, Routledge and Kegan Paul, reimpresión de 1966, pp. 339-340.

olvidemos, de la destructiva obra *Histoire des Oracles*[14]—, en su *Eloge* de Newton, no sólo silencia algunas opiniones negativas de éste sobre Descartes, sino también los intereses ocultistas del gran científico inglés. La historia no había hecho más que empezar. Sin duda, la crítica que hace la ciencia es la que introduce el hiato más profundo entre nuestro marco mental y el renacentista. Así parecen atestiguarlo las dificultades que los historiadores de las religiones, o la antropología, han tenido en su aproximación al pensamiento mágico de los pueblos *primitivos* no occidentales, desde Frazer hasta Lévy-Bruhl, pasando por Durheim[15]. Problemas similares a los que podemos percibir claramente cuando recorremos los estudios historiográficos sobre la magia renacentista a lo largo de la primera mitad de nuestro siglo[16].

Y creo que esa dificultad late todavía en las tesis de M. Boas, así como en las de otros historiadores. Más aún, si no la tomamos en cuenta, puede entorpecer la justa comprensión —o poner en cuestión la validez— de afirmaciones como las de Koyré —cuando atribuye al pensamiento renacentista una «credulidad sin límites»— o, por lo menos, puede inducirnos a sacar de ellas consecuencias totalmente ilícitas. Por ejemplo, podríamos pensar que aquél era el reino de la fantasía, de la arbitrariedad, incluso de la ignorancia. Esa sin duda no sería una buena caracterización del Renacimiento. Permítaseme una analogía.

Yo estoy dispuesto a suscribir que los niños, más o menos graciosos o insoportables, son unos «locos bajitos», Serrat *dixit.* Pero cuando descubro que *todos* los niños de unos 4 ó 5 años, al verter el *mismo número* de perlas de una vasija achatada a otra más alta, afirman que «hay más perlas que antes» porque «es más alto», no puedo pensar simplemente que son idiotas.

«Papá, ¿existe Dios?» pregunta una niñita de nueve años. El padre responde que no está seguro. A lo cual la pequeña responde: *¡Es necesario que exista, puesto que tiene un nombre!*[17].

---

[14] Fontenelle. *Histoire des Oracles*, París, edition critique par Louis Maigron. Publications de la Société Nouvelle de Librairie et d'Etiotion, Edouard Cornély et Cie. Editeurs, 1908. Una edición más asequible puede encontrarse en la reciente edición de obras de Fontenelle que publica Fayard.

[15] Para el desarrollo de este tema puede verse Ernesto Martino (comp.) 1962.

[16] Para la ilustración de este tema puede verse la «Introducción» del propio Vasoli a C. Vasoli (comp.) 1976.

[17] Piaget 1984, p. 66.

Tampoco en este caso le atribuiré a la mocosa un especial genio filosófico. Pensaré cosas como «es un niño», «son diferentes», «piensa de otra manera» o, si me intereso lo suficiente, puedo llegar a pensar que un modo mejor de entenderlo es acudir al tipo de investigación de Piaget, por ejemplo, sobre el «pensamiento intuitivo» o el «realismo nominal», etc.[18], y por este camino puede que, como exclamaba Koyré ante algunos autores del pasado, pueda llegar a afirmar «y, después de todo, tienen razón», es decir, puede que consiga encontrar una lógica interna a su discurso. Ese es posiblemente el objetivo a conseguir con el pensamiento renacentista si queremos mantener la afirmación de que constituye un periodo o estadio determinado de la historia de la ciencia.

Refiriéndose al Renacimiento, Koyré destaca que

> uno de los rasgos más curiosos y más característicos de la época es esta ausencia total en el pensamiento de la categoría de lo «imposible»[19].

Quizás es hora de insistir más bien en que tampoco la categoría de *azar* juega papel alguno en el pensamiento —mágico naturalista-renacentista[20]. En efecto, creo que la insuficiencia de las caracterizaciones del Renacimiento que hemos visto en los distintos historiadores, así como las tesis de Boas Hall, Yates y del nuevo continuismo en general, hace necesaria la insistencia en una serie de puntos que quiero esbozar a continuación.

En primer lugar, no basta aceptar que durante el Renacimiento la ciencia dominante era la de la tradición ocultista, para a continuación negarle legitimidad cognoscitiva. Más bien hay que insistir, como hemos señalado, en que en el Renacimiento el *saber* que fundamenta las creencias y las incredulidades, el conocimiento que la época sancionaba como verdadero, el aceptado por la comunidad cultural, es el conjunto constituido por las ciencias ocultas. Es cierto del mismo modo que lo es que el marco mental dominante a finales del siglo XVII es el *mecanicista*, o que *hoy* la comunidad cultural acepta como fundamento de nuestras creencias el corpus del conocimiento científico. En otras palabras, como diría un sociólogo de la ciencia,

---

[18] Para el primer caso citado, Piaget 1970, p. 177.

[19] Koyré 1981, p. 87.

[20] Pueden verse los apuntes de J. Piaget sobre el concepto de «azar» en la historia del pensamiento precientífico y científico en Piaget 1975, pp. 148-150.

en el siglo XV o XVI, la magia tiene la misma «autoridad o validez cognitiva» que tiene hoy la ciencia[21].

Entre otras tesis de R. Lenoble que recuperaré en lo que sigue, cabe recordar que

> *todas* las épocas se han definido a sí mismas como «lógicas» y «científicas» en relación a sus antecedentes «prelógicos» y «precientíficos»[22].

Por tanto ¿podemos acusar precipitadamente al pensamiento del Renacimiento de fantasía, arbitrariedad, ignorancia? ¿Ignorancia? ¿Cuál? La de las masas populares no es relevante aquí. También entre nosotros hallamos fácilmente creencias mágicas. Es, pues, la ignorancia de los cultos, la de los no ignorantes. Y la contradicción pone de manifiesto lo perogrullesco del sentido real de la acusación: no sabían lo que nosotros sabemos. Pero, en ellos, esa *ignorancia* no explica nada. La situación ante la que nos encontramos es, más bien, que el mago renacentista no ignora nada, más bien lo sabe *todo.* Sólo con Descartes, en el siglo XVII, la ignorancia confesada, la ignorancia fingida, como producto de la duda *sistemática*, será fuente de conocimiento. Con Descartes, que es un dogmático —en el sentido de que cree posible un conocimiento indudable— y no un escéptico. Con Descartes que, curiosamente pero no por casualidad, hace una distinción radical: divide el mundo en *yo*, *res cogitans*, y lo otro, *res extensa.* Esto es fundamental para nuestro tema, como puede verse en el siguiente paso.

Fantasía, absurdo, arbitrariedad, tendemos a pensar de las afirmaciones y especulaciones de los renacentistas. A nuestros ojos, sin duda. Quizás haya algo de eso, en efecto, en la mentalidad reancentista, en el mundo de la magia. Pero no nos precipitemos. También puede afirmarse que *también* el pensamiento mágico obedece a una *lógica implacable.* Desde Frazer a Freud y hasta la actualidad, todos los analistas del pensamiento mágico han insistido en una característica fun-

---

[21] Véase al respecto el «Introductory Essay» de Brian P. Copenhaver 1978.

[22] Robert Lenoble 1969, p. 39. En mi opinión éste es un libro excesivamente descuidado por la dominante tradición anglosajona, que merece ser recuperado. Por ejemplo, en 1983, Brian Vickers tras repasar la literatura sobre el tema de las mentalidades científica y oculta del Renacimiento, llega a la conclusión de la necesidad de identificar «los componentes individuales de los dos sistemas». Creo que este libro le hubiera resultado de gran ayuda y que en buena medida anticipa buena parte de las sugerencias que en el texto de Vickers se hacen.

damental de éste, sea cual sea el mecanismo explicativo que propongan y el nombre que le den: la imposición de las leyes de la vida psíquica a los objetos de la realidad exterior, en nuestro modo de expresión aún cartesiano. No obstante, para nosotros es sumamente importante la puntualización que introduce Piaget al respecto, en su análisis de la magia infantil. Tomemos como ejemplo la teoría freudiana. Ésta explica el pensamiento mágico como resultado del narcisismo. El narcisista, según Freud, enamorado de sí mismo, atribuiría a sus propios deseos un valor y eficacia particulares; lo que un enfermo denominó creencia en la «omnipotencia del pensamiento»: desear algo equivaldría a su realización. Ahora bien, según Piaget, esta explicación tiene la dificultad de que presupone la distinción entre el yo de la persona y lo demás. No obstante, lo que a nosostros, los adultos occidentales, nos impide creer en la realización automática de nuestros deseos es que sabemos que son subjetivos. Y esto pone de manifiesto que el narcisista freudiano no distingue su pensamiento del de los demás, ni su yo del mundo exterior.

Es, por tanto, que no tiene conciencia de su yo. Si está prendado de sí mismo no es porque conoce su yo, sino porque ignora todo lo que es extraño a su sueño y a sus deseos. El narcisismo, es decir, el egocentrismo absoluto, produce la creencia mágica, pero sólo en tanto que implique ausencia de la conciencia del yo [...] Por eso, al ver a los bebés regocijarse de los movimientos de sus pies, se tiene la impresión de que experimentan la alegría de un dios que dirigiera a distancia el movimiento de los astros. [Y en otro lugar insiste Piaget, a propósito del animismo infantil:] En resumen, para un espíritu que no distingue o que distingue mal el yo del mundo exterior, todo participa de todo y todo puede obrar sobre todo [...] la participación resulta de una indiferenciación entre conciencia de la acción de sí mismo y la conciencia de la acción sobre las cosas [...] Actividad y pasividad, movimiento propio y movimiento adquirido son, a este respecto, nociones gemelas que el pensamiento deduce poco a poco de un *continuum* original, en el cual todo parece vivo[23].

El texto no puede ser más sugerente. Sus tesis principales podrían pasar por una descripción más del pensamiento renacentista, incluso la imagen del niño como un dios moviendo los astros-pies parece una referencia explícita a la crítica de muchos contemporáneos a Newton, por su recaída en el pensamiento mágico al introducir una

[23] Piaget 1984, pp. 136-137 y 199.

«acción a distancia». En cualquier caso, no me detendré en cada una de las concreciones del *realismo* de la mentalidad mágica —en el que lo objetos son signos y el pensamiento posee la materialidad de las cosas. Los sueños, según los niños, como en Homero, vienen de fuera. Se piensa por la boca. De ahí la identidad de pensamiento y verbo, de nombre y cosa, y la virtud de las palabras, el poder bené-fico de la ben-dición o malé-fico de la mal-dición, etcétera[24].

Este *realismo* u *objetivismo* es el dato primitivo que da como producto el animismo. Es común a los niños y a los pueblos primitivos y, como hemos dicho, el Renacimiento le construye un fundamento metafísico: la cadena continua del ser y el hombre como *«magnum miraculum»* que, inserto en ella, puede recorrerla en un sentido u otro. El hombre, en la mentalidad renacentista, es libre, pero en ningún caso independiente. Para Ficino, por ejemplo, la excepcionalidad del hombre frente a los animales y ángeles está en su naturaleza intermedia, en que posee las naturalezas de ambos, en que «se une a sus objetos, se las ingenia para hacerse todo»[25]. Puede ejercer su libertad en tanto que está fundido con la naturaleza en la cadena del ser, en tanto no se le ha dado «nada propio» y puede «ser lo que quisiere», como dice Pico della Mirandola en su *De la dignidad del hombre,* llevando a su extremo la posición ficiniana:

> Al hombre, en su nacimiento, le infundió el Padre toda suerte de semillas, gérmenes de todo género de vida. Lo que cada cual cultivare, aquello florecerá y dará su fruto dentro de él. Si lo vegetal, se hará planta; si lo sensual, se embrutecerá; si lo racional, se convertirá en un viviente celestial: si lo intelectual, en un ángel y en un hijo de Dios [...] ¿Quién no admirará a ese camaleón? o ¿qué cosa más digna de admirar?[26].

El *realismo* o camaleonismo del hombre del Renacimiento es el producto de la generosidad del Creador. Es la garantía ontológica y el precio histórico de su libertad.

Con todo, debemos insistir en el peligro de atribuir precipitadamente la arbitrariedad a su pensamiento y a su mundo. Es cierto que, en el universo mágico, la naturaleza está viva, que cada una de sus partes tiene conciencia, pero si de ello resulta para nosotros un *totum*

---

[24] Para el desarrollo de estos temas puede verse Piaget 1984; también Lenoble, ob. cit., pp. 50-51.

[25] P. O. Kristeller 1953, p. 115.

[26] Pico della Mirandola (1486) 1984, pp. 104-105.

revolutum para el niño, el primitivo o el mago renacentista no parece ser así.

Como destaca Piaget, a la indisociación primaria en que consiste el *realismo*, el animismo le añade una indisociación secundaria que consiste en prestar a las cosas caracteres análogos a los que el espíritu se presta a sí mismo. Así, si bien es cierto que en la naturaleza mágica nada acontece por el efecto de leyes, independientes de la historia de los hombres, no lo es menos que nada acontece tampoco por efecto del azar.

El niño [escribe Piaget] se representa el mundo como una sociedad de seres que obedecen leyes sociales y morales [...] atribuye a las cosas más una moral que una psicología [...] Hasta alrededor de los 7 u 8 años se niega a admitir que las cosas puedan hacer lo que quieran, pero ello no es en absoluto porque las cosas no tengan voluntad, sino porque su voluntad está obligada por una ley moral cuyo principio es hacerlo todo por el mayor bien de los hombres[27].

Pues bien, del mismo modo, la antropología, desde Lévy-Bruhl, ha mostrado cuán ajena es la noción de azar a la mentalidad primitiva. Para ésta nada ocurre por azar, porque todo es manifestación directa o simbólica de poderes ocultos. Los fenómenos no se explican en base a series causales independientes, sino por intenciones ocultas que, no obstante, obedecen a una legalidad moral que alcanza por igual a los hombres y a las cosas.

R. Lenoble, refiriéndose al período de la RC, establece la correcta conexión histórica:

La magia no sólo responde a las leyes de la conciencia, sino que la naturaleza que construye se presenta como una naturaleza *legal*. El falso dogma de la «ignorancia» primitiva ha conducido a los historiadores a datar el origen del pensamiento determinista en base a la constitución de una física de leyes, y esta segunda creencia es tan falsa como la primera. Nuestro *determinismo científico*, limitado a las cosas regidas por el principio de inercia, ha sucedido

[27] A partir de los 7-8 años ciertos movimientos, como los de arroyos o nubes, se explican cada vez más en base a un determinismo físico. Pero hasta los 11-12 años, gran número de cuerpos, sobre todo astros y viento siguen sometidos a las reglas morales primitivas. Asociado a la intencionalidad universal que el niño presta a los cuerpos, está también el finalismo. «En cuanto al movimiento físico, el estudio emprendido [...] nos ha demostrado suficientemente que las regularidades de la Naturaleza se explican por finalismo». Véase Piaget 1984, 187-200, especialmente 187, 194-195 y 200.

no al *indeterminismo* [entendido como el reino del azar], sino al *sobredeterminismo mágico*, que une en un mismo destino a hombres y cosas[28].

En el seno de una naturaleza viva y consciente, las voluntades de unos y otras se entrecruzan en una red inextricable. La acción causal se concibe, pues, como un poder psicológico o moral[29]. La palabra *virtus* es significativamente equívoca y aún se empleará en la física del siglo XVII.

Podemos asombrarnos ante los más extraños prodigios y maravillas. Por ejemplo, en las montañas «caspias» crecen unos frutos enormes; si se abren cuando están maduros, se encuentra dentro de éstos una «bestezuela en carne viva, como un corderito, y se comen esos frutos y esas bestezuelas». Odorico señala que muchas gentes no quieren creerlo, pero «esto es tan posible y tan creíble como las ocas que en Irlanda nacen de los árboles». Y a Mandeville esas cosas no le parecen tan excepcionales, porque en su Inglaterra también hay árboles cuyas flores al caer se vuelven pájaros y son buenos para comer[30]. Por su parte, Conrad de Megenberg, en su *Buch der Natur*, de gran éxito en el Renacimiento, al hablar de las gemas se refiere a las llamadas *Terobolen*, de las que se dice que son

> piedras que provienen de oriente, algunas de las cuales presentan forma de hombre y otras de una hermosa mujer joven. Si se las acerca una a otra, se envían llamas y fuego[31].

Hay otras piedras no menos maravillosas que aparecen en varios lapidarios, como la *Heliotropia* de la que se dice que, además de proteger al cuerpo del veneno y al alma de error, puede hacer al portador invisible. El *Saphyrus*, «gema de las gemas», también tiene grandes poderes medicinales, mágicos y espirituales. Celestialmente azul en su color, posee poderes celestiales transcendentales: no sólo protege el cuerpo y el alma del portador, sino que, según Marbodus, calma la ira del Señor y asegura su respuesta favorable a nuestras plegarias[32]. Debía ser algo así como una bula de la sabia naturaleza para ricos, que son los que suelen tener tales chucherías.

---

28 Lenoble 1969, p. 45.

29 Piaget 1975, pp. 234-235.

30 Claude Kappler 1986, pp. 68 y 156 ss.

31 Citado por F. D. Adams 1954, p. 142.

32 Citado por Adams 1954, pp. 152 y 154.

Pero, en cualquiera de los posibles ámbitos encontraremos explicaciones curiosas. Oigamos esta encantadora receta contra la jaqueca:

Cortad el anca izquierda a un sapo y dejadle ir; después calcinad bien esta anca bajo una teja, y que la persona aquejada de jaqueca lleve esas cenizas sobre su corazón: curará para siempre en menos de tres meses.

o el remedio de una respetable dama contra el reúma:

No había hecho más que sonarse en un papel, donde envolvió después una monedita de plata, que tiró luego al suelo, de forma que el que la recogió pasó a tener reúma y ella sanó[33].

Claro está, las combinaciones de este tipo son infinitas. Pero no nos precipitemos a hablar de *azar*. Si bien es cierto que sus analogías nos resultan muchas veces sorprendentes, no lo es menos que, por ejemplo, la tabla de correspondencias entre macrocosmos y microcosmos, que es el principio fundamental de toda la astrología y la aquimia así como de esta farmacopea, es en sí misma un dato de extrema estabilidad a lo largo de toda la historia. Solo un prejuicio empirista permite negar la extrema estabilidad de temas y símbolos del pensamiento mágico, señala Lenoble y añade que sólo a un cierto nivel de la construcción mágica entra en escena la fantasía, la «escolástica y la casuística del animismo», pero incluso ahí hay una cierta estabilidad. En cualquier caso, es difícilmente negable quc también en el marco mental renacentista, la naturaleza tiene su *legalidad*[34].

Afirmaciones tan sorprendentes para nosotros como las que hemos mencionado más arriba, por ejemplo, pueden inducir a creer, como de hecho ha sucedido, que se lanzaban a desaforadas especulaciones sin tener ningún respeto por los hechos. Nada más falso. En primer lugar, una de sus reivindicaciones contra sus antecesores era que su ciencia era *experimental*. Más aún, según Walker, una de las acusaciones más frecuentes de Pomponazzi a la magia demoníaca es que no es *científica* como la magia natural[35]. Claro está, la *observación* de aquellos hombres no era como la nuestra, no la llevaban a cabo como nosotros la entendemos. Pero detalles que fortalecieran la autenticidad de los hechos no faltaban:

---

[33] Citado por L. Febvre 1970, pp. 193 y 194.
[34] Véase Lenoble 1969, p. 48.
[35] D. P. Walker 1975, p. 110.

El monstruo que ahora veis representado aquí ha sido hallado dentro de un huevo, con el aspecto y semblante de un hombre, todo el cabello hecho de pequeñas serpientes vivas, y la barba al modo y manera de tres serpientes que le brotaban del mentón; fue encontrado el 15 de marzo del año 1569, en casa de un abogado llamado Baucheron en Autun, Borgoña, por una sirvienta que rompía huevos para freirlos con mantequilla, entre los cuales se hallaba éste; al quebrarlo, vio salir el monstruo en cuestión, con rostro humano y cabellos y barba serpentinos, lo que la espantó extraordinariamente. Se dio clara de este huevo a un gato, que murió al instante. Advertido de ello el señor barón de Senecey, caballero de la Orden [de Saint-Michel], hizo enviar de su parte el monstruo al rey Carlos, que se encontraba entonces en Metz[36].

El texto reproduce un detallado dibujo. Pero, fijémonos, una fecha y lugar precisos: el 15/3/1569 y la casa de un abogado de nombre Baucheron; una criada en actitud de romper huevos para freírlos con mantequilla, el barón de Senecey cuya fiabilidad, siendo caballero de la Orden de Saint Michel, es indudable, y por si fuera poco, el rey Carlos IX, en Metz. No se pueden pedir más pelos y señales. Jacques Roger desarrolla ampliamente estas cuestiones en las que, posiblemente, sean las mejores páginas sobre el tema, y apostilla:

Si es cierto que el rey Carlos IX, cuya existencia nadie ha puesto en duda jamás, estuvo efectivamente en Metz, ciudad conocida de todos, si es cierto que para freir huevos con mantequilla, hay que romperlos, lo que es públicamente notorio, es cierto también que el huevo en cuestión contenía una cabeza erizada de serpientes [...] Se trata de un mecanismo psicológico muy simple, la acumulación de detalles circunstanciales se encarga de hacer el relato más verosímil[37].

Lo cierto es que el comentario de Roger, con su poquito de ironía, que como es bien sabido resulta un mecanismo psicológico muy eficaz para fortalecer nuestra propia posición, puede tranquilizarle a uno un poco. Claro, eso explica... pero, ¿qué explica? Seamos fuertes y osados: nadie tiene que convencernos de que no existía tal monstruo; no. Quizás sea cierto lo del «niño con dos cabezas, dos brazos y

[36] Ambroise Paré (1573) 1987, p. 28.

[37] Roger 1971, p. 33. Roger recoge la historia del *Traité des monstres*, de Fortunio Liceti, que es de 1616. Paré, de quien seguramente lo toma Liceti, podía aducir además la proximidad temporal dado que el hecho ha sucedido sólo seis años antes de la publicación de su libro.

cuatro piernas», o el caso de las «dos gemelas unidas por la frente»[38]. Después de todo, el expositor 106 de la *Gallerie d'Anatomie Comparé* del Museum d'Histoire Naturelle de París guarda especímenes teratológicos como el de Ritta-Christina, cuya anormalidad es igualmente sorprendente. Tras el famoso caso de Eng y Chang que dieron nombre a los siameses, estos seres son de una excepcionalidad casi vulgar[39]. Lo del «monstruo medio hombre medio puerco» ya nos cuesta más creerlo; podría ser una descripción y un dibujo exagerados: podría haber empezado con una desafortunada imagen descriptiva que después el dibujo se habría encargado de codificar[40]. No olvidemos que, en aquel momento, no está definido el concepto de especie y que el fruto mixto de una unión aberrante entre dos especies diferentes no está teóricamente descartada. Al contrario, las causas de la monstruosidad están bastante bien establecidas. Claro, para nosotros, como decíamos, hay cosas que *sabemos* que no son posibles. Pero, entonces, necesitamos entender: primero, de dónde salieron tales historias; en segundo lugar, y sobre todo, cómo tuvieron tanta audiencia y pasaron a formar parte de la «realidad» del momento. Lo que nosotros necesitamos entender es cómo es posible que *ellos* lo creyeran. Y lo cierto es que Roger no da a entender en ningún momento que Paré, Liceti o cualquier otro introduzca tales detalles de mala fe. Es cierto que el esquema de estos relatos suele tener unas constantes que usualmente incluyen que el testimonio no es directo, pero la fecha, el lugar y las circunstancias están claros,

---

[38] Ambroise Paré, ob. cit., pp. 28-30.

[39] Curiosamente San Agustín en su *Ciudad de Dios*, cap. 8, según cita A. Paré, ob. cit., p. 25, cita la exacta contrapartida sexual de Ritta-Christina: «San Agustín dice que en su época nació en Oriente un niño que tenía de vientre arriba todas las partes superiores dobles y las inferiores sencillas, pues tenía dos cabezas y cuatro ojos, dos pechos y cuatro manos, y el resto como otro hombre; vivió bastante tiempo». Ritta y Christina eran una criatura (¿o dos?) constituida por dos torsos, con sus cabezas y brazos, unidos por la cintura; de ahí para abajo era como una mujer normal. Los padres, pobres, las llevaron a París y, a pesar de la prohibición de las autoridades de exhibirlas abiertamente, fueron exhibidas en privado muchas veces, «incluso demasiadas veces, ya que murió en buena parte debido a una excesiva exposición a los elementos, a los cinco meses de edad». Véase S. J. Gould. «Vivir interconectado» en Gould 1987, pp. 63-76. La monstruosidad anatómica es excepcional, la monstruosidad moral es una constante.

[40] A. Paré, ob. cit., p. 67. Éste podría plantearse como un problema similar al que nos plantean los signos tradicionales del zodíaco: ¿cómo y por qué veían en la Antigüedad osos o escorpiones y demás, en configuraciones estelares donde nosotros no vemos nada de eso?

algún personaje «fiable» está relacionado, usualmente una autoridad ciudadana y a veces algún miembro de la alta aristocracia está al final de la historia[41]. Pero cuantos más detalles *verificadores* se nos cuenten y más personajes intervengan, más problemático será para nosotros, no el hecho quizás, sino su afirmación por aquellas simpáticas gentes[42].

Un tema especialmente difícil para nosotros es el de cómo se las arreglaban para discernir entre esas dos magias, natural y demoníaca, que distinguen[43]. A veces el cruce de niveles resulta prácticamente inmanejable. No me resisto a comentar el siguiente texto de Paré:

Con el fin de que no se piense que el artificio diabólico es cosa de otras épocas, él ha practicado aun en nuestro tiempo semejantes artes, como lo han visto varios y lo han escrito muchos hombres doctos, en la persona de

---

[41] Con todo, no conviene exagerar la importancia de estos elementos. No olvidemos que también a Boyle, gran protagonista del experimentalismo baconiano, a veces también le parecía oportuno mencionar el *pedigree* aristocrático de los asistentes al experimento, y nadie duda de su empirismo por ello, más bien al contrario.

[42] Como es bien sabido, hoy ya no dejamos al albur del testimonio de *cualquiera*, cuestiones tan serias y científicas como la identificación de un monstruo anatómico. Esa clase de testimonios ha quedado relegada, por ejemplo, a los juicios de asesinato en que a uno pueden mandarle a la cárcel o, en algunos países más desarrollados, a la muerte.

[43] Pero, no obstante, es un tema revelador. Jean Bodin fue, como sabemos, uno de los grandes teóricos de la caza de brujas: «Cualquier castigo que podamos ordenar contra las brujas [decía] como tostarlas y quemarlas lentamente al fuego, es muy poco comparado con las eternas agonías que están preparadas para ellas [en el infierno], puesto que el fuego aquí no puede durar más de una hora antes de que las brujas mueran». Esa es la postura que triunfó, efectivamente. Pero, incluso en aquella época «acrítica y crédula» los había que, como Johan Weyer o Reginald Scot, negaban los hechos imputados a las brujas y acusaban a sus jueces severamente. Weyer les increpa «..o crueles tiranos, jueces sedientos de sangre, carniceros, torturadores y agresivos bandidos». Scot a su vez, afirma que los jueces de estas pobres ancianas solo están de acuerdo entre sí «en crueldades, absurdos e *imposibilidades*», les acusa de «monstruosas mentiras», y exclama «Pero ¡oh! absurda *credulidad*». Pero lo más interesante son las razones de su crítica, tanto religiosas como teóricas. A Weyer esas razones no sólo no le impiden sino que le inducen a creer que los magos *masculinos cultos* sí pueden conseguir conjurar, convocar y controlar al diablo y sus demonios —después de todo el mismo Weyer ha visto cómo una persona era transportada por el diablo. Scot, se burla de todas estas supercherías. La magia espiritual y demoníaca es mera superstición. Solo la *magia natural* permite producir fenómenos maravillosos, comprender las cualidades ocultas de las cosas y los extraños efectos de la naturaleza. Véase para este tema y los textos citados Brian Easlea 1980, cap. I, esp. pp. 16-25. Las cursivas de las citas son mías para destacar el contraste que ofrecen a la caracterización de Koyré.

una joven muy hermosa de Constanza llamada Magdalena, sirvienta de un ciudadano muy rico de aquella ciudad, que hacía correr la voz de que el diablo, una noche, la había dejado embarazada; a la vista de ello, las autoridades de la ciudad la mandaron encarcelar, para esperar el resultado de aquel parto. Llegada la hora del alumbramiento, ella sintió las habituales contracciones y dolores de las mujeres que van a dar a luz; y cuando las comadronas estaban listas para recibir el fruto y pensaban que iba a abrirse la matriz, empezaron a salir del cuerpo de esta joven clavos de hierro, trocitos de madera y de vidrio, huesos, piedras y cabellos, estopas y varias otras cosas fantásticas y raras que el diablo había colocado allí con sus artes, para engañar y burlarse del vulgar populacho que presta fe con excesiva ligereza a prestigios y engaños[44].

Ciertamente, la historia tiene algo de meta-maravillosa. Porque, ¿cuál es la moraleja? A renglón seguido, Paré deja muy claro que tanto los filósofos como los hombres de iglesia confiesan que los diablos

con permiso de Dios o para castigo de nuetros pecados, pueden abusar así de hombres y mujeres; pero el que de semejante unión pueda engendrarse una criatura humana no solamente es falso, sino contrario a nuestra religión, que afirma que jamás existió hombre alguno engendrado sin semen humano, a excepción del Hijo de Dios[45].

O sea, que los pobres estúpidos, con su credulidad, esperaban una criatura humana. No hubo tal cosa, claro: ¡eso sí que hubiera sido asombroso! Paré cree incluso que «esa pretendida cohabitación es imaginaria y procede de una impresión ilusoria de Satanás». ¡Y la burla del diablo consistía en que los expectantes congregados ante la parturienta asistirían a un *vulgar* parto de clavos, madera, vidrio, estopas, etc., que el diablo, en una relación no ya carnal, sino simplemente de *bricoleur* bromista, había colocado allí! Hasta cuando son escépticos, consiguen asombrarnos.

Y cuando Fortunio Liceti lee en Plinio que una mujer que se había ayuntado con un elefante, parió un elefantito, se muestra escéptico. ¿Por qué? Porque,

[44] A. Paré, ob. cit., p. 83. Lo cierto es que, sin pretender criticar la traducción, no consigo decidir si el bulo lo hizo correr la propia Magdalena, o fue el «ciudadano muy rico». Quizás la presencia del notable ciudadano en la trama tenga únicamente la función de dar verosimilitud a la historia y no desempeñara ningún otro papel. Paré parece poco dado a la ironía.

[45] *Ibid.*, pp. 83-84.

como todo el mundo sabe, el elefante es un animal muy casto: «para hacer el amor, se oculta con mucho cuidado; ¿cómo, pues, habría podido embarazar a una mujer?[46].

Efectivamente, ni *su* observación ni sus criterios experimentales eran los que nosotros consideramos adecuados y necesarios. Pero eso no hace sino delatar el hecho de que los términos «observación», «experiencia» o «científico» no son tan unívocos semánticamente como nosotros tendemos a creer. Mejor dicho, por una parte, nos ilustra algo que desde los años sesenta viene siendo un lugar común: que la observación no consiste en abrir los ojos y mirar[47]. Nuestra percepción de esto o aquello está íntimamente relacionado con nuestro conocimiento.

A menudo, «¿qué es lo que usted ve?» sólo plantea la cuestión «¿puede usted identificar el objeto que hay ante usted?» Esto, está más destinado a comprobar nuestro conocimiento que a probar nuestra vista[48].

Es decir, que la observación se hace desde un determinado *saber* que, en cierto sentido, determina las posibilidades de nuestra *experiencia.* En el caso de las criaturas o «monstruos» mencionados más arriba, de que nos habla Paré, para él son *ilustraciones* de un caso teóricamente bien establecido: el exceso de semen es reconocido desde Hipócrates como causa de monstruosidad. De ahí que titule el capítulo en que expone sus características «Ejemplos de la excesiva cantidad de semen»[49]. Y el *saber* que Paracelso, por ejemplo, creía necesario para el médico, ilustra perfectamente la diferencia de nuestros marcos mentales:

El médico debe saber lo que es útil y nocivo a las criaturas insensibles, a los monstruos marinos y a los peces, lo que aman y lo que detestan los animales privados de razón [...] los poderes de las fórmulas mágicas [...] quién es Melusina, quién es Sirena, qué es la permutación, el trasplante y la transmutación, cómo aprehenderlos y cómo comprenderlos perfectamente, lo que supera la naturaleza, la especie, la vida, la naturaleza de lo invisible, de lo dulce y de lo amargo, lo que tiene buen sabor, qué es la muerte, lo que utiliza el pescador, el preparador de cuero [...] lo que concierne al tiempo, [...]

---

[46] J. Roger 1973, p. 36.

[47] «Para los filósofos simplistas, la observación consiste simplemente en abrir los ojos y mirar». N. R. Hanson 1977, p. 113.

[48] *Ibid.*, p. 95.

[49] Paré 1987, pp. 25-34.

las necesidades de los campos y las causas de la paz, la razón del laico y del eclesiástico, la naturaleza de Dios y Satán, el veneno y el antídoto, la diferencia entre las mujeres y las vírgenes [...] de la brevedad y la longitud, del éxito y del fracaso y de cómo obtener esos resultados[50].

Sin las mismas ideas, sin las mismas preguntas, sin las mismas espectativas, sin la misma razón, es decir, sin la misma concepción de la ciencia, de la naturaleza, ¿cómo podían ver lo mismo que nosotros? Como nosotros, también ellos ponían los *hechos* por encima de todo lo demás a la hora de entender la naturaleza. Pero su concepción era radicamente distinta de la nuestra:

Los «hechos» para ellos se probaban por asociación; al descubrir la subjetividad de la asociación no sólo hemos relegado fuera de los hechos los «hechos» que ellos creían mejor establecidos, sino que hemos cambiado el modo mismo de agrupar nuestras sensaciones en «hechos objetivos» [...] Y los hechos que nos interesan hoy, ellos nunca los encontraron porque nunca los buscaron, porque ni siquiera concibieron lo que habrían podido hacer con ellos[51].

Ellos no podían *ver, descubrir nuestros hechos* porque no estaban ahí, y ni siquiera podían imaginar que lo estuvieran.

Hoy la institución científica ha organizado sus métodos de arbitraje para establecer la fiabilidad de las pretensiones aparentemente osadas. En las polémicas científicas todos esperan, por ejemplo, los dictámenes de *Nature*, además de los filtros académicos más usuales. Nosotros hoy damos por sentado que el experimento debe ser repetible. Y ya en los estatutos de 1699 de la renovada *Académie des Sciences de Paris*, los artículos XXV y XXIX insistían en este aspecto:

XXV. Todos los experimentos presentados serán repetidos si es posible en las reuniones, y si no en el domicilio particular ante la presencia de algunos académicos.
XXIX. La *Académie* repetirá todos los experimentos importantes y hará notar la conformidad y las diferencias entre sus propias observaciones y las de otros[52].

---

50 Paracelso. *Le livre Paragranum*, trad. francesa en *Oeuvres médicales*, Paris, 1968, p. 194, citado por François Jacob 1977, pp. 29-30.

51 R. Lenoble 1969, p. 53.

52 Citado en Martha Ornstein Bronfenbrenner. *The Role of Scientific Societies in the Seventeenth Century* (orig. 1928), Chicago, Univ. of Chicago Press, 1975, pp. 160-161.

Pero tendemos a olvidar que estas declaraciones metodológicas que transparentan un cierto baconismo, se hacen, pueden hacerse, desde una ontología, desde una concepción de la naturaleza y, en consecuencia, del sujeto experimentador, *mecanicistas*. Es decir, desde una concepción de la naturaleza que ha introducido y establecido un hiato entre sujeto y objeto, entre hombre y naturaleza. Sólo tras ese distanciamiento, tras esta *objetivización* puede exigirse la objetividad, la intersubjetividad, la repetibilidad del experimento.

Pero en la naturaleza del Renacimiento, donde lo material y lo inmaterial, lo vivo y lo inerte, están íntima e indisolublemente interconectados, donde el deseo puede producir cambios físicos, donde conocer la naturaleza es tener conciencia de sus modificaciones cualitativas, el *experimentar* no puede tener esos caracteres del experimento dentro del mecanicismo. Por el contrario el *experimento*, si queremos emplear este término, es una especie de *sympatheia*, de relación de simpatía con la naturaleza o con alguna de sus manifestaciones. Estamos en el reino de lo *cualitativo* que difícilmente puede someterse a medida. La adrenalina podrá medirse, pero el odio no[53]. Estamos, necesariamente, en el reino de lo subjetivo. Las plegarias, para ser eficaces, dice Pomponazzi,

> deben proceder del fondo de nuestros corazones y ser fervientes; puesto que así los espíritus son intensamente afectados y son más poderosos en sus efectos sobre la materia —no en orden a prevalecer sobre las inteligencias [pues éstas son inmutables], sino en orden a ser más afectados—; del mismo modo que la saliva de un hombre o de una serpiente coléricos es más poderosa que la de un hombre o una serpiente que no lo están[54].

Esa *fuerza* oculta no es tratable mediante el producto de dos elementos, sean la masa y la aceleración o cualesquiera otros. La matemática es aquí tan inútil como necesaria en el ámbito de las *cualidades primarias, objetivas, medibles,* es decir, tratables mediante un elemento abstracto como la matemática. La naturaleza *cualitativa* del

---

Con todo, hoy la obra fundamental para cualquier cuestión relacionada con la Academia de Ciencias de París es R. Roger Hahn. *The Anatomy o a Scientific Institution, The Paris Academy of Sciences, 1666-1803.* Berkeley, Univ. of California Press, 1971.

[53] Aunque siempre existe la posibilidad de confundir o identificar una cosa con la otra.

[54] Pomponazzi. *De Incantationibus...*, Basilea, 1556, p. 255, citado por D. P. Walker 1975, p. 108, que señala la coincidencia en este punto entre Pomponazzi y Ficino.

renacentista puede tener que ver con la *calidad* de este o aquel sujeto. La naturaleza mecanicista, constituida por lo medible, tiene que ver con la geometría o el álgebra, sea quién sea el filósofo natural y sea cual sea su catadura moral. El científico renacentista conoce la naturaleza en cuanto que comulga con ella, en cuanto que es indistinguible de ésta; no existe una distinción clara entre *sujeto* y *objeto*, por tanto la *subjetividad* no es un defecto sino más bien una necesidad metodológica, en el sentido de una característica metodológica inevitable[55].

Pero hay además otro aspecto que cabe destacar. Aristóteles, en su *Etica nicomaquea*, aclara un aspecto fundamental de su concepción de la «experiencia» cuando dice que el joven puede ser buen matemático, buen geómetra, pero no un buen físico.

> Una señal de lo que se ha dicho es que los jóvenes pueden ser geómetras y matemáticos, y sabios, en tales campos, pero, en cambio, no parecen poder ser prudentes. La causa de ello es que la prudencia tiene también por objeto lo particular, que llega a ser familiar por la experiencia, y el joven no tiene experiencia, pues la experiencia requiere mucho tiempo. Y si uno investiga por qué un muchacho puede llegar a ser matemático, pero no sabio, ni físico, la respuesta es ésta: los objetos matemáticos existen por abstracción, mientras que los principios de las otras ciencias proceden de la experiencia[56].

Parece claro que el mejor modo de entender el estatus de la *experiencia* en Aristóteles sea contrastándola con la *inexperiencia* y no la especulación, por ejemplo. En esta concepción, el buen físico es siempre un hombre *experto*, no un experimentador. La experiencia es fruto de la larga práctica no de la observación activa y precisa. Si hubiera que resumirlo podríamos decir que *en Aristóteles la experiencia es algo que el físico tiene, no algo que el físico hace.*

Pues bien, en mi opinión esta formulación es en cierto modo extensible al caso de la mentalidad renacentista[57]. Con ello no quiero decir que el carácter *activo* del mago renacentista, que tanto ha desta-

---

[55] Dejo de lado el aspecto iniciático y, por tanto, secreto, que puede tener este saber.

[56] Aristóteles. *Ética nicomáquea*, l. VIII, 1142 a, 12-21. Transcribo la traducción de Julio Pallí Bonet. Véase Aristóteles 1985, p. 278.

[57] Y, en todo caso, es extensible sin lugar a dudas a los oponentes de Galileo en el terreno de la teoría del movimiento y de la física en general.

cado Yates, no constituya un elemento y característica importante del marco teórico renacentista. Pero esa mayor actividad del mago, consistía en un trato más asiduo y más directo con la naturaleza, no en un mayor control experimental tal como nosotros lo entendemos. Si se quiere un modo de expresión que incluya ese sesgo *activo*, puede decirse que, en el caso de mago renacentista, la experiencia consistía en algo que se *consigue* más que en algo que *se hace*[58]. Aunque en muchas ocasiones sería más pertinente hablar de la experiencia como algo que el mago *siente*. Pero no cabe insistir más en ello.

Lo que sí es necesario enfatizar es la diferencia radical que podemos encontrar, en cada uno de los aspectos que estudiemos, entre el marco mental renacentista y el mecanicismo que vino a sucederle. Creo que el siguiente texto de Piaget, sobre el abandono del animismo por parte del niño, ilustra perfectamente el cambio que hubo que darse para pasar del marco mágico-naturalista del Renacimiento al mecanicismo de la nueva ciencia.

> En efecto, no es posible ninguna experiencia directa para llevar al niño a descubrir que un movimiento no es intencional o que una actividad no es consciente. La condición de esta disociación no es el enriquecimiento del saber ni aun el desenvolvimiento de la capacidad de control o de experimentación, es un cambio radical en los hábitos del espíritu. Sólo una evolución cualitativa de la mentalidad infantil puede llevarlo a renunciar al animismo[59].

Sólo tenemos que cambiar «niño» por «mago» y tendremos una perfecta formulación de la ruptura que, contra Boas, Yates o Garin

---

[58] No voy a insistir aquí en la distinción entre *experiencia* y *experimento*. Por lo demás creo que valen aquí los comentarios que Dijksterhuis hace respecto a Roger Bacon. Las reflexiones de éste sobre la *scientia experimentalis* ponen de manifiesto que «cada vez que encontramos el término *experientia* o *experimentum* estamos muy cerca de la esfera de lo oculto... Un *experimentum* no se parece a un experimento científico más de cuanto un *mathematicus* —astrólogo— se parece a un verdadero matemático... Una cosa es segura: la *scientia experimentalis* es algo absolutamente distinto del método experimental de la investigación científica». Dijksterhuis 1971, pp. 186-187.

[59] Piaget 1984, p. 206. Y cuando a continuación se interroga por las causas de esta transformación en el niño, tras otras puntualizaciones comenta que, contra las tesis de Tylor, «es la ignorancia del psiquismo lo que permite al niño animar las cosas, *y el descubrimiento del sujeto pensante es lo que le obliga a abandonar este animismo*». *Id.* [La cursiva es mía]. Éste es precisamente uno de los «descubrimientos» que, en relación al animismo renacentista, podemos atribuir a Descartes, gran protagonista y teórico del mecanicismo.

tenemos que constatar entre el marco mental renacentista y la nueva ciencia. No es casual que las «restructuraciones» descritas por Piaget, los cambios bruscos y repentinos de un estadio a otro, hayan servido de modelo a teóricos del «rupturismo» como Kuhn o Feyerabend.

II. CODA: SABERES Y EXPERIMENTOS. SOBRE VINO, AGUA, PLOMO Y ORINA

Todas estas consideraciones sobre el modo renacentista de entender y estudiar la naturaleza se hacen inevitablemente desde la *superioridad* de nuestro conocimiento presente. Sin duda nuestra mirada se parece un poco a la que el emperador debía echar, desde lo alto, a los miles de obreros que se afanaban en levantar su pirámide. Desde nuestra perspectiva *sabemos más* que ellos. Nuestros conocimientos son el resultado de la criba de la superstición, de la imaginación desbocada. Nuestros métodos garantizan la erradicación de esta clase de error. El signo más evidente de nuestro sentimiento de seguridad es la sonrisa o la carcajada que se nos escapa ante ciertas afirmaciones *típicamente* renacentistas. Antes de analizar la cuestión, de haberla sometido a una contrastación con nuestros sólidos conocimientos científicos, ya nos hemos reído. Para describirlo adecuadamente, podemos decir que *naturalmente* no tenemos necesidad de comprobar cada una de las *locuras* que encontramos en los escritos de aquellas buenas gentes.

Con todo, a lo largo de este capítulo, al hablar de los monstruos descritos en el Renacimiento, he insinuado la posibilidad de una cierta gradación que puede generalizarse y que tiene un cierto interés para nuestro tema. Entre la afirmación más absurda y la más perogrullesca hay toda una gama de posibilidades que nos parecerán más o menos probables. Pues bien, en estos casos nuestra actitud, nuestras reacciones, incluso nuestros ensayos teóricos pueden traicionarnos. Aunque mi interés no apunta hacia la historia moralizante, no me resisto a comentar brevemente la siguiente.

En la primera jornada de sus *Discorsi*, Galileo discute una cuestión que no viene a cuento aquí, y confiesa que no sabe el por qué el agua puede quedarse concentrada en globulitos, en gotitas sobre las hojas de col, por ejemplo, sin derramarse. Pero insiste en que está seguro de que eso no es debido a la cohesión interna de las partes del agua. De ser ésta la causa, si eso sucede cuando esa gota está rodeada de aire, con mayor razón ocurriría si la gota de agua estuviera rodeada de un medio más denso, por ejemplo, el vino tinto. Pero no sucede así. Más aún, podemos ver que al invertir un recipiente esférico lleno de agua con un pequeño orificio, situando éste en la parte inferior, a pesar de sus propensiones naturales, el agua no cae y el aire no sube, es decir no entra en el recipiente, «por el contrario permanecen, más bien, los dos hostiles y desconfiados». Galileo —Salviati—, en este punto, continua así:

Salviati. Si presento, por el contrario, a aquel orificio un vaso con vino tinto, que es en una medida casi insensible más ligero que el agua, lo veremos inmediatamente elevarse lentamente a través del agua en forma de trazos rojizos, y que el agua, con la misma lentitud, descenderá por el vino sin mezclarse hasta que el globo se llenará completamente de vino, por lo que el agua caerá toda al fondo del vaso colocado debajo. Así pues, ¿qué otra cosa puede decirse o argumentarse excepto que una incompatibilidad [*disconvenienza*] entre el agua y el aire, que a mí se me oculta, pero quizás...?

Simplicio. Casi me dan ganas de reír al ver que el Sr. Salviati siente tanta antipatía por la antipatía, que ni siquiera quiere nombrarla, cuando no obstante es tan apropiada para resolver la dificultad.

Salviati. Pues bien, si así le place al Sr. Simplicio que sea ésta la solución a nuestra duda, y dejando a un lado las divagaciones, volvamos a nuestro propósito[60]. [Los puntos suspensivos están en el original y no indican ningún corte mío en el texto.]

Como se ve, en realidad no hemos salido de nuestro tema. Galileo siente, en efecto, una considerable antipatía por las pretensiones teóricamente ridículas de los renacentistas. Por ejemplo, siente una cierta irritación ante la pretensión de que al afirmar que entre dos elementos existe una «antipatía» aportemos algún conocimiento del asunto. En más de una ocasión a lo largo de su obra ridiculiza el aparato conceptual renacentista. Pero aquí no puede perder el tiempo, su objeto de interés es la caída de los graves.

En 1960, en un breve apéndice a un conocido artículo suyo[61], Koyré, que a lo largo del artículo ha mostrado y alabado la fecundidad del «método del experimento imaginario» en la obra de Galileo,

---

60 Galileo. *Opere*, VIII, p. 116.

61 «El *De motu graviu* de Galileo: del experimento imaginario y de su abuso», hoy en Koyré 1977, pp. 206-257.

«incluso con preferencia al experimento real», denuncia ciertos abusos galileanos en la utilización de tal método. Uno de los casos que ilustra este abuso es precisamente la «digresión hidrostática» sobre el vino y el agua, que hemos transcrito. Las tesis de Koyré son las siguientes: 1) Galileo no ha hecho realmente el experimento. Habrá oído hablar de él y lo reconstruyó en su imaginación, contándolo como si fuera real; 2) si hicieramos el experimento «*tal como lo describe*» el agua y el vino no se sustituirían uno a otro, se mezclarían; 3) si el recipiente lleno de agua se comunicara con el vino mediante dos orificios en lugar de uno, y además se pusiera un tubito en cada uno de ellos, el resultado se aproximaría más a lo descrito por Galileo, «acumulándose el vino arriba y el agua abajo», pero incluso en este caso habría mezcla.

Lo cierto es que el texto de Koyré y sus afirmaciones de detalle, respecto a las diferencias entre el experimento tal como es descrito por Galileo y tal como él lo propone, pueden inducir a pensar que por lo menos hizo el experimento con el recipiente de los dos orificios. Pero, después de todo, también Galileo da detalles y Koyré no cree que hiciera el experimento. Quizás debamos pagarle con la misma moneda. Después de todo, Koyré no dice en ningún momento que él hiciera el experimento. Pero, sobre todo, Koyré es el gran defensor de la precedencia de la teoría respecto al hecho, es el *racionalista* por antonomasia, el que afirma que «la buena física se hace *a priori*» y lo hace precisamente al final de este apéndice[62]. Todo esto hizo que algún crítico no creyera que Koyré reconstruyó realmente el experimento.

El caso es que, en 1971, James MacLachlan reconstruyó el experimento descrito por Galileo y además la variante propuesta por Koyré para mejorar los resultados pretendidos[63]. No hay duda de la fecundidad del *análisis conceptual* de Koyré en sus estudios historiográficos. Pero, tras la reconstrucción del experimento por parte de MacLachlan, cabría decir:

> Hay que confesar, sin embargo, que no está exento de peligro y que la tentación de la concreción a ultranza, a la que se sucumbe bastante fácilmente, juega algunas veces pasadas bastante molestas, y conduce a afirmaciones que la realidad se obstina en desmentir. ¡Desgraciadamente hay que advertir que *Koyré* no evitó siempre este peligro![64].

---

62 Koyré 1977, p. 257.

63 MacLachlan 1973.

64 Koyré 1977, p. 250.

El lector me perdonará el juego, pero *el texto que acabo de transcribir es de Koyré.* Es el comentario que Koyré hace de Galileo, acusándole precisamente de su abuso del experimento imaginario y de no haber hecho realmente el experimento que estamos comentando. Yo sólo he sustituido el nombre de Galileo por el de Koyré. Creo que los propios términos de Koyré describen mejor aún que las críticas de MacLachlan las insuficiencias del analisis de Koyré, describen mejor «la potencia... e imprudencia de la imaginación»[65] no de Galileo, sino del propio Koyré.

Lo cierto es que MacLachlan usó en su reconstrucción una pajita o tubito estrecho en el orificio de la botella o frasco que no figura en la descripción de Galileo más que como indicación del tamaño del agujero, no de su uso en el experimento. Pero, como es sabido, los resultados, independientemente de la modificación de ciertas variables en los distintos ensayos, mostraron que, en todas las ocasiones, el agua descendía por debajo del vino y se formaba un volumen de agua clara que ocupaba de un 40 a un 60 por ciento del volumen inicial del vino. Después, más o menos rápidamente, se producía la mezcla[66].

Koyré estaba equivocado. Galileo *pudo haber hecho* el experimento con los resultados que describe o muy próximos. Pero hay una cosa en la que Koyré tiene razón: Galileo pudo también haber oído hablar de este experimento. Koyré lo indica de pasada. MacLachlan no se ocupa de este comentario, reforzando así su marginalidad. Pero, parece claro que la cuestión puede tener interés para las conclusiones que MacLachlan deduce de su reconstrucción.

Pues bien, tenemos una fuente muy clara que prueba que, en efecto, Galileo pudo oír hablar de este fenómeno. Curiosamente —como se ve no nos alejamos de nuestro tema— el texto es, una vez más, de Ambroise Paré que, comentando «ciertas cosas extrañas que la naturaleza rechaza merced a su increíble providencia», dice así:

> [...] sin embargo, vemos que estas cosas suceden en los objetos inanimados, como nos lo demuestra la experiencia en los dos recipientes de vidrio llamados montavinos, de los que, estando lleno de agua el superior y de vino el inferior, colocados uno encima de otro, se ve manifiestamente cómo sube el vino a través del agua, y cómo el agua baja a través del vino, sin que se mezclen, aunque sea por un mismo y estrecho conducto[67].

[65] Koyré 1977, p. 253.
[66] MacLachlan, *loc. cit.*, p. 377.
[67] A. Paré (1573) 1987, p. 58.

Está claro que Galileo podía haber oído hablar de este fenómeno. Más aún, parece ser que era tan común que había unos recipientes que recibían el nombre del fenómeno: «montavinos» (*monte-vins*). No se trata de un nombre que Paré se invente para un instrumento puntual y concreto que él haya usado en un momento determinado; ni siquiera pretende que él mismo ha hecho la experiencia. Más bien nos dice que *se les llama* así. Creo, pues, que puede inferirse que eran objetos bien conocidos en tiempos de Galileo —el libro citado de Paré publicado por primera vez cuando Galileo era un niño, alcanzó su cuarta edición en 1585, cuando Galileo tenía veintiún años. Más aún, ya en 1564, el año del nacimiento de Galileo, en su primera edición de *Operations de la chirugie*, cap. LII, Paré había utilizado la «*belle comparaison*» del montavinos en un texto casi idéntico al que hemos reproducido[68].

Es cierto que Galileo no menciona el «montavinos». Pero debemos tener en cuenta que lo que le interesa destacar en el texto, no es tanto el fenómeno mismo del comportamiento del agua y el vino, para lo cual el montavinos hubiera sido idóneo, sino la diferencia del comportamiento del agua respecto al aire y al vino. De ahí que en su argumentación tenga interés que *el mismo globo de cristal* lleno de agua y con un pequeño orificio en la parte superior, cuando se invierte en el aire, *sobre el aire*, no se derrama, mientras que si se invierte poniéndolo en contacto con vino tinto, *sobre el vino tinto*, sí lo hace. La continuidad y contundencia argumentales exigían que se tratara del mismo recipiente, y no tenía demasiado sentido complicarlo con la introducción de un artefacto más refinado y específico. Pero, en cualquier caso e independientemente de que Galileo conozca los montavinos, lo que parece poco probable es que Galileo no hubiera oído hablar, que no hubiera sabido, del fenómeno en cuestión.

Pues bien, ahora sabemos que, en contra de las afirmaciones de Koyré, el fenómeno descrito por Galileo efectivamente se produce. Lo hemos comprobado. Ahora bien, en el contexto en que nos movemos, dada la argumentación de MacLachlan, cabe preguntarse: ¿quiere decir eso que debemos inferir que Paré hizo, él mismo, el experimento? Un texto de Galileo ha desencadenado una polémica y una reconstrucción. Tenemos ahora un texto casi idéntico de Paré. ¿Deduciría MacLachlan lo mismo que ha deducido en el caso de Galileo? Tengo la sospecha de que el caso de Paré, un renacentista supersticioso, no suscitará el mismo espíritu reivindicativo experimentalista.

---

[68] Paré 1840-1841, II, p. 501, donde Malgaigne da más información sobre las variantes de las distintas ediciones.

Naturalmente, el que fuera un hecho conocido refuerza la opinión de que el fenómeno descrito no es un experimento *meramente* imaginado y en este sentido Koyré, como hemos dicho, se equivocó. Pero si, efectivamente, el fenómeno era suficientemente conocido, cabe preguntarse si el detalle con que lo describe Galileo era el resultado de su manipulación personal, o bien si simplemente pudo haberlo presenciado en alguna ocasión, o bien si simplemente oyó hablar repetidamente del asunto y le era suficientemente familiar para hablar en los términos en que lo hace. Después de todo, también la descripción de Koyré es suficientemente detallada y MacLachlan no creyó que hubiera hecho realmente el experimento, como Koyré no creyó a Galileo. Por tanto, parece que lo decisivo es el resultado, lo que realmente sucede. Demuestra que Koyré, efectivamente, no hizo el experimento. Por otra parte, obviamente, la reconstrucción de un experimento, aunque los resultados coincidan con los descritos por el autor original, en ningún caso prueban fehacientemente que tal autor hiciera realmente el experimento, sólo prueban que pudo hacerlo. Pero, si además, como en nuestro caso, el extraño fenómeno descrito era, en realidad, como parece ser, un fenómeno bien conocido ya en los siglos XVI y XVII, entonces el resultado positivo de la reconstrucción pierde en buena parte la fuerza probatoria que podía atribuírsele en el caso de que no hubiera ninguna mención del hecho.

Cuanto más piensa uno en el asunto, más se convence de que, «en el fondo de sus corazones», el comportamiento del agua y el vino no interesa a ninguno de los implicados en esta historia. A Galileo no le preocupa más que como un medio para otra cuestión. En realidad, en estas páginas de los *Discorsi* está divirtiendo al personal, dándole un respiro y cuando Simplicio se pone simple con la tontería de la «antipatía», da por terminada la divagación. A Galileo, pues, el comportamiento del agua y el vino, no le preocupa demasiado porque, además, no sabe qué hacer con un asunto tan desconcertante. A Koyré lo que le preocupa, obviamente, es una posible confirmación más de su interpertación «platonista» de Galileo. A MacLachlan lo que le importa es mostrar que Koyré se excede en su racionalismo y que Galileo y la ciencia moderna son más empiristas de lo que Koyré dice.

Y a mí, aunque el asunto del agua y el vino ha llegado a inquietarme y creo que puede tener un cierto interés haber introducido un elemento que no se había tomado en cuenta, lo que me interesa en este momento es mostrar que este asunto ilustra bastante claramente que también nosotros —no sólo Koyré— aceptamos o no los hechos en función de nuestro «saber», como hacen los renacentistas. Creo que esta historia puede ayudar, efectivamente, a ilustrar que, al igual que los renacentistas, también nosotros confiamos en nuestras teorías y métodos hasta el punto de que esta confianza nos traiciona. Los renacentistas se excedían en la extensión del campo de lo *posible.* Nosotros parece que nos excedemos en la extensión del campo de lo *imposible.* No pretendo equiparar los dos excesos, o los resultados de los mismos. Pero, frente a algunas críticas o caracterizaciones del marco mental renacentista —y también de la ciencia moderna—, creo que es oportuno destacar que nuestra diferencia con ellos no pasa únicamente por el hecho de que nosotros disponemos de unos métodos, de unas actitudes intelectuales que tienen como componente esencial el empirismo controlado. Dado que las respectivas ontologías, naturalezas, son radicalmente distintas, también nuestras respectivas experiencias serán distintas, como lo serán los criterios de control experimental. Quizás no debamos exagerar nuestra superioridad metodológica frente a aquellos hombres que profesaban una «credulidad sin límites», que eran absolutamente «acríticos».

Posiblemente el lector no se habrá extrañado de que en determinado momento he dicho que, contra lo afirmado por Koyré, ahora «sabemos» que lo descrito por Galileo sucede realmente. Era un plural corporativista y complice. *Nosotros,* los que estamos en la cima de la pirámide del saber, contemplando los esfuerzos a veces inútiles, incluso cómicos de nuestros antepasados, formamos un sólo cuerpo a la hora de proclamar nuestra superioridad. Pero ¿no es eso caer en aquello que estamos criticando? ¿Qué quiere decir «sabemos»? La comunidad de historiadores o estudiosos interesados en el tema cree que MacLachlan, a pesar, por cierto, de que sus ideas epistemológicas parecen más bien contrarias a las de Koyré, es una persona *fiable* —yo tampoco lo dudo— y que ha hecho y descrito honestamente el experimento y sus resultados[69]. Para todos los que no hayan corrido al baño con la copa de vino a probar con su botella de *after-shave* llena de agua, como hizo MacLachlan, se trata de un *testimonio indirecto.* Sería ridículo, estoy de acuerdo, pretender que uno tiene que experimentarlo todo personalmente. Necesariamente, la mayor parte de nuestros conocimientos se basan en el testimonio indirecto. Pero, si es así, ¿por qué se lo criticamos a los renacentistas como algo fundamental? ¿Cuál es la diferencia que justifica que en nuestro caso nos

[69] Cree, ahora, a MacLachlan, como antes, al parecer, creyó a Koyré.

parezca natural y no catastrófico? Creo que es inútil tratar de aislar un determinado elemento para explicar estas diferencias. Y constituye una ingenuidad ya casi anacrónica pretender hacer pasar esa diferencia por el elemento experimental. En mi opinión es indudable que el recurso a la experiencia es un elemento de diferencia entre el marco mental renacentista y el nuestro, pero sólo en cuanto que constituye una función más dentro de un esquema unitario y no descuartizable, que es lo diferente. De ahí el interés de mejorar nuestra caracterización del marco mental renacentista en el sentido apuntado más arriba.

Con todo, es obvio que hechos o cuestiones como los descritos aquí tienen un gran interés para ayudarnos a mejorar nuestra comprensión, no sólo de un período u otro de la historia de la ciencia, sino también de nuestras propias ideas sobre la ciencia, su método y su historia. Por ello, dejaré esta coda introduciendo el tema para lo que podría ser una nueva fuga.

MacLachlan parece haber ratificado en un caso concreto la afirmación de Ambroise Paré de que hay historias que no están fuera de lugar. Entre las muchas que Paré cuenta hay algunas que le parecen especialmente interesantes como para incluirlas en un breve capítulo que titula —precisamente— «Otras historias que no están fuera de lugar», que a continuación reproduzco. El final del texto es suficientemente elocuente para que entre yo aquí en detalles sobre la propuesta que, tras lo dicho, encierra. En nuestro caso, y en este contexto, ni siquiera será necesario que yo adopte el papel del Koyré de la historia anterior, porque Paré por sí solo ya resulta bastante retador, tanto teórica como metodológicamente. Pero estoy seguro de que también aquí se puede sacar provecho y enseñanza, como hemos visto que sucedía en el caso del agua y el vino. He aquí el texto:

Algunos opinan que es una monstruosidad el lavarse las manos con plomo fundido; incluso Boaistuau, en el capítulo octavo de sus *Historias prodigiosas*, cuenta que Hierosme Cardan, en el libro sexto *De subtilitate*, relata esta historia como algo prodigioso: «Cuando yo escribía», dice, «mi libro de las Sutiles Invenciones, vi a un individuo en Milán que se lavaba las manos con plomo fundido». Cardan, tratando de averiguar la causa natural de este secreto, dice que el agua con la que primeramente se lavaba las manos tenía que ser por fuerza extremadamente fría, y había de tener una virtud oscura y densa; sin embargo, no la describe. Y hace poco he sabido lo que era, por un caballero que lo tenía como gran secreto, y se lavó las manos con plomo derretido en mi presencia y en la de varios otros, lo que me maravilló muchísimo; le rogué amablemente que me revelara el secreto, cosa que me concedió de buen grado, debido a algún favor que yo le había hecho. Tal agua no era otra cosa que su orina, con la que previamente se lavaba las manos, cosa que he comprobado ser cierta, por haberla experimentado posteriormente. El susodicho caballero, en lugar de su orina se frotaba las manos con *unguentum aureum* o algo similar, lo que igualmente he experimentado, y puede darse razón de ello: su sustancia densa impide que el plomo se adhiera a las manos, y lo rechaza a uno y otro lado en pequeñas virutas. Y por afecto hacia mí, hizo más: tomó una pala de hierro al rojo, arrojó sobre ella unas tajadas de tocino y lo hizo derretir, y mientras aún ardía, se lavó las manos con el jugo; me dijo que lo hacía gracias a que antes se había lavado las manos con jugo de cebolla. He querido contar estas dos historias —aunque no vengan totalmente al caso— para que, por este medio, algún individuo simpático pueda deslumbrar a quienes desconozcan el secreto[70].

Sólo hace falta un MacLachlan. Pero, por favor, tengan cuidado.

---

[70] A. Paré (1573) 1987, p. 92; Paré 1840-1841, III, pp. 67-68.

5. HERMETISMO, CIENCIA MODERNA, RACIONALIDAD Y CONTEXTUALIZACIÓN

> [...] aunque tardemos cincuenta o quinientos años nos libraremos de vosotros, sí, arrojaremos al mar al último inglés, y entonces —se lanzó sobre Fielding furiosamente—, y entonces —terminó, medio besándole— tú y yo seremos amigos.
> —¿Por qué no podemos ser amigos ahora? —dijo el otro, sujetándolo afectuosamente—. Es lo que yo quiero. Es lo que tu quieres.
> Pero los caballos no lo querían: se apartaron bruscamente; la tierra no lo quería, y enviaba rocas junto a las cuales los jinetes tenían que pasar en fila india, los templos, el estanque, la cárcel, el palacio, los pájaros, los animales muertos y el Pabellón de los Huéspedes, que aparecieron al salir ellos del desfiladero y ver Mau a sus pies, tampoco lo querían, y lo dijeron con sus cien voces: «No, todavía no» y el Cielo dijo: «No, ahí no».
>
> E. M. Forster. *Un viaje a la India* (1924).
> Trad.: José Luis López Muñoz.
> Madrid, Alianza, 1981, p. 405.

> Entonces sentí carnalmente que estaba discutiendo no con otro hombre, sino con otro universo.
>
> Fernando Pessoa. *Poesía.*
> Selección, traducción y notas
> de José Antonio Llardent.
> Madrid, Alianza, 1984, p. 90.

El planteamiento que hemos hecho en nuestro capítulo anterior no agota el tema del papel del hermetismo en la nueva ciencia. Es bien conocido el hecho de que, no sólo en el Renacimiento sino ya a finales del siglo XVII y principios del XVIII, en algunos de los grandes protagonistas de la nueva ciencia, del mecanicismo, encontramos también ideas típicas del hermetismo. De hecho, la mayor parte de los colegas de Yates han desarrollado esa línea de investigación. Mientras que Yates afirma explícitamente un continuismo global —por más que centrado en aspectos cruciales como el método experimental, el utilitarismo, etc.— entre el hermetismo renacentista y la nueva ciencia, autores como Rattansi o McGuire, Pagel, Debus o Westfall han estudiado y, en su caso afirmado, la relación, de uno u otro tipo, de determinados elementos herméticos en este o aquel científico, en esta o aquella teoría de la nueva ciencia. Eso, naturalmente, les permite hablar de la influencia del hermetismo en la nueva ciencia, pero dista mucho de ser la misma afirmación que hacía Yates: el hermetismo, entendido como un todo, es «causa» del nacimiento de la nueva ciencia. Ese nivel más concreto de la discusión, en mi opinión puede y debe ser tratado de un modo independiente[1]. En este caso, ya no se trata de la «ciencia» entendida como un método o como un marco teórico supradisciplinar. Los historiadores mencionados se limitan a estudiar la génesis de determinadas ideas, a tratar de aclarar la relación de unas ideas o teorías del hermetismo con ideas o teorías de la nueva ciencia, con independencia de que éstas pudieran estar constituidas o no de un modo sistemático en el Renacimiento, y de que caracterizaran o no su marco mental. Ya no se trata de determinar la definición esencial del hermetismo y de la ciencia moderna y, ante una coincidencia suficiente —la actitud experimental, por ejemplo— afirmar la continuidad entre una y otra. Se trata de explicar qué tipo de relación mantienen ciertas ideas de la tradición hermética y otras del mecanicismo, cuando las encontramos en un mismo autor.

En realidad, en algunos casos, y por parte de algunos historiadores, la discusión consistió más bien en si, efectivamente, en determinado autor estaban presentes elementos herméticos. Un ejemplo de esta línea lo constituye el artículo de E. Rosen *«Was Copernicus a hermetist?»*[2]. El momento central del artículo lo constituye el análisis filológico del famoso texto del libro I, cap. X, del *De revolutionibus* en el que se nos habla del Sol en tonos un tanto poéticos y en el que muchos historiadores han visto una evidencia del hermetismo de Copérnico[3]. Según Rosen, todo el hermetismo de Copérnico en ese tex-

---

[1] No pretendo que esa independencia no comporte problemas. Pero creo que no hay contradicción entre afirmar la ruptura radical entre el hermetismo y la nueva ciencia, como sistemas teóricos, y afirmar la presencia e influencia de determinadas ideas del hermetismo en alguno de los grandes protagonistas y gestores del mecanicismo.

[2] Publicado originariamente en A. C. Crombie (comp.) 1963, pp. 855-876. Cito por la edición del artículo en Roger H. Stuewer (comp.) 1970, pp. 163-171.

[3] Copérnico. *De Revolutionibus*, l. I, cap. X. Koyré (comp.) 1965, pp. 81-82. Puede verse el texto en nuestra n. 46 del cap. 3. Efectivamente es el texto más citado entre

to acabaría reduciéndose a tres palabras —una de ellas, en el manuscrito, *Trimegistus* en lugar de lo correcto que es *Trismegistus*, lo cual para Rosen es significativo— menos de media línea de los más de 200 folios, con un promedio de 10 palabras por línea y 40 líneas por página del manuscrito del *De Revolutionibus*, argumenta el eminente especialista. «La asociación con el hermetismo suma aproximadamente un 0.00002 del *De Revolutionibus*»[4]. Parece como si estuviera en juego algo más que el posible hermetismo de Copérnico. Seguramente Rosen no aceptaría que su artículo es el menos importante de los escritos al respecto porque es el más corto[5].

Pero, aun en el caso de que Copérnico estuviera limpio de todo cargo, el hecho es que eso no suavizaría el problema en lo más mínimo. La presencia de ideas herméticas en Newton, el más grande protagonista de la nueva ciencia es un hecho que ya nadie discute. El problema es más bien qué función o importancia se les atribuye. Si el criterio mencionado de Rosen resultara aceptable, no cabría duda de que Newton era un hermético, hiciera lo que hiciera en el campo de la física o la astronomía. Porque, como es sabido, Newton se dedicó durante mucho más tiempo y de un modo mucho más continuado a sus intereses por la alquimia que a cualesquiera otras actividades más científicas. Hoy la cronología de sus escritos alquímicos ya ha sido estudiada con atención[6]. Efectivamente, la mecánica y la dinámica ocuparon su atención en la década de 1660 y, luego, durante la redacción de los *Principia*; de la óptica apenas se preocupó más que un breve período, hacia el año 1670; las matemáticas le ocuparon dos años, 1664-1665 y algún que otro momento aislado; mientras que sus escritos de alquimia, más de medio millón de palabras, se extienden apenas sin interrupción desde 1670 a 1696, año en que abandonó Cambridge. Naturalmente, eso de por sí no demuestra que entre esas ideas de Newton y sus trabajos *científicos*, que hoy consideramos sus grandes logros, haya una relación y

---

los defensores del papel del hermetismo en la gestación del heliocentrismo copernicano.

[4] Rosen, *loc. cit.*, p. 169.

[5] Con todo, lo concreto de la argumentación no está reñido para él con la generalidad e importancia de las conclusiones. El artículo concluye con una lograda sentencia que, al igual que esos epitafios que pretenden resumir toda una vida, resume la cuestión: «Más acá del Renacimiento, la magia y la astrología se convirtió, no en ciencia moderna, sino en magia y astrología moderna». Rosen, *loc. cit.* p. 171.

[6] Puede verse Westfall 1975; así como Westfall 1980.

que ésta sea de un tipo u otro. Y como es natural hay interpretaciones encontradas al respecto.

M. Boas Hall y A. Rupert Hall han mantenido desde un principio una actitud escéptica respecto a la importancia de esos escritos newtonianos sobre alquimia para la obra *científica* de Newton en particular y en la personalidad científica de Newton en general. Ya en un temprano artículo de 1958[7], ponían en cuestión el hecho de que Newton persiguiera metas como la piedra filosofal o el elixir de la vida, como un alquimista cualquiera. Su tesis es que Newton se habría aproximado a la alquimia, tratando de interpretar racionalmente sus símbolos, desde sus intereses puramente científicos[8]. Desde entonces, su postura no parece haber cambiado demasiado. Diecisiete años más tarde, Marie Boas Hall comentaba algunos trabajos de Westfall respecto al dilatado interés de Newton en temas de alquimia, poniendo en cuestión que Newton fuese «un alquimista *tout pur*» y que sus experimentos tuviesen un «fin místico». Westfall cree que ha encontrado clara evidencia de que entre los manuscritos de Newton no sólo hay notas de lectura, sino escritos de alquimia compuestos por el propio Newton. Boas Hall tiene que aceptar que Newton efectivamente escribió textos alquímicos, pero en su opinión lo hizo sólo en el sentido de que

> juntó palabras y frases, incluso ideas, en esta forma particular. Pero todos los textos que he examinado con la mayor atención —incluyendo los citados por el profesor Westfall— me parece que se leen como un sumario de las ideas de otras personas, y/o un intento de correlacionar e interpretar tales ideas[9].

En cuanto a A. Rupert Hall no parece que tenga demasiado interés en seguir discutiendo la cuestión. En la reedición revisada de su famosa obra *La Revolución científica*, deja muy claro que no se detendrá apenas en «"pseudociencias" como la astrología y la alquimia». Es cierto, dice, que Newton y otros científicos se tomaban en serio estas cosas y que algunos historiadores creen que esas ideas afectaron profundamente su labor científico-técnica. Comenta al respecto que pa-

[7] Marie Boas y A. R. Hall 1958.

[8] Los espejos metálicos para sus telescopios le habrían planteado problemas respecto a la estructura de los metales y la alquimia le proporcionaba gran cantidad de hechos acumulados que podían serle útiles.

[9] M. Boas Hall 1975, pp. 240-241.

rece que «el progreso del pensamiento va acompañado de una especie de atavismo» y que casi todos los pensadores revolucionarios, incluyendo a Newton y Einstein,

> muestran algún tipo de apego a algún orden de pensamiento más antiguo que parece casi inexplicable a las épocas posteriores. Habiendo rechazado tantos juguetes de la infancia intelectual, ¿por qué se aferraron a *ese*?
>
> A este respecto, confieso sin vergüenza alguna que sigo una línea positivista e incluso *whig* [...] No creo que Copérnico sea una figura histórica importante porque nombrara una vez a Hermes [...] que el nombre de Newton sea inmortal porque leyera a los alquimistas [...] [10].

Westfall cree que la opinión de estudiosos como A. R. Hall —o de I. B. Cohen que en *La revolución newtoniana y la transformación de las ideas científicas* apenas sí hace unas breves referencias a la cuestión sin mencionar siquiera el hermetismo [11]— deben tomarse muy en cuenta. Pero también cree que los que sostienen opiniones igualmente radicales pero en sentido contrario —menciona explícitamente a David Castillejo para quien Newton fue sencillamente un ocultista— también deben ser escuchados. Y en cualquier caso, naturalmente, eso no le impide seguir acumulando lo que él considera evidencias y argumentos en favor de la inter-relación del hermetismo y la mecánica [12].

Westfall cree que los conceptos newtonianos de fuerza y atracción tienen su origen en ideas herméticas. Pero en general su argumentación se basa en «tres hechos empíricamente probados»: 1) Newton nos dejó un amplísimo legado de textos sobre alquimia que ponen de manifiesto que el tema le interesó; 2) Newton introdujo un cambio fundamental en el mecanicismo continental, afirmando la existencia de fuerzas, atracciones y repulsiones entre partículas de materia que no están en contacto; 3) Hubo un nexo cronológico entre los dos primeros puntos, que coincide con el periodo en que Newton se interesó por la alquimia y modificó la filosofía natural [13].

P. M. Rattansi sostiene una postura similar y afirma de Newton:

---

[10] A. R. Hall 1985, pp. 10-11.

[11] Véase I. B. Cohen 1983, pp. 28-29.

[12] Véase R. S. Westfall 1990, en Vickers 1990 pp. 257 y ss. (ed. orig., p. 316). Dadas mis dudas respecto a lo cuidado de la traducción castellana del texto de Vickers, daré también la referencia al texto original: Vickers 1984 en bibliografía.

[13] Westfall 1990, en Vickers 1990, p. 258 (Vickers 1984, p. 317).

Pero parece inconcebible que no hubiera conexión entre sus estudios alquímicos y la filosofía química razonablemente coherente que puede ser reconstruida a partir de sus trabajos impresos[14].

Según Rattansi, los intereses de Newton por la alquimia sí apuntan a los procesos que tienen que ver con los intentos de conseguir la piedra filosofal, pero en una dirección en la que la *piedra* sería valorada por los verdaderos *adepti* no a causa de la posible transmutación de los metales y la curación de las enfermedades, sino porque haría posible la comprensión del mayor secreto de la naturaleza: el espíritu sutil o *mercurio filosofal* que era la fuente de toda actividad en el universo. A partir de ahí resulta coherente estudiar la relación entre el concepto de *spiritus*, el *mercurio filosofal* y las hipótesis en las que Newton trata de explicar fenómenos como las acciones eléctricas y magnéticas, los fenómenos químicos, el movimiento animal, la gravitación, a partir de un medio *etéreo*[15]. Quizás el tratamiento más amplio y sistemático de estos temas se halle en el libro de Betty Jo T. Dobbs *The foundations of Newton's Alchemy or «The hunting of the green lyon»*, de 1975[16].

Las posibles interpretaciones, como era de esperar, no se acaban aquí. J. E. McGuire, coautor con Rattansi de uno de los artículos pioneros —en la defensa de la relevancia del hermetismo en la mecánica de Newton— más importantes sobre el tema[17], pasó posteriormente a una postura más próxima a la de A. R. Hall, restando importancia a las ciencias herméticas en la configuración de la concepción newtoniana de la naturaleza. Un proceso contrario al de Wesfall[18]. Pero mi intención no es, en absoluto, hacer aquí una exposición más o menos completa del tema.

De lo que se trata es de determinar lo más claramente posible el problema. Porque no se trata únicamente de que el problema sea difícilmente soluble, básicamente porque de nuevo no es solamente una cuestión de hecho, sino de que a veces resulta difícil determinar

[14] P. M. Rattansi 1972, en Allen G. Debus (comp.) 1972, p. 168.

[15] P. M. Rattansi 1972, en A. G. Debus (comp.) 1972, vol. II, pp. 173 y ss. Para un mayor desarrollo de la relevancia del concepto de *spiritus* en la obra newtoniana, puede verse Rattansi, en Mikulás Teich y Robert Young (comps.) 1973, pp. 148-166.

[16] B. J. T. Dobbs 1984.

[17] J. E. McGuire y P. M. Rattansi 1966, pp. 108-143.

[18] Para los pasos de uno y otro proceso puede verse B. Vickers 1990, pp. 35 y 36 (Vickers 1984, pp. 20-21 y 51).

exactamente cuál es el problema. Quizás fuera adecuado tratar de diferenciar, hasta donde sea posible, algunas de las cuestiones histográficas implicadas. La primera puede enunciarse así.

La RC puede presentarse, así lo he hecho aquí, como la sucesión de tres marcos mentales separados por dos rupturas. Así se pone el acento en la diferencia radical del marco mental hermético y del mecanicista. Para ello se insiste en los elementos esenciales de cada uno, pero especialmente en los que permiten ilustrar mejor la ruptura entre ambos. De este modo, resulta fácil ilustrar la cuestión acudiendo a Bruno y Paracelso, por ejemplo, frente a Galileo y Descartes. Lo significativo es que siempre se acude al mecanicismo inicial, continental, cartesiano que, como es bien sabido, es un mecanicismo mucho más radical que el que finalmente se impondría, es decir, que el newtoniano. La diferencia entre esos *mecanicismos* puede ser evaluada de distintos modos, pero es obvio que no es comparable a la existente entre el hermetismo y el mecanicismo en cualquiera de sus versiones. A pesar de las diferencias entre el mecanicismo cartesiano y el newtoniano puede seguir hablándose de *un* programa mecanicista: reducir la variopinta multiplicidad de cualidades que observamos al movimiento de los corpúsculos que constituyen la materia. Ahora bien, esas diferencias pasan precisamente por conceptos que tienen, como hemos visto, un claro aire de familia, por lo menos, con principios centrales del hermetismo[19]. En el universo cartesiano, una vez que Dios ha creado la materia dividida con una cantidad constante de movimiento y las leyes que lo rigen, no existe más principio de actividad que la *res cogitans*. Y lo cierto es que la influencia del yo es escasa incluso en el propio cuerpo. En el mecanicismo newtoniano, por el contrario, el mundo está poblado de principios activos que son responsables de la conservación y estabilidad del mundo[20]. No en vano los continentales acusaron a Newton precisamente de volver al

[19] En alguna ocasión Westfall afronta la cuestión como si el hermetismo lo inundara todo, incluso el claro y simple mecanicismo cartesiano (véase Westfall 1972, en A. G. Debus 1972, pp. 185-187) pero como ya hemos visto también utiliza como elemento fundamental de su trabajo el hecho del cambio introducido por Newton en el mecanicismo (véase Westfall 1990, en B. Vickers 1990, pp. 255-279 (Vickers 1984, pp. 315-335).

[20] Recuérdese la *Quaestio* 31 de la *Optica*, donde Newton afirma: «En efecto, en el mundo encontramos muy pocos movimientos que no se deba a estos principios activos». Newton (1704, 1706, 1717) 1977, p. 345. Pueden verse también las notas 62 a 64 del autor de esta edición, Carlos Solís, a estos textos.

pantano confuso de los conceptos herméticos, renacentistas, y se resistieron a aceptar esa modificación hasta casi mediado el siglo XVIII. Y cuando lo aceptaron, como ya hemos mencionado, se impusieron el silencio de los iniciados respecto a las actividades intelectualmente *vergonzosas* de Newton.

Incluso en Inglaterra, ya Thomas Pellet, al examinar los manuscritos de Newton, tras la muerte de éste, había garabateado en los envoltorios de dichos manuscritos una especie de consigna a seguir: «No apto para la publicación». Si los continentales tenían razón o no, en su línea de crítica a conceptos newtonianos como la atracción o acción a distancia, es algo que, como es obvio, todavía se está discutiendo y parece que va para largo. Pero, en cualquier caso, al sintetizar los grandes pasos de la RC convendría quizás señalar con énfasis las modificaciones que sufrió el mecanicismo en Inglaterra, desde los neoplatónicos cantabrigenses como More hasta Newton. Eso obviamente no soluciona el problema. Pero sí puede ayudar a evitar la aparente contradicción entre la afirmación de la ruptura del mecanicismo con el hermetismo, a principios del siglo XVII, y la afirmación de una posible influencia de ideas herméticas en grandes protagonistas del mecanicismo, a finales del siglo XVII. De hecho, tanto el tema de la relación ciencia-teología o ciencia-hermetismo como el de la relación teoría-experiencia, ponen de manifiesto que Gran Bretaña y el Continente siguieron caminos relativamente independientes en la RC y eso es un hecho a tener en cuenta a la hora de historiarla. Pasemos ahora al segundo problema.

Es obvio que si el problema se discute tanto y, a veces, con tanta pasión, es porque afecta cuestiones filosóficas básicas. Filósofas como Mary B. Hesse e historiadores como Paolo Rossi han puesto de manifiesto alguna de esas grandes cuestiones al plantear la cuestión de la infuencia del hermetismo en la ciencia moderna en términos de irracionalidad-racionalidad[21]. Mary B. Hesse no parece creer muy importante el estudio del hermetismo para la historia de la RC. Rattansi había hablado del «sabor místico y emotivamente cargado del hermetismo, con su rechazo de la razón corrompida y su valoración

[21] Mary B. Hesse, 1970, en Roger H. Stuewer, 1970, pp. 134-159; y Hesse 1973, en Mikulás Teich y Robert Young (comps.) 1973, pp. 127-147. Paolo Rossi. «Tradizione ermetica e rivoluzione scientifica», en Rossi 1977, pp. 149-185; puede verse también la versión inglesa más breve «Hermeticism, Rationality and the Scientific Revolution», en M. L. Righini Bonelli y W. R. Shea (comps.) 1975, pp. 247-274.

de la "experiencia"», en contraste con la nueva ciencia mecanicista: «Un desencantado y soberbio sistema de conocimiento natural, armonizado con la religión tradicional» y comentaba:

> Pasar de un sistema a otro era cambiar un esquema conceptual de ordenación del conocimiento natural a otro, con el cambio concomitante en la elección de problemas, métodos y modelos explicativos[22].

A Hesse, esa caracterización le parece bien, pero comenta que

> el cuadro queda indebidamente oscurecido cuando se dice que el «hermetismo» es una tradición de «investigación científica»[23].

Pero lo cierto es que, tras su detallado análisis filosófico, no se sabe muy bien en qué se base este rechazo[24].

En el caso de Rossi sucede algo similar. Está de acuerdo con Rattansi en la importancia del estudio del hermetismo para la comprensión de la RC, en la importancia del hermetismo en ideas de autores como Copérnico o Newton, en que sería un error identificar el hermetismo con «un renacimiento patológico del irracionalismo», en que el propósito del historiador de la ciencia no debe ser el de demostrar la «racionalidad intemporal de las inferencias científicas de Newton», y en muchas cosas más. Pero a continuación Rossi da cuenta de su desacuerdo con Rattansi, exponiéndolo de manera *formalmente* ambigüa mediante interrogantes.

> ¿Qué entiende de modo preciso Rattansi cuando habla de «nuestro tipo de ciencia» y de «nuestro tipo de racionalidad»? Las investigaciones sobre el hermetismo y sobre la magia, ¿son importantes porque nos ayudan a esclarecer mejor los orígenes de la ciencia moderna (que al inicio de su largo camino indudablemente se vió vivificada también por una «*disreputable structure of ideas*») *o bien* son importantes porque nos llevan a la conclusión de que la ciencia moderna no es otra cosa que la continuación, en formas nuevas, de una aproximación de tipo «místico» a la naturaleza?, ¿son importantes porque nos muestran cuán difícil, tortuoso y complicado ha sido el camino de

---

[22] Rattansi, «The intelectual origins of the Royal Society», en *Notes and Records of the Royal Society of London* XXIII (1968) p. 139. Citado por Hesse, *loc. cit.*, en R. H. Stuewer (comp.) 1970, p. 155.

[23] Hesse, *ibid.*

[24] Véase la crítica, en este sentido, que le hace Thackray en «Comment by Arnold Thackray», en R. H. Stuewer, 1970, pp. 160-162.

la razón científica, *o bien* porque permiten mostrar las bases «irracionales» de la construcción de la ciencia moderna inicial y de cualquier forma de saber científico? Para usar un lenguaje más de moda, ¿hermetismo y ciencia moderna se suceden una a otro como dos *metaphysical research programmes* sustancialmente equivalentes?, ¿representan dos *paradigmas inconmensurables*, conteniendo cada uno de los ellos sus propios *standards of rationality* o bien, con la revolución científica ha nacido en la historia humana un tipo de saber a la vez intersubjetivo y capaz de crecimiento? ¿Qué es lo que se pone en cuestión, el insuficiente conocimiento de la génesis de la ciencia moderna o bien la estructura misma de la ciencia moderna?[25]. [Cursivas en el original.]

Rossi está horrorizado ante la posibilidad de que nos invada una ola de irracionalidad. La cosa puede ser de temer, según lo que se entienda por eso. Pero tampoco parece que una vuelta al positivismo más rancio sea una meta muy apetecible. En cualquier caso, de su texto se deduce que no hay tipos de ciencia, sino *una*, es decir *la* ciencia que, obviamente, es la nuestra; que no hay distintos *standards* de racionalidad, sino *la* racionalidad propia de la ciencia, es decir, de nuevo, la nuestra, que resulta imposible distinguir de la «racionalidad intemporal». Pero, entonces, ¿por qué no calificar al hermetismo, que obviamente no es asimilable a nuestra ciencia, de irracionalismo? Lo cierto es que en este planteamiento casi parece inevitable. Creo que también cabe preguntarse, en lugar de darlo por supuesto, ¿cuál es el peligro de aceptar la existencia de diferentes *standards* de racionalidad? ¿Qué es lo que pierde nuestra *idea* de la racionalidad si un día descubrimos que en realidad es *nuestra racionalidad*? ¿Acaso no la seguiremos ejerciendo exactamente igual que antes, acaso dejará de producir ciencia por eso? ¿Acaso los humanos dejaremos de serlo si descubrimos otras formas de vida inteligente fuera de nuestro planeta? La adhesión militante de Rossi a *la racionalidad* tiene el problema de que da por supuesto en qué consiste ésta; más aún, parece como si la simple adhesión facilitara nuestra comprensión de «la racionalidad», pero obviamente no es así. No se entiende muy bien por qué, en los tiempos que corrían (en 1975-77) —y corren— para la filosofía de la ciencia, Rossi piensa que es adecuado y necesario exigir una clarificación de expresiones como «nuestro tipo de ciencia» o «nuestro tipo de racionalidad», pero no lo es respecto a «la racionalidad» o «la ciencia» sin más. Y no se entiende, especialmente, porque parece

[25] Rossi 1977, p. 172.

que el propio Rossi distingue claramente el hermetismo de la ciencia moderna. Uno puede poner en duda la pertinencia de considerar la cuestión en términos de *paradigmas* o *programas de investigación*, pero lo que resulta extremadamente difícil, si no inaceptable, es que tras las transformaciones de los años sesenta en la filosofía de la ciencia se pueda seguir hablando de «ciencia» o «racionalidad» como lo hace Rossi en este texto[26].

Más aún, uno puede poner en duda la propia concepción de los paradigmas[27], o mentalidades separadas por rupturas epistemológi-

---

[26] Lo cierto es que después, y muy reiteradamente, Rossi ha formulado tesis que se distancian enormemente de las del texto citado, cuando no lo contradicen claramente. Puede plantearse la cuestión en términos de evolución. En 1979, Rossi hacía un tipo de consideración respecto a las tesis de Kuhn que parecen indicar un cambio (Véase Rossi 1979, pp. 14-16). Éste se ve confirmado por artículos posteriores de 1980 a 1984. Léase como ejemplo el siguiente texto: «Los criterios de demarcación y los mismos "criterios de racionalidad" tienden a presentarse, a los ojos de los historiadores, no como históricamente inmutables, sino como vinculados, por una parte a las específicas reglas de una tradición o de una disciplina y, por otra, a convicciones o creencias o expectativas o evaluaciones que tienen que ver con la cultura, están unidas a ella o dependen de ella. El concepto "ciencia" (como los de verdad, o de evidencia, o de experiencia) es, en todo caso, "construido"» (Rossi 1990a, p. 194; pero véase también pp. 51 ss., 67 ss., 82 ss., donde se reitera y desarrolla esta tesis). Parece claro, pues, que Rossi ha experimentado una evolución. No obstante, incluso así, creo percibir una diferencia considerable entre sus tesis «filósoficas» y sus tesis «historiográficas». Dicho de otro modo, creo que el Rossi historiador está muy por delante del Rossi filósofo de la ciencia.

[27] No deseo entrar aquí en la problemática generada por la polisemia del término paradigma, pero cabe hacer las siguientes puntualizaciones. Uso el término en el más lato de los sentidos en que lo utilizó Kuhn primitivamente, algo pues que «pasa por la completa constelación de creencias, valores, técnicas, y así sucesivamente, compartidos por los miembros de una comunidad científica dada» —y aun debería añadir que también la expresión «comunidad científica» se usa en el sentido más lato posible. (Kuhn 1971, p. 269) Es cierto que después éste sería el sentido del término que despertaría menos interés, incluso en el propio Kuhn. Eso, no obstante, se debe, entre otras razones, al hecho de que el término ha sido estudiado más en el campo de la filosofía de la ciencia, pensando en las teorías científicas, que en el de la historiografía de la ciencia. En mi opinión, en este último campo, es defendible, en principio, el uso del término para la historiografía de «tiempo largo», por así decir; en concreto, creo que puede ser pertinente su uso para el estudio de los grandes cambios que tuvieron lugar en la RC y en la gestación de la ciencia moderna. De hecho así lo hace Kearney en su libro *Science and Change 1500-1700*: «En este libro sostendré que la clave para interpretar los orígenes y desarrollo de la Revolución científica se encontrará en tres tradiciones características o paradigmas —el orgánico, el mágico y el mecanicista» (Kearney, 1971, p. 17). En segundo lugar, debo aclarar que, aunque soy consciente de que no es totalmente lícito dar por sentada una total equivalencia en-

cas. Puede decirse que no hay más categorías que las nuestras, más racionalidad que la nuestra, más ciencia que la nuestra, y entonces concluir con un suspiro que los renacentistas, Newton y muchos contemporáneos eran una partida de chalados, para los que la esquizofrenia fue una suerte, porque una de sus personalidades les llevaba de vez en cuando por el buen camino de la cientificidad.

A mí me parece más sensata la solución de aceptar que nuestras categorías no son las únicas posibles, que nuestra idea de «racionalidad» es un constructo teórico que hay que rechazar y sustituir, tras su acérrima defensa, cuando sus limitaciones ya no puedan disimularse. Y eso, en mi opinión, ocurre cuando desde nuestra «racionalidad» tenemos que calificar a Newton, y con él a una gran mayoría de nuestros antepasados, de «chalados», «estúpidos», «irracionales» o cualquier otra monería de esta jaez.

Como es bien sabido, es frecuente una crítica que se rasga las vestiduras ante el *relativismo*, que se escandaliza ante la irracionalidad que comporta postular una ruptura epistemológica entre mentalidades distintas, ante la afirmación de la inconmensurabilidad de los paradigmas. En mi opinión, por el momento eso es lo mejor que tenemos. Constituye el aparato conceptual más apto para acercarse a la realidad que hemos sido capaces de construir. Resulta enormemente insatisfactorio, es cierto, nos plantea numerosos problemas. Buena parte de tales problemas derivan precisamente de que nos ha hecho ver la total inutilidad de los esquemas que hasta ahora hemos defendido con tanta precisión como esterilidad y, no obstante, aún no tenemos una alternativa totalmente satisfactoria. Pero sospecho que ya no hay vuelta atrás. Con todas sus limitaciones, la teoría de los paradigmas (o mentalidades): 1) acepta que hay modos distintos de pensar —algo que la historia pone claramente de manifiesto; 2) no convierte a los que no piensan como nosotros en idiotas, o ciegos; 3) no postula una incomunicación total entre los miembros de paradigmas o mentalidades distintas, aunque postule la inconmensurabilidad de sus paradigmas o mentalidades. Es un esquema impreciso e insuficiente, pero nos ofrece lo que creo que por el momento es la única posibilidad que tenemos de satisfacer el objetivo que la filosofía de la ciencia se planteó teóricamente

---

tre los conceptos de «paradigma» y «mentalidad», creo que, para nuestros intereses y caso concreto, tienen mayor importancia sus puntos comunes que sus diferencias.

desde principios de siglo: entender en qué consiste la ciencia y cómo funciona[28].

Quizás la respuesta que Rattansi da a las críticas de Hesse no resulta nada improcedente en el caso de los comentarios críticos de Rossi. Rattansi no acepta que afirmar la importancia del hermetismo en los siglos XVI y XVII y su influencia en grandes científicos como Newton sea equivalente a desafiar la racionalidad de la ciencia. Por el contrario, dice,

> Algunos de los trabajos más estimulantes de la historia de la ciencia moderna inicial provienen de una generación de historiadores intelectuales como E.A. Burtt, Ernst Cassirer, y Alexander Koyré, que mostraron hasta qué punto el estudio de la naturaleza está relacionado con presupuestos metafísicos más amplios y está relacionado de modo muy complejo con otras áreas de la cultura intelectual. Su trabajo parecía requerir el desarrollo en dos direcciones. Primero, un estudio más atento del Neo-Platonismo y Hermetismo renacentistas [...][29].

Es decir, Rattansi se considera continuador de los grandes maestros que inauguraron la moderna historiografía de la ciencia. A mi entender, es totalmente acertada la observación que hace W.R. Shea cuando dice que el brillante programa de investigación tan bien ilustrado por los trabajos de Debus y Westfall, puede ser puesto en peligro por aquellos que plantean la cuestión en términos de elementos racionales contra otros irracionales en el desarrollo de la ciencia. Y continua así:

> Esto es completamente engañoso, porque la cuestión no es si los hombres deseaban ser racionales o irracionales, sino si las tradiciones mística y hermética tenían, en el siglo XVII, tan buenas credenciales de racionalidad (como entonces se entendía) como la filosofía mecanicista[30].

La discusión planteada en términos de racionalidad contra irracionalidad nos desplaza inmediatamente a un terreno puramente axiológico que no afecta en absoluto nuestra comprensión del problema.

---

28 Quizás sería más exacto decir que nos ha hecho ver que difícilmente podremos determinar en qué consiste la ciencia, si no prestamos atención a cómo funciona.

29 Rattansi, «Some evaluations of reason in sixteenth and seventeenth century natural philosophy», en Mikulás Teich y Robert Young (comps.) 1973, p. 149.

30 W. R. Shea en la «Introducción», a M. L. Righini Bonelli y W. R. Shea (comps.) 1975, pp. 2-3.

Pero, aun evitando este planteamiento, la cuestión resulta sumamente difícil no ya de responder, sino de plantear satisfactoriamente.

En la introducción a una antología de artículos dedicada enteramente a la cuestión, Brian Bickers pasa revista a los problemas que plantea la relación entre una mentalidad oculta y otra científica. Alude críticamente a la postura de distintos historiadores sobre la cuestión, por ejemplo la de Walter Pagel. Los trabajos de W. Pagel sobre W. Harvey o Paracelso insisten a menudo en la ilegitimidad de aislar los elementos «modernos» de un autor. En uno de sus trabajos sobre Harvey, por ejemplo, tras aludir a la presentación que a menudo se hace de la figura de Harvey simplemente como un científico moderno, empirista, etc., o como máximo como un «habitante de dos mundos», el de Aristóteles su maestro y el de la ciencia moderna a la cual contribuyó decisivamente, Pagel destaca:

> Parece, no obstante, que haya existido un tiempo en el que lo que hoy suena contradictorio no parecía tal. La unificación de lo que hoy es considerado correcto y relevante con lo que, por el contrario, es juzgado negativamente debió ser posible en la misma mente, la cual, no obstante, conservó de algún modo la propia integridad y fuerza [31].

A Vickers eso le parece una «presentación exacta» de esa peculiaridad de algunas mentes del siglo XVII que consiste en «vivir en dos mundos» [32]. No obstante, afirma que el concepto «unificación» de Pagel no es satisfactorio en cuanto que

> supone que esos diferentes mundos mentales se unificaban en una medida en que ninguno de ellos era consciente del otro lo que obviamente no sucede (en ocasiones, puede pensarse, los críticos renacentistas del mundo de lo oculto podían detectar su presencia en las mentes de los demás, pero no en la propia) [33].

No creo que sea en absoluto *obvio* que Harvey, por ejemplo, tenía clara conciencia de cuándo era moderno y cuándo se apegaba a lo antiguo. Más bien creo que no hay ni una sola razón para pensarlo

---

[31] Pagel 1979, p. 422. Vickers 1990, p. 25 (Vickers 1984, p. 14), cita la versión original inglesa del artículo.

[32] No obstante, no está en absoluto de acuerdo con Pagel cuando éste afirma que los aspectos «modernos» de la obra de Paracelso «emergen» de un sistema mántico ajeno a la medicina científica. Vickers 1990, pp. 26-27 (Vickers 1984, pp. 14-15)

[33] *Ibid.*

así[34]. En cualquier caso, Vickers piensa que es mejor hablar de «coexistencia» de las dos mentalidades. Y, desde estas premisas, y a propósito del caso de Newton hace una serie de afirmaciones en las que vale la pena detenerse un momento.

Está claro que actividades tan distintas como la mecánica, la alquimia y los estudios religiosos los realizó «el mismo Newton», pero «la cuestión —dice Vickers— es si las mismas partes de su mente están implicadas en cada actividad»[35]. Dudo que ese planteamiento ayude a clarificar la cuestión[36], pero no vale la pena detenerse en los términos usados aquí, porque Vickers reformula su idea en varias ocasiones de distintos modos y es una idea que tiene interés y de la que saca sorprendentes consecuencias.

Una de esas reformulaciones está en un texto en el que, de nuevo, se comenta el caso de Newton. Para nuestros fines el texto puede dividirse en partes. Se inicia con la afirmación siguiente:

> En Newton, la presencia de esas tendencias diversas puede plantear un problema eternamente irresoluble. De hecho, intentos recientes por mostrar que las ideas alquímicas pueden o deben integrarse con la física y la óptica —como si su coexistencia en la mente de Newton supusiese por lo demás una amenaza a nuestra cordura si no a la suya— pueden estar fundamentalmente descarriados. ¿Por qué tendría que ser Newton incapaz de investigar la cronología bíblica, componer tratados de alquimia y efectuar la matematización de la física, todo ello en el mismo mes o año? Esto puede ofender a nuestra idea de racionalidad, pero evidentemente no le violentó a él —en cualquier caso no como ocupaciones; otra cosa es su publicación[37].

Quizás convenga empezar diciendo, que la «presencia» de diversas tendencias y actividades en la mente de Newton no es un problema, ni soluble ni irresoluble, es simplemente un hecho que nadie po-

[34] Aun en el caso de que Vickers estuviera en lo cierto respecto al hecho histórico, cosa como mínimo dudosa, lo que resulta muy atrevido es decir que sea «obvio», cuando se están escribiendo páginas y páginas exponiendo opiniones encontradas al respecto, como está haciendo Vickers en su Introducción.

[35] *Id.* Unas líneas antes, Vickers ha hablado con cierto tono crítico del uso de las metáforas en esta cuestión.

[36] Entre otras cosas, porque está claro que cada vez que, en un determinado científico, encontremos una actividad que nos parezca *extraña*, podemos *suponer* una «parte» más en su mente. Así quizás aumentemos la partición de su mente, pero no nuestra comprensión.

[37] Vickers 1990, p. 34 (Vickers 1984, p. 20) He corregido la traducción castellana del texto entre guiones, que dice exactamente lo contrario del original inglés.

ne en duda. El problema o los problemas los planteamos nosotros cuando queremos dar un sentido a las actividades de Newton, cuando queremos entenderlas, hacerlas comprensibles, y esas actividades, los «hechos» no encajan adecuadamente en nuestros esquemas. El «hecho» no amenaza nuestra cordura, pero sí nuestra idea de cordura que incluye la de una cierta coherencia. Naturalmente, no resulta sensato pensar que existiera o exista algo que incapacitara a Newton para hacer todas esas cosas a la vez, en un tiempo más o menos corto. Pero ¿es eso un argumento a favor de que las hiciera sin relacionarlas, o relacionándolas causalmente, o viéndoles una aire de familia, o creyendo en la posibilidad de unificarlas, etc.? No lo es, no es un argumento en favor de ninguna de estas posibilidades. Por tanto la razón de que los intentos de unificación puedan ser descarriados habrá que justificarlos con algo adicional. Vickers continua el texto así:

> El celo por descubrir una única clave organizadora de las actividades de Newton es, de hecho, anacrónico, ahistórico, un producto de la creencia posterior del siglo XX en una mentalidad científica «unificada». Tenemos una —él debe de haber tenido una[38].

Este texto constituye un serio desafío. Es fácil ver por qué. A lo largo de este trabajo hemos visto una y otra vez cómo distintos historiadores formulaban un precepto historiográfico definitorio de la moderna historiografía de la ciencia y que ya nos es familiar. En pro de la claridad de la exposición, permítaseme recordar un texto ya mencionado de Debus que apunta en este sentido. Dice así:

> Es importante no tratar de separar lo «místico» y lo «científico» cuando ambos están presentes en el trabajo de un único autor. Hacerlo así sería distorsionar el clima intelectual del período [...] Forzar nuestras distinciones sobre el siglo XVII es ahistórico[39].

Esta formulación de Debus es una formulación posible del precepto historiográfico según el cual no se deben proyectar nuestras categorías a épocas anteriores —y eso es especialmente importante cuando sus categorías son tan claramente distintas de las nuestras.

El texto mencionado de Vickers no es una versión del precepto historiográfico —que sí formula en otras partes de su texto—, es una

---

38 Vickers 1990, p. 35. (Vickers 1984, p. 20).

39 Debus 1978, p. 11.

confusa falacia. En primer lugar, supongo que debemos entender que lo anacrónico e histórico no es proyectar nuestro «celo», que es lo que dice el texto, sino proyectar esa idea de «unidad» a la que alude Vickers. Ahora bien, ¿está sugiriendo Vickers que nuestra mentalidad científica ha unificado el hermetismo y la ciencia y que resulta ahistórico y anacrónico proyectar al siglo XVII esta unidad «nuestra»? No, obviamente no es eso. Pero no es fácil determinar con precisión el sentido de la expresión de Vickers, porque «tenemos una mentalidad científica unificada» puede querer referirse a que nuestras teorías científicas, o mejor nuestras «actividades» no muestran las diferencias que parecen tener —para nosotros— las de Newton. No, claro está, es que nosotros hemos excluido de la ciencia, hemos negado el estatuto de científico, a esas «actividades» newtonianas. Así, naturalmente, nuestra mentalidad científica es unificada. Pero entonces resulta totalmente falaz hablar de que proyectamos nuestra «mentalidad científica unificada». Resulta falaz acusar a los que estudian la posibilidad de que que exista una cierta unidad entre las distintas actividades de Newton, de proyectar «nuestra mentalidad científica unificada». Ni ellos ni nadie puede proyectar un tipo de «unidad» de la que no dispone[40]. Otra posibilidad es que esa expresión refiera algo parecido a «no me siento intelectualmente esquizofrénico». Pero, difícilmente puede ser éste el sentido ya que unas páginas más atrás, lo hemos visto, incluso Vickers está de acuerdo con Pagel en que ideas y teorías que hoy resultan contradictorias para nosotros, no lo fueron en el pasado, que estuvieron en la misma mente y que ésta no perdió «su integridad y su fuerza». En cualquier caso, un cierto grado de sensatez, coherencia, salud mental y muchas otras cosas que nos atri-

---

[40] Podría suceder también que, a pesar del término científica, Vickers se refiera al carácter unitario de «nuestra cultura en general». En este caso lo primero que habría que considerar es si la afirmación de Vickers no es excesivamente optimista, y yo creo que sí. Habría que considerar que la especialización que caracteriza nuestra cultura actual nos hace ignorantes sobre casi todo lo que no es nuestra pequeña parcela. Deberíamos recordar que se ha podido hablar de «dos culturas» la científica y la humanista. Tendríamos que mencionar el hecho de que nuestras televisiones dedican posiblemente más espacio a las «ciencias místicas» que a la «ciencia oficial» y organizan debates invitando a representates de unas y de otras ciencias; que los científicos organizan listas de firmas para denunciar el fraude de todas estas pseudociencias, mientras sus estudiantes, entre clase y clase, se entretienen leyendo su horóscopo en alguna revista del corazón. Nada serio, claro. Y podríamos añadir un largo etc. En estas condiciones, hablar de nuestra «mentalidad unificada» resulta como mínimo atrevido. Pero, posiblemente Vickers no se refiera a eso.

buimos a nosotros mismos es prudente y necesario atribuírselas también a los personajes del pasado. Pero eso, no sólo no es ahistórico, sino que por el contrario es una condición *sine qua non* de la posibilidad de historiar.

Dicho esto, hay que añadir inmediatamente que la suposición de que las actividades intelectuales de Newton, en los campos de la mecánica, alquimia y escriturología, poseen cierta unidad es una hipótesis de trabajo tan legítima como la de que Newton no les concedía el mismo estatus epistemológico, o como la de que creía que había una unidad fundamental y dedicó muchos esfuerzos a ponerla de manifiesto y no lo consiguió. El complejo conjunto que forman los manuscritos, las obras publicadas, la correspondencia de los contemporáneos, los estudios de historiadores anteriores, nuestra mayor o menor familiaridad con otras áreas de conocimiento, etc., han conformado estas distintas hipótesis y seguirán matizándolas, modificándolas o rechazándolas. Pero por el momento, creo que resulta infundado afirmar que una de ellas es profundamente descarriada.

El hecho de que Newton no publicara sus escritos de alquimia, o sus exégesis bíblicas o sus especulaciones de teología unitarista, resulta para algunos un signo evidente de que Newton no les concedía el mismo valor teórico y congnoscitivo que a sus teorías de mecánica u óptica. Sin duda es una hipótesis razonable. Otros piensan que hay otra explicación posible y que, entre otras cosas, hay un texto newtoniano que la apoya e insinúa. Se trata concretamente de la respuesta de Newton a una pregunta planteada por Boyle a Oldenburg en 1676. Boyle había descubierto un mercurio que al mezclarlo con el oro se calentaba. Esa era una propiedad que los alquimistas atribuían al mercurio filosofal. No sólo él sino también el «docto secretario de la Royal Society» y el «juicioso presidente» habían tenido ese mercurio en sus manos y habían comprobado con Boyle que, al cabo de un minuto de mezclarlo con oro, se calentaba. La medicinas mercuriales fabricadas con este mercurio serían de extraordinaria utilidad, pero era posible que los «problemas políticos» que se derivaran, si aquél era auténtico mercurio filosofal y «caía en malas manos», fueran más importantes que su bondad medicinal. ¿Qué debía hacer? Newton no cree que el mercurio conseguido por Boyle sea tan noble como éste piensa. Pero, aun así, está convencido de que Boyle debe guardar un «profundo silencio». Otros han creído oportuno ocultar ciertas características del mercurio filosofal, quizás éstas sean la entrada a «algo más noble, que no puede ser comunicado sin inmenso daño para el mundo si hay algo de cierto en los escritos herméticos». Por tanto, dice Newton, lo mejor será que Boyle guarde un «profundo silencio». Hasta que él mismo o un «verdadero Filósofo Hermético» puedan aclarar las implicaciones de la cuestión. Newton sabe que además de la «transmutación de los metales» hay otras cuestiones implicadas —«(si esos con grandes grandes pretensiones no fanfarronean) que sólo ellos entienden»— pero no sabe exactamente qué cosas[41]. Según esta interpretación[42], en estas condiciones Newton pensaba que era más prudente no hacer públicos los conocimientos de alquimia y él mismo siguió el consejo que diera a Boyle, a través de Oldenburg. Paolo Casini, por su parte y aunque al margen del tema de la razón de la no publicación de los manuscritos de alquimia, desde una postura por otra parte muy comedida, utiliza esta misma carta para poner de manifiesto un cierto escepticismo de Newton ante las pretensiones de los alquimistas[43]. Mientras que, desde su interés en destacar las diferencias entre la concepción alquímica de Boyle y de Newton, el análisis que hace Rattansi de la carta van más en la dirección de Dobbs[44].

En cualquier caso, y al margen de esta cuestión concreta, el conjunto tan dispar de posiciones y, a veces, la confusión, muestran, como decíamos, que el problema resulta, efectivamente, difícil incluso de plantear. Pero me gustaría hacer unas breves observaciones al respecto, insistiendo en un punto ya mencionado.

En mi opinión, es necesario distinguir dos ámbitos o niveles de la investigación. Uno es aquel en el que lo que consideramos son «mentalidades», «esquemas conceptuales» o «paradigmas». Éste es el caso del marco mental renacentista y el del siglo XVII, es decir, el del marco mental mágico-naturalista frente al mecanicista[45]. Como he-

---

[41] H. W. Turnbull (comp.) 1959-1967, vol. II, pp. 1-3.

[42] Puede verse desarrollada en B. J. T. Dobbs, 1984, pp. 194 ss.

[43] Paolo Casini, 1975, en M. L. Righini Bonelli y W. R. Shea, pp. 233-239, esp. p. 237.

[44] P. M. Rattansi 1972, en Debus 1972, pp. 167-182.

[45] Cuando intentamos historiar la sucesión de uno y otro, sus relaciones, nuestro punto de partida no es únicamente el conjunto de documentos, textos, correspondencia, etc. de distintos autores, las polémicas y enfrentamientos entre magos y nuevos científicos, etc. Es decir, nuestro punto de partida no está sólo constituido por los hechos históricos que, además, incluyen actitudes ambiguas, autores pertenecientes a un marco que tienen ideas que pudieran funcionar en el otro. Todo ese conjunto de elementos, es obviamente un punto de partida indispensable. No se puede hacer historia sin hechos históricos. No obstante, hay que añadir que no siempre está

mos visto, la historiografía de la RC a lo largo de este siglo se ha desarrollado en una dirección en la que esa perspectiva de los «marcos mentales» o los «paradigmas» aparece como el resultado más elaborado. Pero dicho esto, y en cualquier caso, creo que en nuestra cuestión también hay otro punto de partida —o si se quiere la otra cara del mismo punto de partida— a mi entender igualmente indudable: *nosotros*, hoy, somos incapaces de ver esos dos marcos mentales y sus tipos de investigación como algo unitario, fundible; sólo podemos ver la tradición hermética, dominante en el Renacimiento, y la ciencia moderna que se impone en el siglo XVII, como radicalmente diferentes, si se quiere, como inconmensurables.

Ahora bien, las mentalidades, marcos mentales o paradigmas inconmensurables —por ejemplo, el hermetismo y el mecanicismo— son radicalmente distintos e inconmensurables tanto si las encontramos conviviendo en un siglo, en una misma comunidad científica, sucediéndose a lo largo de siglos, o en la mente de Kepler, Newton o cualquier otro científico concreto. Si nuestro planteamiento en el caso de los científicos individuales parte, como en el caso de la RC en su conjunto, de «marcos mentales», «mentalidades» o «paradigmas»[46], creo que nuestro problema es, efectivamente, insoluble. En-

---

claro qué sea un hecho y qué sea un recurso del historiador para contar su historia de manera que ésta tenga un sentido. Y a veces, esto provoca serias confusiones. Yo creo que la afirmación de que el Renacimiento constituye un período histórico de la historia de la ciencia, caracterizable por su marco mental mágico naturalista, designa efectivamente un *hecho histórico*, y creo, además y a la vez, que el historiador —sea cuál sea— desde unos determinados intereses intelectuales, conocimientos e ignorancias ha sido el que lo ha identificado como un *hecho*. También creo que otro historiador, desde otros intereses, conocimientos e ignorancia, puede incluso no verlo como un hecho. ¿Como solucionaremos nuestro desacuerdo, si es que nos leemos y estamos dispuestos a discutirlo? Por un lado, y eso es fundamental, apelando a los *hechos históricos*: este texto dice y por tanto..., aquel matiza e induce a pensar..., el tono del otro favorece la idea de que..., este texto en concreto demuestra fehacientemente que... este manuscrito es una prueba de... etc. Pero la ostensión puede no bastar. Si nos atenemos a la experiencia, lo más probable es que no baste. Y, por tanto, por otra parte, tendremos que acudir *también* a nuestras respectivas perspectivas historiográficas. Yo no conozco manera de escapar a este círculo. Y si uno no puede soportarlo, seguramente lo mejor es que se dedique a otra cosa.

[46] Ésta es la perspectiva de Vickers cuando destaca: «El título de esta obra, con el termino "mentalidades", pone el énfasis donde creo debe ponerse; en dos tradiciones cada una de las cuales tiene sus propios procesos de pensamiento, sus propias categorías mentales, que determinan totalmente su enfoque de la vida, del espíritu, de la realidad física» (Corrijo de nuevo la traducción española) Vickers 1990, p. 20 (Vickers 1984, p. 6). Un texto que pone claramente de manifiesto que la traducción del título del li-

tonces, en efecto, no ya la unión o fusión de esas dos mentalidades o paradigmas, sino su mera coexistencia en una mente puede aparecer como una contradicción inaceptable.

Pero ¿es este planteamiento aceptable, para el caso de científicos individuales? Yo creo que no. Más aún, creo que buena parte de los problemas expuestos se deriva del planteamiento mismo. Si tomamos el caso de Harvey o Van Helmont, creo que puede afirmarse que es dudoso que, en la mente de uno u otro coexistieran una *mentalidad* hermética y una científica, o cualesquiera otras *mentalidades*. En su mente se gestaban, y había, diversas ideas. *Nosotros*, hoy, hemos decidido que unas pertenecen a una u otra mentalidad, al paradigma hermético o aristotélico y otras a la nueva ciencia mecanicista[47], y *eso* es lo que podría inducirnos a verlas como contradictorias[48]. Pero, entiéndase bien, ése es un problema *nuestro*. No tenemos ninguna razón para pensar que estos autores vivían eso como un problema, suele decirse. Pero quizas conviene formularlo diciendo que no se trata de que tuvieran esos elementos incompatibles o esas incompatibilidades en su mente y no las sintieran como tales. De lo que se trata es de que en su mente no existía ningún referente de *nuestro* problema.

Podría pensarse que el caso de Kepler hace dudosa nuestra afirmación. Podría decirse que su polémica con Fludd es una muestra de que distinguía entre distintas tradiciones y que él se distanciaba conscientemente de la hermética. No obstante, desde antiguo las distintas escuelas han establecido diferencias entre ellas y eso no significa que estuvieran formulando nuestra idea de mentalidades radicalmente diferentes o paradigmas inconmensurables. Quizás el problema es más bien que tendemos a ver, indebidamente, la polémica de Kepler y Fludd como una formulación de la teoría paradigmática, en lugar de verla como una mera ilustración de esta teoría de los paradigmas, que es lo que efectivamente es. En todo caso, e indepen-

---

bro debería ser *Mentalidades oculta y científica en el Renacimiento* y no «ocultas» y «científicas», como se ha traducido.

47 No estoy diciendo que aquellos filósofos o científicos no distinguieran entre escuelas, que no tuvieran la más mínima conciencia de estar más próximos a una tradición, a una escuela, o a otra. Pero dudo que esto sea equivalente a que en su cabeza hubiera distintas «mentalidades» o «paradigmas».

48 En unos casos, parecerá difícilmente discutible que determinadas ideas son contradictorias. Pero, en el caso del historiador, la determianción de la posible contradicción entre dos ideas no es una simple cuestión de lógica, o si se quiere, de lo que se trata no es tanto de discutir la corrección formal de un razonamiento como de cuáles son los axiomas y premisas de partida.

dientemente de su desacuerdo con Fludd, precisamente el de Kepler es uno de los casos más claros de una mente en la que hay ideas, para *nosotros* pertenecientes a mentalidades radicalmente distintas, a paradigmas inconmensurables y que, no obstante, no parece que le produjera ninguna inquietud que en él no fuera normal que, por cierto, eran muchas[49].

El caso de Newton también podría inducir a pensar en la pertinencia y necesidad de acudir a las «mentalidades» o «paradigmas». Ya hemos visto que, en un nivel al menos, el de la publicación, diferenció radicalmente sus distintas clases de ideas. Eso permite que consideremos, legítimamente, su obra como bloques separados. Y, es obvio, de eso se pasa fácilmente a considerar esos bloques como paradigmas distintos. Pero, es evidente que sea cual sea la significación de esta diferenciación por parte de Newton, no tenemos *ninguna razón* para atribuirle el sentido que hoy tiene para nosotros. Más aun, cuanto más acerquemos sus razones para la diferenciación entre sus actividades alquímicas y las de física a nuestras razones, más problemática se convertirá su obra como un todo, más cerca estaremos de atribuirle la consabida «esquizofrenia» intelectual. Ésta es, según creo, la última posibilidad a aceptar. Hay una variada gama de posibilidades. Creo que todas deben incluir que Newton veía alguna diferencia entre ambas actividades, pero que ninguna puede coincidir con nuestra propia visión de la cuestión. Creo que la investigación histórica es la que tiene que decidir, si puede hacerlo, cuál es la buena. Esa investigación histórica incluye, naturalmente, los instrumentos conceptuales del historiador. Pero creo que entre éstos, para el caso de Newton, como para el de cada uno de los autores del siglo XVI y XVII, *considerado individualmente* no debemos incluir nuestros conceptos de «mentalidad» o «paradigma». Si lo hacemos así, nuestro problema, como hemos dicho, no tiene solución por definición. También en la mente de Newton, como en el Renacimiento y en el siglo XVII, respectivamente, el hermetismo y el mecanicismo son inconmensurables. Ese es el problema: no Newton y su posible esquizofrenia, sino nosotros y nuestras distinciones. Son nuestras categorías las que nos permiten y obligan a ver como contradictorias y sólo como con-

[49] Está claro que ésta no parece ser la idea de Vickers que, cuando comenta los artículos de Edward Rosen y Judith Field, editados en su libro, comenta: «Kepler se alió conscientemente a una tradición científica derivada de Ptolomeo; Fludd afirmó su lealtad a Hermes Trismegisto». Vickers 1990, p. 32 (Vickers 1984, p. 19).

tradictorias las actividades de Newton. En realidad, el problema tiene que ver con Newton sólo colateralmente. Newton y sus actividades es, en este caso, el campo de análisis de nuestras propias limitaciones categoriales. Es nuestro aparato teórico el que está en cuestión.

Está claro que hay aquí una tensión entre lo general y lo particular. Aquí se concreta en las dualidades épocas-individuos, mentalidades-mentes. Pero no es independiente de otra tensión a la que aludiremos en el siguiente capítulo, que quizás puede ayudar a plantear el presente tema con mayor claridad.

6. UNA REVOLUCIÓN *CIENTÍFICA*

> *No todo lo que es científico es necesariamente verdadero*, y no todo lo que es falso es necesariamente no científico. El resultado científico puede ser visto ahora como no estando de acuerdo con la realidad física, pero puede haber estado de acuerdo con lo que *entonces* era considerado la realidad física y puede haber sido hallado, no por pura especulación, sino por observación y pensamiento consistente. [Cursiva en original].
>
> R. HOOYKAAS. «Pitfalls in the historiography of geological sciences». *Histoire et Nature*, núm. 19-20 (1981-1982), pp. 21-36.

I. SEGUNDO BALANCE: EL MODELO HISTORIOGRÁFICO DE KOYRÉ

Bajo las expresiones *continuismo-rupturismo* hemos examinado hasta aquí distintas polémicas y algunas de sus ramificaciones que han constituido buena parte de la historiografía de la ciencia en este siglo. Nuestro análisis crítico nos ha llevado a la necesidad de una caracterización de la RC como constituida por dos grandes rupturas: una entre la Edad Media y el Renacimiento, es decir, entre el marco aristotélico escolástico y el mágico naturalista del Renacimiento; y otra entre este marco mágico naturalista y la ciencia moderna. Siguiendo las premisas de los historiadores que postulan una u otra ruptura, o las dos, hemos mostrado que este esquema interpretativo exigía una mejor caracterización de ese estadio central de la RC que es el *Renacimiento científico*, entendido tanto en el sentido de un periodo cronológico acotable con cierto margen entre 1450 y 1600, como en el sentido de un marco mental diferenciable de los otros dos y que dominó durante un tiempo entre ambos.

Creo que ésta ha sido una tradición sumamente fructífera y ha dado algunos de los trabajos más influyentes en el campo de la historiografía de la ciencia, en el momento en que ésta empezaba a constituirse como una disciplina institucionalmente aceptada y empezaba a producir profesionales del campo. Tal como la hemos descrito aquí y como es frecuentemente aceptado, Koyré puede ser visto como el máximo representante de esta tradición historiográfica y no sería excesivo llamarla tradición o modelo koyreano. Buena parte de los historiadores más influyentes de los últimos cuarenta años han reconocido sus trabajos como el modelo a imitar. En mi opinión, aunque se hayan abierto nuevas perspectivas no cabe aún hablar en pasado y todavía constituye un admirable modelo que puede seguir produciendo frutos. Pero el desarrollo de sus virtudes pone de manifiesto también sus limitaciones y problemas y, a modo de balance, debemos referirnos a algunos de ellos que me parecen especialmente importantes. El primero de ellos hace referencia al sentido de la expresión «ciencia moderna».

La RC plantea para la historiografía de la ciencia distintos tipos de problemas que pueden indicarse poniendo el acento en una u otra parte de la expresión. Podría decirse que, hasta este momento, y aunque resulta muy difícil hacer una distinción estricta en este sentido, hemos hecho hincapié en los problemas que planteaba la afirmación de una *Revolución* Científica. Pero también se plantean importantes problemas a los que podríamos aludir acentuando la otra parte de la expresión: ¿por qué decimos que es una Revolución *Científica*?

Evidentemente, podría objetarse más que contestarse, porque con esa expresión se alude al nacimiento y desarrollo de la ciencia moderna. Es cierto que así se introduce un replanteamiento crucial del problema. Contra lo que pudiera parecer, en nuestro planteamiento, como historiadores, no tendremos que elaborar un criterio de demarcación entre la *ciencia* y la *no ciencia*[1], sino tratar de delimitar qué se entiende en la historiografía por «ciencia moderna». Cuando lo planteamos en estos términos, al punto nos damos cuenta de que eso nos lleva exactamente a lo contrario de lo que pretendían los filósofos de la ciencia neopositivistas o popperianos con su criterio de demarcación.

Por el contrario, como hemos dicho, y podemos ver reiteradamente afirmado en distintos historiadores, entre los siglos XV y XVII *ciencia* y *filosofía* —y podríamos incluir también la *teología natural*, y la *metodología*— no están claramente diferenciadas. El lento proceso de diferenciación empezará precisamente, en el siglo XVII. Pero entonces

---

[1] Como es bien sabido, durante muchos años, éste se consideró un problema crucial de la filosofía de la ciencia, especialmente entre los iniciadores del programa formalista de filosofía de la ciencia. Ahora, algunos de sus herederos estructuralistas minimizan el interés del problema, cuando no lo rechazan sin más. Si partimos del supuesto de que hay uvas, yo entiendo que uno tenga repetidos cólicos por comerlas verdes y que eso le haga aborrecerlas. Pero, dado que esto no es una razón suficiente, lo que hay que justificar es la idea de que las uvas no madurarán o por qué ahora se afirma que no hay uvas.

aún no existen facultades de ciencias y humanidades, ni se distinguen «dos culturas» como ha podido hacerse en nuestro tiempo. Más aún, los que consideramos los nuevos científicos no oponen su nueva *ciencia* a la vieja filosofía, sino una nueva *filosofía* a otra vieja. Su alternativa, además de las que comportan sus teorías concretas, a veces es planteada explícitamente como una alternativa de carácter global. El *Saggiatore* de Galileo constituía un elemento más en el intento de los *novatori* de desarrollar un programa filosófico cultural —y de política cultural— global, alternativo al aristotélico-jesuítico dominante[2]. Por otra parte, es bien conocido que a Descartes ni siquiera se le ocurrió pretender ser el más grande científico a costa de dejar de ser filósofo. Por el contrario, lo que quería era ser un nuevo Aristóteles. Podríamos extendernos en otros ejemplos significativos, como el título de la *opus maior* de Newton, donde se nos habla no de «ciencia», sino de «filosofía natural». Pero, de hecho, hoy nadie pone en duda esta circunstancia. Ahora bien, el que nuestra idea de ciencia sea más estrecha y/o más precisa que la del siglo XVI o XVII no convierte en imposible el hacer historia de la ciencia, sino que simplemente, aunque no es poco, nos obliga a hacerla de determinada manera. Precisamente, esta diferencia es, lo hemos visto, la principal razón de que algunos historiadores de la ciencia insistan una y otra vez en que para historiar la RC debemos hacer historia de *la* ciencia. Eso puede significar, como máximo, hacer historia de lo que nos interesa a nosotros —historia de la *ciencia*— pero sin olvidar cómo lo hacían y entendían ellos —o sea sin olvidar la *historia.* Y, como es obvio, eso nos sitúa en el lado opuesto del problema filosófico del criterio de demarcación.

En las polémicas que hemos revisado dentro de la historiografía de la ciencia pueden encontrarse, dependiendo del contexto, muy distintas acepciones de «ciencia moderna». Pero creo que, entre los múltiples referentes de la expresión, pueden distinguirse dos básicos que ya han aparecido una y otra vez en nuestra exposición a lo largo de los capítulos anteriores. En efecto, hemos visto que los continuistas, viejos o nuevos, aceptaban sin demasiado análisis crítico la imagen según la cual la ciencia moderna se caracterizaba por un *método.* Así pues, en esta acepción, «ciencia moderna» no designaría tanto un conjunto de conocimientos como el modo o método de conseguirlos.

---

2 Puede verse al respecto, P. Redondi 1990. Eso no excluye, claro está, que Galileo u otros nuevos científicos introdujeran numerosas teorías concretas. Pero veían estas teorías como formando parte de una alternativa teórica y cultural global.

Los rupturistas, también lo hemos visto, acusaban a esta concepción de simplista. A lo sumo, el método podía considerarse uno de los elementos de la ciencia moderna pero, como otros elementos, formaba parte de un marco teórico más amplio que le daba sentido. En esta segunda acepción, la expresión «ciencia moderna» hace referencia no tanto a un conjunto de conocimientos, ni a un método para conseguirlos, sino a algo más global que incluye a ambos, algo que quizás podríamos llamar una nueva filosofía natural, que es lo que da sentido a los elementos, por la función que juegan en la estructura[3]. Si queremos concretar más, podemos decir que la ciencia moderna, entendida como una nueva filosofía natural, es el *mecanicismo.*

Como vemos, tanto los continuistas como los rupturistas, a pesar de las diferencias radicales que los separan, tienen en común el hecho de que unos y otros entienden por «ciencia moderna» algo distinto de una u otra disciplina concreta, algo distinto de una determinada ciencia o grupo de ciencias, diríamos nosotros. Y por consiguiente, historiar la RC, el nacimiento y desarrollo de la ciencia moderna no consiste únicamente en hacer historia de la astronomía, de la física, de la biología, etc., sino en algo distinto de eso o, por lo menos, en algo más que eso. En esta perspectiva es abolutamente necesario, en efecto, tratar de delimitar claramente, o bien el método científico, o bien los marcos que se suceden en el nacimiento y transformación de la ciencia moderna, y a ello hemos aludido en capítulos anteriores, tratando de indicar un posible camino de mejorar esa delimitación. Dicho muy sintéticamente: si hablamos de RC y por tanto hacemos historia de *la* ciencia, debemos insistir en dos elementos: por una parte, debemos reconocer la legitimidad y validez cognitiva del hermetismo durante el Renacimiento y buena parte del siglo XVII; por otra, debemos afirmar la radical distancia que separa al hermetismo y a la nueva ciencia como sistemas teóricos.

Como hemos visto, ya Koyré destacó el hecho de que el desacuerdo entre continuistas y rupturistas no era tanto un desacuerdo sobre *hechos*, sino sobre la concepción de la ciencia de la que se partía, es decir, era un desacuerdo sobre filosofía de la ciencia. Pero fue especialmente Kuhn quien, yendo mucho más allá de esa toma de conciencia, desarrolló las consecuencias en el ámbito que le correspondía. En efecto, la filosofía de la ciencia que se desarrolló

[3] En definitiva lo que hoy llamaríamos un paradigma en el sentido más lato del término, al que hemos aludido en el capítulo anterior.

en la década de los sesenta, se centraba en la dinámica del desarrollo científico y, especialmente, en las discontinuidades y rupturas que éste presentaba. Se abrió así una perspectiva que ponía en cuestión algunos de los puntos centrales de la concepción del propio Koyré. De este modo, el interés de la historiografía de la ciencia se desplazó hacia otros aspectos del problema, que son los que aún se discuten hoy.

A la hora de hacer historia de la RC es posible, incluso necesario, como se ha dicho, salirse de las ciencias concretas y hacer historia de *la* ciencia. Hacemos justicia así, es el argumento fundamental, a las concepciones de los hombres de los siglos XVI y XVII, o del pasado en general, y no nos dejamos caer en la tentación anacrónica de proyectar nuestras propias concepciones. Ahora bien, es evidente que resulta no sólo legítimo, sino absolutamente necesario, desde la historiografía de la ciencia, estudiar por ejemplo, el desarrollo y transformaciones en la astronomía de los siglos XVI y XVII, o en la física, o en la biología o ciencias de la vida; es decir, escribir historias de las distintas ciencias. Aun en el caso de la perspectiva más interdisciplinar y global, la historia de la ciencia exige el estudio detallado de las distintas teorías y disciplinas particulares. De hecho, un autor como Koyré ha podido afirmar la transformación global, el cambio de mentalidad en que consiste la RC precisamente a partir de su detallado estudio de la astronomía y de la física. Y, efectivamente, por muy atentos que estemos a evitar la descontextualización y sea cual sea la causa última de estos cambios, apenas iniciamos nuestro estudio de la RC, se hace claro que la astronomía desde Copérnico, y la física desde Galileo, hasta Newton, jugaron un papel fundamental, fueron ciencias *protagonistas* en las grandes transformaciones culturales, en el cambio de marco mental. Después de todo, el mecanicismo es algo así como la exaltación de la mecánica. Y tanto la cinemática como la dinámica modernas, que son partes de la mecánica, se desarrollaron a partir del heliocentrismo y el movimiento de la Tierra afirmados por Copérnico. Si, efectivamente, la Tierra se movía, ninguno de los movimientos de cualesquiera cuerpos en relación al globo terráqueo tenía sentido. O, dicho de otro modo, la teoría copernicana, con el movimento terrestre, sólo podía aceptarse si se conseguía elaborar una nueva explicación de los movimientos de los cuerpos, tanto terrestres como celestes, y de sus causas[4]. No hay duda de que

[4] Si la Tierra ya no ocupaba el centro del universo, que era el *lugar natural* del

en estas ciencias, las transformaciones fueron profundísimas, radicales. Pero, hubo ciencias y campos de estudio, como la ciencias de la vida o, en general, la mayoría de los ámbitos de la Historia Natural que no tuvieron tal papel protagonista. Incluso podría decirse que algunos de estos campos más bien *sufrieron* la irrupción del mecanicismo y la RC. Ésta no es una simple observación retrospectiva, pues ya en el propio siglo XVII tuvo lugar una polémica fundamental sobre los límites del mecanicismo y el modelo de explicación que representaba. De hecho la recepción y rechazo del *mecanicismo cartesiano* en el mundo británico y las transformaciones que éste sufriría hasta consolidarse en el *mecanicismo newtoniano* pueden verse, no sólo como una reacción básicamente teológica, sino también como una protesta y reacción ante las pretensiones de universalidad del mecanicismo cartesiano. ¿Cómo podía el «ciego azar», la «estúpida materia», producir algo tan complejo, tan maravilloso, como la vida y los fenómenos del mundo de lo orgánico en general? Es una pregunta que encontramos una y otra vez en textos importantes de la Inglaterra de la segunda mitad del siglo XVII[5]. Pero aunque, en mi opinión, la perspectiva de unas ciencias que protagonizan la RC y otras que la sufren puede ser válida, creo también que, como otros temas a los que nos hemos referido, debe someterse previamente a una importante distinción kuhniana que ya es hora de comentar.

Efectivamente, el estudio de los problemas planteados hasta aquí, llevó a T. S. Kuhn a introducir una distinción y, con ella, ciertas tesis e indicaciones que resultan fundamentales y permiten plantear muchas cuestiones, hasta ahora simplemente confusas, en forma de problema soluble. Se trata de la distinción que, dentro de las ciencias de la naturaleza, hace Kuhn entre las *ciencias clásicas o matemáticas* y las *ciencias baconianas o experimentales*, en su artículo «*Mathematical* versus *Experimental Traditions in the Development of Physical Science*»[6]. Kuhn llama ciencias «clásicas» a aquellas que, en el siglo XVII, ya tenían una

elemento más pesado, ¿por qué los cuerpos pesados caían hacia el centro de la Tierra? Y si el mecanismo de universo no funcionaba impulsado por el primer motor aristotélico, ¿qué era lo que movía a la Tierra y a los demás planetas alrededor del Sol?

[5] Puede verse al respecto E. Pacchi 1973.

[6] Hoy traducido como «La tradición matemática y la tradición experimental en el desarrollo de la física», en Kuhn 1983, pp. 56-90. Se trata, en mi opinión, del artículo más importante, escrito desde hace muchos años, sobre la historiografía de la RC.

larga tradición y que desde la antigüedad eran cultivadas por especialistas: la astronomía, la estática, la óptica, armonía y matemática. Esta última, dominada por la geometría, era la que caracterizaba y daba unidad a todo el grupo, que era practicado, como un conjunto fuertemente unido, por los mismos individuos. A éstas se uniría un campo más, la teoría del movimiento local que, a raíz del análisis medieval, en el siglo XVI se convirtió en un campo autónomo.

Pues bien, respecto a este conjunto de las ciencias clásicas, Kuhn hace dos observaciones que, cuando se ponen en relación con su caracterización de las ciencias experimentales, resultan fundamentales. En primer lugar, destaca que, tanto en la Antigüedad como durante la RC, los practicantes de estas ciencias clásicas realizaron, con pocas y notables excepciones, pocos experimentos y observaciones minuciosas. En segundo lugar, las transformaciones radicales que caracterizaron la RC se dieron precisamente en estas ciencias clásicas que, durante los siglos XVI y XVII «fueron reconstruidas desde sus cimientos», pero los otros ámbitos de las ciencias naturales, las ciencias baconianas, no experimentaron transformaciones semejantes.

Por tanto, si uno piensa en la Revolución Científica como una revolución de *ideas*, lo que tiene que tratar de entender son los cambios en estos campos tradicionales, quasi-matemáticos. Aunque, durante los siglos XVI y XVII, a las ciencias también les sucedieron otras cosas de importancia vital (la Revolución Científica no fue meramente una revolución mental), resultaron ser de clase distinta y hasta cierto punto independiente[7]. [Cursiva en original.].

En cuanto a las «ciencias baconianas», lo primero que cabe decir es que no sólo no tenían una larga tradición, sino que incluso a principios del siglo XVII prácticamente no existían como tales ciencias. Simplemente empezaban a organizarse en los a veces muy burdos intentos de las historias naturales baconianas. El estudio de fenómenos relacionados con el magnetismo, la electricidad, la termometría, o los que nosotros ubicaríamos en la química, y de muchas otras cuestiones enraizadas en el mundo artesanal y técnico, se desarrollaron enormemente a lo largo del siglo XVII y especialmente a partir del 1650, pero se organizarían en distintas ciencias naturales sólo mucho más tarde, en la segunda mitad del siglo XVIII o en el XIX. La caracte-

7 Kuhn 1983, p. 66. Puede verse el original en Kuhn 1977, p. 41. Dado lo desastroso de la traducción castellana, también citaré siempre la versión original.

rística fundamental de estos campos de estudio era su carencia total de teorías mínimamente articuladas de modo que pudieran someterse a contrastación empírica[8]. En un principio, por tanto, las «ciencias baconianas» no aportaron otra cosa que inventarios de efectos experimentales desconocidos hasta entonces. Por tanto, si a lo sumo estaban empezando a constituirse, estas ciencias baconianas difícilmente podían sufrir profundas transformaciones como las que experimentaron las ciencias clásicas. Pero, como es bien sabido, además iban arropadas por una auténtica campaña en favor de la importancia del experimento, de ahí que ese conjunto de quehaceres se reuniera bajo el rótulo de «filosofía experimental» o «física experimental». Si las ciencias clásicas eran *matemáticas*, las baconianas, como su nombre indica, eran *experimentales*, o eran conjuntos de experimentos que aspiraban a organizarse en ciencia. Pero sus practicantes, encabezados por Bacon, pensaban que más valía experimento sin teoría que teoría sin experimento. Con la cantidad de errores que la historia de la filosofía había acumulado, lo primero que había que hacer era hacer acopio de hechos, la teoría ya vendría después. De ahí que Bacon pudiera rebajar el nivel de exigencia en la preparación que se necesitaba para contribuir al desarrollo del conocimiento. Para recolectar fenómenos más o menos llamativos, no hacía falta un talento especial y, además, su método contribuiría a democratizar la investigación científica.

Pues bien, esta distinción introducida por Kuhn permite ahora afrontar el tema de la importancia del «método experimental» y de un «nuevo modo de pensar», del siglo XVII, de un modo más adecuado y menos maximalista. Se puede hablar, como Koyré por ejemplo, de la RC como una transformación conceptual porque, efectivamente, ésta se dió: en las ciencias clásicas. Pero también hay que reconsiderar el papel del «método experimental» en términos más ajustados. Ya no parece adecuado hablar del método experimental o del recurso a la experiencia sin más, frente a la pura especulación, perpetuando un planteamiento que, efectivamente, se dio en el siglo XVII. Frente a los que, continuando una retórica del siglo XVII, pretenden que

[8] Como comenta Carlos Solís: «En el caso de las áreas baconianas, la ausencia de teorías precisas hace que la investigación se vea presidida por marcos conceptuales filosóficos muy vagos y generales (el cartesianismo, el atomismo, el mecanicismo, el hermetismo), incapaces de establecer un nexo firme con los fenómenos para predecir o prohibir tajantemente situaciones de hecho bien especificadas». Véase la «Introducción» a la antología de textos de Robert Boyle 1985, p. 22.

con la RC se toma conciencia y se propugna la necesidad de la experimentación, Kuhn insiste en que, en la RC, esa «*filosofía* empirista no era ninguna novedad»; y tras recordar que aunque se diera un aumento importante de la experimentación, lo más decisivo aún son «las diferencias cualitativas entre las antiguas y las nuevas formas de experimentación»[9], añade Kuhn:

> Los protagonistas del nuevo movimiento experimentalista, a menudo llamados baconianos debido a su principal propagandista, no únicamente ampliaron y elaboraron los elementos empíricos que ya estaban presentes en la tradición de las ciencias naturales clásicas. En lugar de eso, crearon una clase de ciencia empírica diferente que, en lugar de suplantar a su predecesora, durante un tiempo coexistió con ella[10].

Cabe, efectivamente, diferenciar el papel del experimento en una y otra tradición. En las ciencias clásicas el experimento podía ser de distintas clases y tener distintas funciones, y no siempre es fácil determinar en cuál de ellas debemos incluir un determinado experimento. El «experimento mental», en el siglo XVII, ya tenía una larga tradición, como hemos mencionado. En cualquier caso, en las ciencias clásicas, el experimento podía tener la función de confirmar una predicción teórica, o bien de responder a preguntas planteadas por la teoría. En las ciencias baconianas, por el contrario, los experimentos no tienen la función de fortalecer teoría alguna, ni ejemplifican ninguna ley,

> sino que al modo expuesto por Bacon para las historias naturales, constituyen genuinos experimentos de exploración de una naturaleza cuyo comportamiento resulta impredictible; son experimentos heurísticos, genuinas preguntas a la naturaleza cuyas respuestas se arrancan a veces con violencia, obligándola a ponerse en tesituras en las que ella normalmente no se sitúa[11].

Durante la RC, y en gran medida hasta el siglo XIX, las ciencias clásicas y las baconianas constituían dos tradiciones independientes e incluso opuestas[12]. Así pues, dice Kuhn, cabe aceptar que

---

[9] Kuhn 1983, pp. 66-67; Kuhn 1977, p. 42.

[10] *Ibid.*

[11] Carlos Solís en su «Introducción» a Boyle 1985, p. 22.

[12] Como es bien sabido Bacon se oponía no sólo a las matemáticas sino a la propia estructura deductiva de las ciencias clásicas. Por otra parte, Kuhn señala la exis-

Con todas las reservas debidas, algunas importantes, resulta que Alexandre Koyré y Herbert Butterfield estaban en lo cierto. La transformación de las ciencias clásicas durante la Revolución Científica es atribuible, con más exactitud, a nuevas maneras de contemplar fenómenos ya estudiados, que a una sucesión de descubrimientos experimentales imprevistos [13].

En mi opinión, cabe introducir un matiz. Para Koyré la RC es precisamente la transformación de las ciencias clásicas. Y las reservas más importantes a que alude Kuhn, serían debidas precisamente a que no distingue una cosa de otra o, dicho de otro modo, a que Koyré simplemente no acepta la existencia de las ciencias baconianas. Y así lo prueba, creo, la valoración que hace Koyré de la aportación de Bacon a la RC o más bien de su falta de aportaciones. Kuhn sostiene que la infravaloración que Koyré hace de Bacon es el «resultado de considerar las ciencias como una». Puede que éste sea un modo de decirlo, pero puede resultar equívoco [14]. Yo creo que resulta más exacto decir que Koyré defiende *una filosofía de la ciencia* que no incluye las actividades desarrolladas en el siglo XVII, en el programa baconiano, dentro de la ciencia, que no las considera como ciencias. La identificación que hace Koyré entre RC y transformación de las ciencias clásicas se basa en su firme creencia, defendida en numerosas ocasiones: «Creo que la ciencia, la de nuestra época como la de los griegos, es esencialmente *theoria*» [15]. Cuando Koyré habla de Bacon como del «heraldo, el *buccinator* [trompetero] de la ciencia moderna, no uno de sus creadores» [16], no ignora el papel que éste tiene entre

tencia de grandes escepciones como Galileo y Newton que, con todo, a pesar de participar en las dos tradiciones, no constituyen contraejemplos de su separación. Vease Kuhn 1983, pp. 74 ss.; Kuhn 1977, pp. 48 ss.

[13] Kuhn 1983, p. 71; Kuhn 1977, p. 46.

[14] No se trata, en mi opinión, de que Koyré no distinga las distintas ciencias y actividades que se dieron históricamente en el siglo XVII. Es cierto, por una parte, que Koyré valora como especialmente importante el «nuevo modo de pensar» que se introduce en el siglo XVII, llamémoslo *mecanicismo*, que no es atribuible a una u otra de las ciencias individuales clásicas. Así pues, Koyré considera las ciencias clásicas como una en el sentido de que son las responsables de la introducción de una nueva imagen de la naturaleza, del hombre y de Dios, de una nueva concepción del ser y del conocimiento. Si es que en estas cuestiones pueden trazarse fronteras, quizás cabría decir que el planteado es un tema historiográfico. Por otra parte, la afirmación de Kuhn puede entenderse en el sentido que a continuación desarrollamos en el texto, que constituiría un tema más netamente filosófico.

[15] Koyré 1977, p. 385.

[16] Koyré 1977, p. 151.

los filósofos experimentalistas de Inglaterra, no ignora la labor que se está llevando a cabo en la confección de la historia natural baconiana, simplemente no considera que eso sea ciencia. De hecho, Koyré nos lo dice así en multimples ocasiones. Afirma, por ejemplo, que si Newton triunfó en la óptica y Boyle o Huygens fracasaron fue «como consecuencia de la insuficiencia de su filosofía de la ciencia —tomada de Bacon» [17]. Pero Koyré es aún más contundente y claro:

Sin embargo, sea cual sea la importancia de los nuevos «hechos» descubiertos y reunidos por los *venatores*, la acumulación de un cierto número de «hechos», es decir, una pura colección de datos de observación o de experiencia, no constituye una ciencia: los «hechos» deben ser ordenados, interpretados, explicados. Dicho de otro modo, hasta que no se somete a un tratamiento teórico, un conocimiento de los hechos no se convierte en ciencia [...] La experimentación es un proceso teleológico cuyo fin está determinado por la teoría. El «activismo» de la ciencia moderna tan bien advertido —*scientia activa, operativa*— y tan mal interpretado por Bacon, sólo es la contrapartida de su desarrollo teórico [18].

No se trata, pues, de que Koyré trate las ciencias como una sola, sino de que su filosofía de la ciencia es un tanto estrecha para abarcar lo que Kuhn llama «ciencias baconianas». Para ser justos, cabe cuestionar la exactitud de la expresión *ciencias* baconianas aplicada al siglo XVII. Desde luego, entonces, y el propio Kuhn lo señala, no estaban constituidas como conocimiento organizado, como las ciencias que pasarían a constituir después. Pero si continuamos la reflexión por este camino —el precepto historiográfico de la contextualización, tan caro a Koyré— nos vemos obligados a reconocer como más importantes las limitaciones de las tesis de Koyré.

Si Kuhn tiene razón frente a Koyré, como creo que la tiene, es no sólo por la mayor amplitud de su perspectiva filosófica, sino también porque la afirmación de Koyré, por más elaborada que esté filosóficamente, es incorrecta históricamente. Es evidente que, aproximadamente desde mediados del siglo XVII, y no sólo en la Inglaterra de la *Royal Society*, aunque más en las islas británicas que en el Continente, las «ciencias baconianas» de Kuhn eran consideradas como la tarea

---

[17] Koyré 1977, p. 6. Resulta muy interesante comparar estas afirmaciones de Koyré con los comentarios que hace Kuhn al respecto en Kuhn 1983, p. 75; Kuhn 1977, p. 50.

[18] Koyré 1977, p. 275.

fundamental de la comunidad científica [19]. Sea cual sea la limitación o esterilidad que nosotros podamos criticar en esta labor, aunque podamos discutir que su trabajo fuera en realidad tan fielmente baconiano como sus declaraciones dan a entender, el hecho es que la cientificidad, el *status* gnoseológico de esta labor experimental no eran puestos en duda ni por un momento. Más aún, eran precisamente esas actividades las que, a finales del siglo XVII y buena parte del XVIII, constituían el modelo de conocimiento, de ciencia. Con lo que, por una parte, hay que decir que, *historiográficamente*, la tesis de Kuhn es intachable. Por otra, hay que reconocer que, después de todo, también la filosofía de la ciencia de Koyré era una filosofía de la física matemática.

En cualquier caso, es evidente que la distinción kuhniana de las ciencias de la RC permite pensar la obra de Bacon de modo más equilibrado. Su papel en las transformaciones conceptuales de la RC fue más bien nulo, pero su importancia en la constitución de toda una serie nueva de disciplinas que, andando el tiempo completaría el marco de *nuestra* física, fue fundamental. Esa perspectiva kuhniana permite, además, apreciar en su justo valor la imagen de Bacon como una figura de transición entre el mago renacentista y el nuevo científico, si entendemos a éste último como «filósofo experimental», ejemplificado por Boyle. De hecho, como decíamos, la distinción kuhniana puede replantear en términos más adecuados muchas de las polémicas formuladas por las tesis globales sobre la RC. El propio Kuhn apunta la posible operatividad de su distinción en polémicas como la influencia del hermetismo en la ciencia o ciencias de la RC [20]. Por otra parte, parece claro que sus tesis se muestran sumamente adecuadas para reubicar las tesis de Merton y su campo de aplicación. Como es sabido, con los estudios de M. Weber y R. K. Mer-

[19] Piénsese en los distintos proyectos —como el de Huygens para la futura Académie des Sciences de París— para la fundación de academias científicas o en las declaraciones programáticas de éstas —tanto las de la Royal Society como las de la Académie des Sciences de París. Aunque haya diferencias entre las prácticas de ambas instituciones, en sus declaraciones siempre destacan con ahinco de picador que la labor a realizar por la comunidad científica consiste en la exploración de la naturaleza para acumular hechos. Sólo cuando se hayan reunido los suficientes, se podrá empezar a pensar en elaborar teorías.

[20] Cabría ver hasta qué punto el interrogante de Kuhn respecto a la relación entre la tradición baconiana y la de las ciencias clásicas puede inter-relacionarse con la pregunta de Rattansi u otros por la relación de los conceptos de la alquimia con la mecánica, a la que aludíamos en el capítulo anterior.

ton[21] se estableció una relación estrecha entre el *ethos* protestante y el nacimiento de la ciencia moderna, especialmente en Inglaterra. Estudios posteriores han corregido las tesis de Merton. Después de todo, es obvio que también los países y científicos católicos —Italia, Francia, Galileo, Descartes— en los que obviamente no operaban los elementos del puritanismo destacados por Merton, también se hicieron aportaciones fundamentales a la nueva ciencia[22]. Pero el caso de las *ciencias baconianas* que, además, tuvieron un especial éxito en Inglaterra, parece que es un ámbito en el que se puede hacer justicia a la tesis mertoniana. Pero éste es un tema que, por más brevemente que sea, merece un comentario aparte.

II. INTERNALISMO Y EXTERNALISMO: DENTRO Y FUERA ¿DE DÓNDE?

En 1938, un año antes de la publicación de los *Estudios galileanos* de A. Koyré, se publicaba otra obra que también constituye un punto de referencia de una determinada directriz dentro de la historiografía de la ciencia. Se trata de la obra de Robert K. Merton, *Ciencia, tecnología y sociedad en la Inglaterra del siglo* XVII[23]. Hoy es un estudio clásico, que a veces es citado como el punto de referencia inicial más importante de la moderna sociología de la ciencia. El trabajo de Merton tenía antecedentes, por lo demás bien conocidos[24], hasta el punto de que A. R. Hall ha podido ver el trabajo de Merton como la culminación de una tradición más que como el principo de una tradición nueva. Pero lo cierto es que esta obra de Merton fue la más importante en su línea, y constituye el punto de referencia obligatorio al comentar el externalismo. La tesis de su libro es en realidad doble y

---

[21] M. Weber 1969 y R. K. Merton 1984.

[22] Puede verse la crítica de A. R. Hall. «Merton Revisited *or* Science and Society in the Seventeenth Century», en *History of Science*, 1963, pp. 1-16. Hoy recogido en C. A. Russell (comp.) 1973, pp. 55-73, donde también se recogen otros artículos de interés para el tema.

[23] El texto fue reeditado por Merton en 1970. La traducción castellana, Merton 1984, está hecha sobre esta reedición.

[24] El modelo de relación entre infraestructura y superestructura postulado por el marxismo constituye un antecedente teórico claro. Un trabajo clásico en este sentido es el del historiador ruso Boris Hessen «On the Social and economic roots of Newton's *Principia*» (1931). Véase Hessen 1971. Algo anterior pero más próximo teóricamente es el trabajo citado de Max Weber.

responde a dos hechos que él destaca. Por una parte, trata de explicar por qué se dió un crecimiento científico tan importante a mediados del siglo XVII, en Inglaterra. La respuesta para Merton radica en el impulso que el espíritu, el *ethos* puritano dio a la investigación científica. El entramado de distintas doctrinas teológicas y las ideas sobre el fin supremo de la existencia, «la glorificación de Dios», llevan al puritanismo a valorar positivamente y estimular el utilitarismo social, la búsqueda del éxito mediante el trabajo constante y metódico. Pero además, para el puritanismo, el estudio de los fenómenos naturales se convierte en un medio especialmente adecuado para mostrar la gloria de Dios, estimulando e impulsando así el desarrollo científico. Por otra parte, Merton intenta responder a la pregunta de por qué en este crecimiento de la ciencia se hace un especial hincapié en las ciencias físico-naturales. La respuesta, para Merton, estaría en las demandas sociales que planteaban a los científicos los distintos campos técnicos y artesanales, como la ingeniería, navegación, minería, metalurgia, etc.[25], que sólo podían ser satisfechas por las ciencias físico-naturales. De hecho, Merton fue cauteloso, o por lo menos ambiguo en la formulación de sus tesis. Afirmaba la existencia de una estrecha relación entre el puritanismo y el nacimiento de la ciencia moderna en Inglaterra, entre las demandas tecnológicas y el mayor desarrollo de las ciencias físico-naturales, pero no quedaba claro de qué tipo de relación se trataba exactamente[26]. Así se lo censuraba A. R. Hall, que no creía que las tesis mertonianas fueran en absoluto defendibles.

> ¿Cuando y en qué circunstancias se ve uno obligado a inferir que una determinada parte de un trabajo científico fue hecho por alguna razón extracientífica?[27].

Y Hall, desde luego, no cree que la religión, la tecnología o la economía constituyeran elementos relevantes para la ciencia moderna en el silgo XVII, en el sentido afirmado por Merton u otros autores más radicales como Zilsel[28]. Hay que reconocer que no resulta fácil

---

25 Para una y otra tesis puede verse respectivamente los capítulos IV-VII y del VII en adelante de Merton 1984. También Merton 1977.

26 Aunque, lo cierto es que muchos textos inducían a reflexionar que estaba pensando en una relación de tipo claramente causal.

27 A. R. Hall 1963, pp. 63-64.

28 Pueden verse los tres artículos de Edgar Zilsel publicados en 1940-41 en el *Journal of History of Ideas* y reeditados posteriormente en Philip P. Wiener y Aaron

determinar con la claridad, quizás debería decirse con el tipo de claridad que exige Hall, el tipo de relación que pueda existir entre distintos aspectos de la ciencia y otro tipo de elementos, especialmente si éstos resultan tan heterogéneos como los factores sociales o económicos. Pero quizás aquí sea aplicable y extensible el comentario de Kuhn respecto a la precisión de algunos términos usados en la discusión:

> El rótulo que aplica Merton —se refiere al término *puritano*— quizás sea impropio, pero no hay duda de que el fenómeno que describe sí existió[29].

En realidad, las tesis de Merton, en su momento, tuvieron muy poco éxito y fueron rápidamente dejadas de lado. Ya hemos visto que, por las mismas fechas de la publicación del libro de Merton, se estaba empezando a desarrollar con fuerza un nuevo modelo historiográfico que, prácticamente, dominaría el campo hasta los inicios de su constitución como disciplina profesional. En 1963, haciendo balance del estado del campo, A.R. Hall, tras hacer notar la ausencia casi total de artículos de línea externalista, afirmaba:

> Indudablemente, las explicaciones externalistas de la historia de la ciencia han perdido su interés tanto como su capacidad interpretativa. Una razón de ello pude ser que tales explicaciones nos dicen muy poco de la ciencia misma[30].

Pero en años más recientes, ha habido toda una serie de historiadores cuyos trabajos matizan, corrigen y desarrollan las tesis mertonianas. Los brillantes estudios de autores como Christopher Hill o Charles B. Webster, M. C. Hunter, a los que podrían añadirse, entre otros, los de M. C. Jacob, han seguido esta línea estudiando la relación de distintos aspectos de la cultura, sociedad y política inglesa del siglo XVII y la nueva ciencia[31].

Noland (comps.) 1971, pp. 228-289; así como su artículo «The Social Roots of Science», en *The American Journal of Sociology* (1941-42), núm. 47, pp. 544-562. Tesis más ponderadas en este sentido, pueden verse en Paolo Rossi 1970, o Bertrand Gille 1972.

[29] Kuhn «La historia de la ciencia», 1968, hoy en Kuhn 1983, p. 140; Kuhn 1977, pp. 115-116. El comentario de Kuhn alude al hecho de que muchas de las críticas dirigidas a Merton comentaban la ambigüedad del término «puritano».

[30] A. R. Hall 1963, p. 71.

[31] Ch. Hill 1980; Ch. Webster 1975; M.C. Jacob 1976; M. Hunter 1981. Es de

Pero el tema del externalismo, de la historiografía de la ciencia *externalista* no se acaba aquí, o quizás sería mejor decir que comienza aquí, pero no se sabe muy bien dónde se acaba. Es decir, la frontera que separa la historia interna de la historia externa no está muy claramente definida y es evidente que distintos historiadores utilizan distintos criterios fronterizos. Hemos visto que en la pregunta que planteaba A. R. Hall se aludía no ya a las visiones sociologistas en particular sino que se trazaba una delimitación más global. La pregunta que, sin duda, Hall consideraba un desafío insuperable hablaba de «razones externas» sin más. Unas líneas más abajo constrasta la esterilidad de las directrices historiográficas mertonianas con la fertilidad manifiesta del modelo del «*historiador intelectual*» cuyo ejemplo paradigmático es Koyré. De esta manera, Hall identifica «*historia intelectual*» con «*historia interna*», cosa por lo demás frecuente. Más aún, Hall está usando una caracterización muy común del término «externalismo» que lo definiría del siguiente modo:

Teoría según la cual las circunstancias sociales, políticas y económicas afectan a la búsqueda del conocimiento de la naturaleza[32].

Creo que cabe aclarar que el externalismo así definido no excluye de ningún modo que la investigación científica se vea afectada por otros factores, además de los mencionados. En concreto no excluye el papel posible de los distintos ámbitos culturales, filosofía, religión, etc., en la ciencia; al contrario, usualmente estos elementos suelen ocupar un papel central en la historia externalista, y el caso de las tesis de Merton son un buen ejemplo. Pero el externalismo se interesa especialmente por la ciencia en cuanto un fenómeno sociocultural

---

notar que, prácticamente todos ellos se han centrado en las *ciencias baconianas* en Inglaterra y, en cierto modo, pueden considerarse el desarrollo de la reformulación de las tesis de Merton atendiendo a la distinción kuhniana entre *ciencias baconianas* y *ciencias clásicas.*

Cabe decir que, al margen de la evidencia que puedan aportar a las tesis hasta aquí comentadas, hay otro tipo de relación que, en mi opinión, estos historiadores sí han contribuido a dejar bien establecida. En efecto, creo que un libro como el de M. C. Jacob 1976 muestra la influencia de la ciencia, o de algunos aspectos de ésta, sobre la sociedad o la Iglesia o algunos sectores de éstas, tan claramente o más que la relación inversa.

32 W. F. Bynum, E. J. Browne y R. Porter (comps.) 1986. Así se inicia la entrada «externalismo» en este *Diccionario de historia de la ciencia,* aunque la continuación matiza ampliamente esta definición inicial.

entre otros, y no por la ciencia en cuanto conocimiento. Si consultamos de nuevo el *Diccionario de Historia de la Ciencia* mencionado, nos dice que el «internalismo» es la

> Teoría según la cual la ciencia es fundamentalmente una empresa intelectual y abstracta, aislada de circunstancias sociales, políticas y económicas. Los historiadores internalistas se centran en el estudio de los aspectos obviamente intelectuales de la formulación y resolución de problemas relativos a la comprensión y al control del mundo natural[33].

Lo primero que debe destacarse respecto de estas definiciones, que en el mencionado *Diccionario* están desarrolladas en excelentes artículos, es el hecho de que tanto «externalismo» como «internalismo» son, ante todo, etiquetas creadas por los historiadores para caracterizar y valorar el enfoque historiográfico propio o ajeno. Está claro que, en numerosas ocasiones, estos términos constituyen el calificativo educado usado para delimitar aquello que, desde la propia perspectiva, en realidad se considera o bien totalmente marginal, cuando no independiente, respecto a la historia de la ciencia (externalismo), o bien una concepción estrecha y falseadora de la historia de la ciencia (internalismo). En segundo lugar, tanto un enfoque histórico de la cuestión como un recorrido por la historiografía de la ciencia actual muestra, en mi opinión, la relatividad de los criterios por los que pasa la delimitación de lo *interno* y de lo *externo*, a pesar de cierto grado de aceptación conseguido por las definiciones mencionadas[34].

Tras lo dicho a lo largo de los capítulos anteriores, quizás la definición del término «internalismo» puede parecer excesivamente ambigua o equívoca. Creo que, efectivamente, lo es en el sentido de que agrupa bajo el rótulo de internalistas a historiadores cuyas diferencias, incluso en la delimitación de lo externo e interno, resulta difícil ignorar por más que tengan en común que no son «externalistas» en el sentido definido más arriba.

Si recordamos el breve recorrido histórico por la historiografía de la ciencia de nuestro primer capítulo, podemos observar que desde Tannery a Koyré y, en definitiva, la moderna historiografía, se

[33] *Ibid.*, p. 322.

[34] Para precisiones importantes respecto a los posibles sentidos de los términos (historia) «interna» y «externa» puede verse el breve comentario bibliográfico de Kuhn 1979, p. 128.

oponía a un modo de hacer historia de la ciencia que sin duda podría denominarse radicalmente *internalista*. Efectivamente, la antigua historiografía —tanto la del siglo XVIII como la de Mach o Duhem— atendía poco menos que exclusivamente a las relaciones lógicas entre los conceptos científicos que se estructuraban para configurar nuestro actual cuerpo de conocimientos. Eso se hacía, claro está, a base de proyectar en el pasado nuestros propios conocimientos, lo cual, obviamente, es históricamente incorrecto. Desde esta perspectiva, la insistencia de Koyré en la estrechísima relación entre la ciencia, filosofía y religión en el siglo XVII, y la consecuente exigencia de tomar en cuenta esta situación al historiar la RC, puede parecer la reivindicación de una postura más *externalista*, y creo que efectivamente lo es.

Pero aquella vieja concepción historiográfica aun tiene sus partidarios. Siguen existiendo reconocidos maestros defensores de un internalismo radical. Un buen ejemplo de ese internalismo sin concesiones lo constituirían los trabajos de C. Truesdell.

En los escritos contemporáneos de Historia de la Ciencia ocurre lo mismo que en el comportamiento social: es de muy mal gusto llamar a las cosas por su nombre. En particular, la tendencia al eufemismo llega al extremo de rechazar de plano el que pueda haber algo erróneo en la Ciencia[35].

Según Truesdell, la pretensión de la moderna historiografía de no proyectar nuestras categorías y conocimientos y ubicar y juzgar la obra de los científicos en su época no es más que una fuente de error. Para este autor las cosas son mucho más sencillas y claras y estos historiadores de la ciencia

olvidan el hecho importante de que los científicos buscan *la* verdad y no *una* verdad. [Y en nota a pie de página continua:] ¿Por qué no llevar a su más alto grado la imparcialidad de estos nuevos historiadores? Incluso ellos mismos admiten que la ciencia se ocupa de la teoría y la demostración de los fenómenos naturales. Ahora bien, si esta ciencia está condicionada temporal, social e institucionalmente, ¿sucede lo mismo con los fenómenos que investiga? Si el movimiento mecánico perpetuo y la transmutación química de los elementos se consideran imposibles hoy en día, ¿acaso eran posible en tiempos de Leonardo o Newton?[36].

---

35 C. Truesdell 1975, p. 140.

36 *Ibid.*

III. UN INCISO: VERDAD DE LA BUENA

Detengámonos un momento en este texto. Quizás lo primero que cabría destacar es que lo que los científicos individuales pretendan, por el hecho de pretenderlo, no tiene nada que ver con lo que consigan. El que «busquen» *la* verdad no es relevante en absoluto respecto a que lo que ellos encuentren sea *la* verdad o *una* verdad, ni garantiza en absoluto que encuentren una u otra. Pero eso permite formular una pregunta relevante para este tema: ¿qué diferencia habría entre el proceder de dos científicos, ocupados en un mismo problema, uno de los cuales buscara *la* verdad y otro que buscara *una* verdad? En la medida en que aceptemos que la expresión de Truesdell «buscar una verdad» tiene algún contenido, creo que la respuesta es que no habría ninguna diferencia. Pero precisamente por lo que nos dice este autor a continuación, tenemos razones para suponer que tal expresión era un mero recurso retórico.

Pero, además, resulta llamativo el modo en que Truesdell plantea la cuestión. No establece un paralelismo entre lo que *es posible* hoy y lo que *era posible* en el siglo XVI o XVII. Ni siquiera lo establece entre lo que hoy *se considera* posible (o imposible) y lo que entonces *se consideraba* posible (o imposible). Establece el paralelismo entre lo que hoy *se considera* y lo que entonces *era.* Lo que hace más complicado y farragoso el asunto. Parece claro, en todo caso, que Truesdell establece una identificación, al menos respecto a los puntos mencionados, respecto a lo que hoy se considera y *la* verdad. Es decir, lo que hoy nosotros consideramos respecto a la imposibilidad del movimiento mecánico perpetuo y de la transmutación de los metales es, para Truesdell *la* verdad. Además debemos suponer que Truesdell da por supuesta, en primer lugar, la estabilidad de los hechos y su independencia de nuestras consideraciones sobre ellos[37]. En segundo lugar da por supuesto que, sentado esto, si una proposición sobre un hecho es verdadera, lo será con independencia de lo que nosotros creamos, de dónde y de cuándo lo creamos. Más aún, y eso es importante para nuestro tema, no sólo podemos equivocarnos al afirmar que algo es verdadero, sino que algo puede ser verdadero sin que nosotros jamás alcancemos a saberlo, e incluso aunque no podamos saberlo.

[37] No entraré aquí en el hecho de que la física cuántica ha rechazado este supuesto. Pueden verse al respecto opiniones de importantes protagonistas actuales del campo en P. C. W. Davies y J. R. Brown, 1989.

Aceptando que eso sea correcto, ¿qué relevancia tiene para la historia y para la historiografía de la ciencia? ¿Qué relevancia tiene para la investigación de los científicos que quiere conocer la naturaleza o determinados ámbitos de ésta y proponen y aceptan o rechazan teorías, o para el historiador que quiere dar cuenta de la historia de la ciencia o, en general, para cualquiera interesado por la consecución del conocimiento científico? Ya hemos visto que Truesdell tiene por verdaderas las proposiciones que niegan la posibilidad del movimiento mecánico perpetuo y la posibilidad de la transmutación química de los elementos[38]. ¿Por qué? Realmente tenemos muy buenas razones para afirmar lo que afirmamos en los casos que Truesdell cita y en muchos otros en los que nuestras afirmaciones difieren de las hechas por los científicos de siglos anteriores. Los hechos y la corrección de los razonamientos apoyan esas teorías que hoy defienden los científicos. Pero, aceptado esto, caben dos preguntas:

A) ¿Creemos acaso que los científicos del pasado no tenían también «buenas razones» para afirmar lo que afirmaban, que eran unos insensatos que no afirmaban, tal como lo hacemos nosotros, lo que los hechos y el razonamiento correcto les dictaban?

B) ¿Permiten «nuestras buenas razones» asegurar que lo que afirman nuestros científicos *hoy* es *la* verdad?

Tomemos un ejemplo.

En el siglo III a.C., Aristarco de Samos había propuesto un sistema que afirmaba el movimiento de la Tierra, tal como más tarde haría Copérnico y aceptaría la ciencia moderna. No obstante, el hecho bien conocido es que prácticamente la totalidad de los astrónomos y cosmólogos de entre los siglos II a.C. y XIV d.C. que afrontaron la cuestión, rechazaron la tesis de Aristarco. Examinaron detenidamente la teoría y concluyeron, de acuerdo con Aristóteles y Ptolomeo, que estaba mejor sustentado el sistema geostático. Concluyeron que el movimiento terrestre era imposible, que afirmarlo era absurdo. También ellos habrían podido preguntar retóricamente, *con la misma seguridad y exactamente por el mismo tipo de razones o con el mismo tipo de criterios que Truesdell*, si es que el movimiento terrestre que ellos «consideraban» imposible, en tiempos de Aristarco era posible. Y, siguiendo con el recurso retórico, también habrían considerado la

[38] Respecto a estas cuestiones, estas proposiciones son *la* verdad, y las proposiciones que afirman lo contrario son *falsas* ahora y lo eran en los siglos pasados.

cuestión suficientemente evidente para dar por supuesta la respuesta, como hace Truesdell. Como es bien sabido, no se quedaron en la retórica sino que argumentaron detalladamente su posición. Desafortunadamente, no conocemos los argumentos de Aristarco en favor de sus tesis. Arquímedes, que nos informa de estas ideas de Aristarco, no nos transmite ninguna justificación dada por éste[39]. Pero es obvio que los argumentos de Aristarco no fueron nada convincentes, porque no tuvo seguidores. Más aún, lo que realmente constituye un problema es en qué razones se apoyó Aristarco para proponer un sistema heliocéntrico. Porque lo que sí sabemos con seguridad es que no fueron *nuestras* razones las que le indujeron a proponer el sistema heliocéntrico, que no tenía los mismos argumentos que nosotros para defender la afirmación del movimiento de la Tierra.

Hoy podría decirse: Aristarco defendía lo que nosotros afirmamos que es verdadero, y sus oponentes, del siglo que sea, por muchos que fueran, estaban en contra. Es decir, Aristarco decía la verdad y sus oponentes afirmaban algo erróneo. Ahora bien, si aceptamos que nuestras afirmaciones son aceptables por las buenas razones que las sustentan, que decimos de algo que es verdadero porque tenemos fundamento racional y empírico para afirmarlo[40], y si además tomamos en cuenta los datos de observación y principios teóricos de que disponían aquellos científicos, deberemos convenir que la actitud de todos los críticos de Aristarco fue la actitud *racional, científica*. Debemos admitir que actuaron igual que lo hacen nuestros científicos hoy y, precisamente por eso, rechazaron la afirmación del movimiento terrestre y afirmaron el geostatismo. Se ha insistido numerosas veces en ello. Toulmin y Goodfield, por ejemplo, señalan al respecto:

> Por consiguiente no debemos sorprendernos de que los griegos fueran escépticos con respecto a la sugestión de Aristarco; más bien debemos felicitarlos por su buen sentido. Al juzgarlos como científicos, es decir, como intérpretes racionales de la naturaleza, lo importante no es saber a cuántas conclusiones de las que nosotros aceptamos habían llegado, sino en qué me-

---

[39] Arquímedes. *El Arenario*, en Francisco Vera (comps.) 1970, p. 205.

[40] Naturalmente, según lo dicho más arriba, algo puede ser verdadero independientemente de lo que afirmemos nosotros. Pero, si queremos decir de algo que es verdadero, exigiremos «buenas razones» para hacerlo. No aceptaremos como verdadera la afirmación de alguien si no dispone de una buena justificación de su afirmación. Incluso así podemos equivocarnos, es cierto, pero eso no obsta para que exijamos una buena justificación. Al contrario, lo que ese peligro puede provocar es que seamos más exigentes. Y se supone que precisamente los científicos son los más exigentes.

dida sus conclusiones se hallaban fundamentadas por los elementos de juicio disponibles por entonces. En la medida en que sus juicios se hallaban influidos por el peso de las pruebas, puede decirse que pensaron científicamente [41].

Está claro, pues, que si uno examina la cuestión con un poco de atención, no puede acusar a aquellos (autores del pasado) que no están de acuerdo con nosotros de no ser tan cuidadosos como nosotros en sus argumentaciones y en su respeto a los hechos.

Pasando a nuestro segundo interrogante, seguramente Truesdell es uno de los pocos que hoy afronta estas cuestiones en estos términos de la verdad. Quizás sea oportuno recordar aquí que un entusiasta defensor de *la* verdad, que ha pensado algo más detenidamente la cuestión, ha concluido que lo que podemos afirmar con seguridad es que determinada proposición o teoría es *falsa* pero no que es *verdadera.* Y según nos cuenta el mismo Popper a quien, naturalmente, me estoy refiriendo, eso se le ocurrió cuando la teoría científica que más «verificaciones» o «confirmaciones» había recibido, la que se consideraba más sólida, es decir, la teoría dinámica newtoniana, fue sustituida por la de Einstein [42]. La experiencia histórica y la lógica parecen inducir a la prudencia y a la humildad, y a dejar de lado la identificación entre lo que nosotros afirmamos hoy, con fundamento, y *la* verdad, aun en el caso de que aceptemos que eso es lo que buscan los científicos.

Pero la historia y la filosofía de la ciencia quizás pueden inducirnos a dar un paso más. Ya no se trata únicamente de si es correcto o no el identificar determinadas afirmaciones nuestras como verdaderas, sino de proponer si es útil o necesario plantear esta cuestión. ¿Contribuye en algo a la calidad, claridad, precisión de nuestro trabajo historiográfico? Se puede contar la historia de la astronomía hasta el siglo XVII, para utilizar el ejemplo al que hemos aludido, sin introducir el término «verdad» y sin que, por ello, nuestro relato pierda nada mínimamente relevante. De hecho, los historiadores que he mencionado así lo hacen y no sólo no desmerecen respecto de las «historias» más tradicionales, sino que son considerados modélicos. Si nuestro relato ha explicado el proceso por el que una determinada teoría se impuso, el hecho de que el historiador añada al final de su re-

---

[41] S. Toulmin, y J. Goodfield 1963, pp. 141-142. Pueden verse también las observaciones y argumentaciones en el mismo sentido de Kuhn 1978, pp. 73 ss.; y Hanson 1978, pp. 29 ss.

[42] Popper 1977, pp. 50-51. Sobre estas ideas de Popper me permito remitir al lector a A. Beltrán 1983a.

lato o explicación que esta o aquella opinión que fue aceptada era «verdadera» no lo mejora en absoluto, ni le añade nada relevante. Si, como Truesdell, lo afirma porque años o siglos después nosotros la consideramos verdadera, está claro que eso no añade nada relevante ni pertinente al relato, simplemente indica que Truesdell se mueve dentro de un modelo historiográfico *whig*. Si nuestro horror ante la pasada guerra civil española no afecta en absoluto el que tuviera lugar y el que murieran tantas personas, ¿por qué nuestras actuales consideraciones sobre la verdad de esto o aquello tienen que afectar a lo que pensaran y aceptaran los científicos hace años o siglos? Nuestro conocimiento del experimento del péndulo de Foucault no hace en absoluto mejores las razones y argumentos de Copérnico, Kepler, Galileo o cualquier otro autor del siglo XVII en favor del movimiento de la Tierra, ni le da ninguna ventaja al historiador a la hora de explicar y justificar el comportamiento racional y científico de aquellos eminentes científicos.

Lo dicho aquí puede ayudar a entender el hecho de que Kuhn, en *La estructura de las revoluciones científicas*, insista en el hecho de que, ni en su análisis de casos históricos, ni en la exposición, sus tesis filosóficas e historiográficas sobre el desarrollo de la ciencia, no ha necesitado recurrir al término verdad; y en que el proceso de desarrollo de la ciencia no necesita de *la* verdad como meta, porque es un proceso de «evolución-a-partir-de-lo-que-conocemos» y no una «evolución-hacia-lo-que-deseamos-conocer»[43].

Por lo demás, está claro que no se trata en absoluto de desinterés por parte de Kuhn respecto de la concepción de la verdad, sino más bien, si se me permite decirlo así, del desinterés de la concepción mencionada de la verdad por la historia de la ciencia, por la ciencia real[44].

***

[43] Kuhn 1971, pp. 262-263, texto citado en nuestro primer capítulo. De hecho, bajo estas cuestiones historiográficas, late la dificultad fundamental de la relación teoría-hechos, la «teoría epistemológica», que Kuhn hace objeto central de su libro y sobre la que no vamos a insistir aquí. Nótese, en cualquier caso, que en el texto de Truesdell que hemos transcrito, éste da por sentada una distinción radical entre la ciencia como investigación *colectiva, institucional y realizada en un determinado momento*, de los *fenómenos que investiga*. Es decir, por un lado estarían los científicos con sus creencias y las distintas influencias que los afectarían o condicionarían, y por otro, independientes, los «hechos», incontaminados, inmunes al capricho de modas y épocas. Eso es precisamente lo que no es obvio en absoluto.

[44] «Aquí quisiera decir: una rueda que puede girarse sin que con ella se mueva el resto, no pertenece a la máquina». Wittgenstein 1988, Parte I, 271, p. 233.

Pero, retomando nuestro tema, desde la perspectiva de Truesdell, hacer historia de la ciencia tal como la moderna historiografía la entiende, es decir, entre otras cosas una historiografía que *contextualice* los conocimientos, teorías y creencias en su momento, es, por definición, hacer «historia externa». Truesdell caricaturiza un tanto la postura de Koyré, pero no caricaturiza en absoluto la propia postura. Es la postura de un científico que concibe la historia de la mecánica como un modo más de investigar en la mecánica racional, uno de tantos inquilinos del tercer mundo popperiano. Ya hemos mencionado más arriba y en capítulos anteriores los supuestos filosóficos de cada postura, y no es necesario insistir aquí en la cuestión. Hablando de los libros de historia de la paleontología escritos desde «la anterior tradición histórica», Martin J. S. Rudwick nos ofrece lo que puede considerarse una respuesta al texto de Truesdell:

> [...] y las figuras del pasado podían dividirse, a grandes rasgos, en los que habían estado «en lo cierto», y aquellos cuyas opiniones había sido «erróneas». Para los historiadores de la ciencia de nuestros días este tipo de historiografía es ya un cadáver que no merece grandes discusiones[45].

En 1970, Stilman Drake, en un claro y legítimo intento de disputarle a Koyré el lugar que ocupa entre los estudiosos de Galileo y enmendarle la plana, publicó su *Galileo Studies. Personality, Tradition and Revolution*[46]. Drake alude a la importancia dada por Koyré a la filosofía en el nacimiento de la nueva ciencia, es decir la importancia dada a lo que Drake considera «factores externos»[47]. Frente a lo que Drake considera una relación deductiva, establecida por los historiadores entre la filosofía y determinadas ideas —metodológicas— de Galileo, el historiador americano propone un tipo de investigación que llama «biográfico». Esta investigación buscará las razones de las ideas de Galileo no en factores externos, como las discusiones metodológicas de su momento, sino en la «plausibilidad interna» de su obra, utilizando como criterio la «plau-

---

[45] M. J. S. Rudwick 1987, p. 16.

[46] Drake alude a la voluntaria similitud del título de su libro con el de Koyré, *Estudios galileanos*, como dirigida a sugerir el carácter «complementario» de las dos aproximaciones a Galileo. Cualquier lector puede ver, no obstante, que Drake trata más bien de construir una imagen alternativa. Drake 1970, p. 14.

[47] Drake 1970, pp. 5 y 10.

sibilidad psicológica». Es, sin duda, una visión muy personal de la cuestión. Pero, en cualquier caso, Drake afirma explícitamente:

> La reconstrucción del pensamiento de Galileo intentada aquí hace uso, básicamente, de la evidencia interna y la plausibilidad piscológica; en los *Estudios Galileanos* de Koyré, el criterio era, principalmente, la evidencia externa y la deducción lógica[48].

Así pues, mientras que, comparado con Merton, Koyré es sin duda un modelo de «internalismo» y así es presentado por Hall, comparado con Drake o Truesdell es un «externalista» especialmente representativo, y así lo consideran explícitamente estos historiadores. Quizás la expresión «historiador intelectual» sería adecuada para describir el tipo de historiografía propugnada por Koyré, atenta a la contextualización *en la cultura* de su momento de las teorías científicas. Mientras que historia interna podría aludir al tipo más restringido de investigación de Drake y, sobre todo, de Truesdell. Pero no pretendo en absoluto introducir un cambio de sentido en estas expresiones, porque además ello tampoco solucionaría todas las ambigüedades. Es obvio que A. R. Hall se considera a sí mismo un «historiador intelectual» en la línea de Koyré. En los capítulos anteriores vimos que también él insistía en la importancia del «momento filosófico» en la RC. Sin embargo, hemos visto también que a la hora de determinar la influencia del entorno filosófico y cultural en general, se distancia claramente de Koyré. Éste no sólo no tiene ningún inconveniente en aceptar la influencia de corrientes como el «neoplatonismo» en autores como Copérnico o Kepler, sino que la afirma explícitamente. Mientras que A. R. Hall no se muestra en absoluto receptivo a la idea de una influencia del hermetismo en la RC en general o en determinados científicos en particular. Del mismo modo, la actitud de Kuhn, sin duda un «historiador intelectual», ante temas como la influencia del hermetismo o del «puritanismo» o incluso de factores sociales en general en la RC, es claramente distinta e incluso distante de la de Hall.

Pero, además, la expresión «historia intelectual» puede plantear problemas incluso aparentemente más serios. Trabajos de Paolo Rossi, como *Los filósofos y las máquinas*, *Francis Bacon: de la magia a la ciencia*, o bien *I segni del tempo. Storia della Terra e Storia delle nazioni da*

[48] Drake 1970, p. 14.

Hooke a Vico[49], ¿pertenecen al campo de la historia de la ciencia? No hay un criterio establecido para responder con un sí o un no. Ahora bien, está claro que[50] los historiadores de la ciencia los citan reiteradísimamente y al menos en este sentido pertenecen al campo. En todo caso, habrá que preguntarse qué tipo de denominación tenemos que dar a un tipo de trabajos a los que los historiadores de la ciencia se ven obligados a referirse tan frecuentemente. Sospecho que A. R. Hall no les concedería la adscripción sin reticencias. Pero, en cualquier caso, resulta relevante el comentario del propio Rossi al respecto. Me parece relevante por una doble razón: en primer lugar, porque creo que denota algún tipo de punto de inflexión en la evolución de Rossi; en segundo lugar, porque atañe directamente al tema que estamos tratando aquí. En el último de los libros mencionados, *I segni del tempo*, Rossi comenta:

> Como otros trabajos míos y como el libro anterior sobre *I filosofi e le macchine* que en 1971 ha sido publicado de nuevo en esta misma colección [se refiere a la colección *Storia della Scienza* de Feltrinelli] también este volumen nace de la convicción de que una historiografía atenta a la vez a las teorías científicas, a las filosofías, a las corrientes de ideas, tenga una función precisa. Este género de investigaciones, que no pertenece en sentido estricto ni a la historia de la filosofía ni a la historia de la ciencia, tiene una tradición muy respetable y parece ser, en los últimos años, objeto de renovada atención, sobre todo por parte de los historiadores de la ciencia. Esto parece depender en gran medida de la fortísima crisis (probablemente irreversible) que está atravesando aquel tipo de historia «epistemológica» de la ciencia que concebía las reconstrucciones históricas como una especie de inventario de «ejemplos reconfortantes» para puntos de vista epistemológicos ya consolidados[51].

Se puede encontrar la contrapartida a este texto en un historiador de la ciencia. Efectivamente, Kuhn, años antes, en su revisión del campo de la historiografía de la ciencia, decía:

> Aunque el salto parezca pequeño, no hay abismo que más necesite ser salvado que el existente entre el historiador de las ideas y el historiador de la ciencia[52].

---

[49] Rossi 1970; 1990 y 1979 respectivamente.

[50] Con independencia del hecho, que puede considerarse marginal, de que se hayan publicado tanto en colecciones de historia de la ciencia como de historia de la filosofía o de las ideas, y alguno en una y otra sucesivamente.

[51] Rossi 1979, p. 14.

[52] Kuhn 1983, p. 138; Kuhn 1977, p. 114.

Como ejemplos de trabajos que cumplen esta misión de puente cita los de Westfall sobre religión natural[53], los estudios sobre la ciencia en la literatura de los siglos XVII y XVIII, de Nicolson[54], el trabajo de Roger[55] sobre las ciencias de la vida y el pensamiento francés en el siglo XVIII. Creo que hay pocas dudas de que los trabajos citados de Rossi también podrían incluirse entre los mencionados aquí por Kuhn.

En definitiva, creo que está claro que incluso dentro de la llamada «historia intelectual» también hay una amplia gama de posibilidades y unas son más claramente «internalistas» que otras. Hay un requisito básico fundamental: la historia de la ciencia, para ser tal, tiene que ocuparse de las teorías científicas[56]. Eso constituye, en última instancia, el elemento esencial y definitorio de la historia de la ciencia. Pero ocuparse de las teorías científicas no significa *únicamente*[57] explicar las relaciones lógicas de los conceptos básicos de éstas y su modo de conexión con la realidad a través de los experimentos. Las posibilidades, como muestra una mirada a grandes trabajos del campo, son muchas más y no está muy claro ni el cómo ni el dónde trazar la frontera de la «historia interna».

Esta complejidad se explica en buena parte por el hecho de que la «historia intelectual», al dominar el campo durante mucho tiempo, desde que abortó el desarrollo de las tesis de Merton, ha experimentado un espectacular desarrollo. Pero, lo cierto es que, hoy, los problemas fundamentales del campo en este ámbito no pasan por los

---

[53] Westfall 1958.

[54] Nicolson 1960.

[55] Roger 1971.

[56] Eso no obsta en absoluto para que investigaciones que no tratan directamente de las teorías científicas no sean totalmente relevantes para la historia de la ciencia. Incluso puede darse el caso de que libros que excluyen deliberadamente el tratamiento de las teorías científicas puedan tener gran interés para la historia de la ciencia. Un historiador tan poco sospechoso como Kuhn señala un ejemplo en este sentido al referirse a *Portrait of Isaac Newton* de Frank Manuel. «[...] Es seguramente el estudio más brillante y concienzudo sobre su tema escrito en mucho tiempo. Salvo los ofendidos por su punto de vista psicoanalítico, los expertos en Newton con los que lo he comentado, me aseguran que afectará sus trabajos en los años venideros. La historia de la ciencia sería mucho más pobre si no se hubiese escrito este libro». Kuhn 1983, p. 182; Kuhn 1977, pp. 157-158.

[57] Si nos atenemos a los grandes maestros del campo deberíamos decir incluso: *no debe significar únicamente.*

matices diferenciadores dentro de la «historia interna». En realidad, ahora es cuando se presenta con toda su crudeza, e incluso con más radicalismo que nunca, la reivindicación de un «externalismo», de una «historia externa» que está empezando a tener un desarrollo comparable al de la «historia interna» en las décadas pasadas.

7. UN NUEVO ¿EXTERNALISMO?

> ¿De qué leyes se trata? Si se trata de esas fórmulas comunes que forman series agrupando hechos hasta entonces separados, ¿por qué no? Así será como la historia experimentará una vez más la unidad viva de la ciencia; y entonces se sentirá, más aún, hermana de las otras ciencias, de todas aquellas para las cuales el gran problema hoy es *negociar* el acuerdo entre lo lógico y lo real —de la misma manera como para la historia se trata de *negociar* el acuerdo entre lo institucional y lo contingente. [La cursiva es mía.]
>
> L. FEBVRE. *Combates por la historia* (1953).
> Trad.: Francisco J. Fernández Buey y Enrique Argullol.
> Barcelona, Ariel, 1986, p. 33.

Cuando, en el capítulo anterior, he delimitado el mínimo necesario para considerar una investigación como perteneciente a la historiografía de la ciencia, he afirmado que tal investigación debía ocuparse de las teorías científicas. Con ello apuntaba a un hecho aceptado usualmente, incluso por Merton y los externalistas, hasta hace algún tiempo: la existencia de una distinción, en principio clara, entre los «factores externos» y las teorías científicas o los elementos técnicos del conocimiento científico. Ahora bien, hay que aceptar que, por lo menos desde hace tres décadas, ese supuesto es como mínimo muy discutible en el sentido de que da por sentado, entre otras cosas, la existencia de una concepción mínimamente clara de qué sean las teorías científicas. Eso, efectivamente, es mucho suponer. Pero, además, la cuestión se complica más aún si tomamos en cuenta el hecho de que está en cuestión incluso el supuesto de que las teorías científicas sigan siendo el objeto básico de atención de la filosofía de la ciencia.

Con las transformaciones que forzaron a abandonar la llamada «concepción heredada»[1], se introdujeron en la filosofía de la ciencia, conceptos como «paradigma» o «programa de investigación». Los filósofos de la ciencia formalistas establecieron inmediatamente una correspondencia entre el concepto de paradigma y el de teoría. La reducción de uno a otro era interesada, naturalmente. Porque el problema que se estaba planteando era si debía seguirse con el plantea-

[1] Puede verse al respecto Frederick Suppe 1979.

miento hasta entonces vigente en la filosofía de la ciencia. El concepto de paradigma, con toda la vaguedad de que pueda acusársele, formaba parte de una propuesta de renovación del campo que ya no consistiría en el análisis formal de lo que se suponían productos científicos, las llamadas teorías científicas, sino que exigiría un estudio interdisciplinar de la práctica científica, centrado en la historia de la ciencia.

Así pues, dada la escasa aplicación del concepto más desarrollado de teoría[2], y dada la polisemia del término paradigma, resulta inevitable una cierta ambigüedad. Es decir, tanto si simplemente usamos el término «teoría» en un sentido amplio, no formal, como si adoptamos el concepto de paradigma como elemento importante de la historia de la ciencia —tanto en el sentido de «ejemplar» como en cualquier otro más amplio como «lexicón», «estructura léxica» o «visión del mundo»—, la frontera entre lo «interno» y lo «externo» no es tan fácilmente trazable como hacían creer las antiguas concepciones. Y eso ha sido claramente utilizado por los sociólogos de la ciencia actuales, es decir, por el nuevo externalismo. Pero, de hecho, la actual sociología de la ciencia ha hecho más que usar ese elemento concreto de la obra de Kuhn.

Está claro que el papel de Kuhn en la evolución de la historiografía de la ciencia en los últimos treinta años ha sido fundamental, incluso entre historiadores con muy distintas opciones, pero parece que es pronto para ubicarlo y valorarlo adecuadamente. Si nos detuviéramos en los últimos años de la década de los sesenta y principios de los setenta, quizás sí podríamos decir cuál ha sido el papel de Kuhn en la historiografía. La obra de Kuhn constituye posiblemente el punto álgido de desarrollo del modelo koyreano que se fue imponiendo desde los años treinta. Kuhn puso de manifiesto sus virtudes, pero también señaló sus limitaciones y abrió un amplio abanico de posibilidades de desarrollo. En cualquier caso, como vimos, él se considera a sí mismo como un continuador de la historiografía moldeada por Koyré. Se considera a sí mismo un historiador intelectual e internalista[3]. No obstante, y aunque esta imagen seguramente no le satisface tanto, hoy es posible verlo como uno de los puntos fundamentales de arranque del nuevo externalismo. Efectivamente, las pre-

---

[2] Una vez abandonada la llamada «concepción heredada», los lógicos de la ciencia tuvieron que restringir drásticamente sus pretensiones. La nueva concepción «estructuralista» de teoría sólo se aplicaba a teorías físicas altamente matematizadas.

[3] Véase Kuhn 1979, p. 125.

sentaciones que los sociólogos de la ciencia hacen de su campo de investigación siempre le conceden un lugar fundamental en la génesis de sus principios teóricos. Y no resulta nada extraño que Barnes, uno de los grandes protagonistas del *strong program*, se haya detenido a escribir un libro como *T. S. Kuhn and Social Science*. Según Barnes

> Kuhn ha hecho una de las contadas aportaciones fundamentales a la sociología del conocimiento. Tuvo la suerte de ofrecer, cuando más necesaria era (en la década de los sesenta), una indicación clara de la manera cómo se pueden entender desde el punto de vista sociológico nuestra formas de conocimiento natural[4].

Eso y las consecuencias que esta aportación tuvo en este momento, afirma Barnes, hace

> posible analizar los conocimientos actuales de la sociología del conocimiento científico a partir de la obra de Kuhn, aun cuando este autor no sea sociólogo[5].

Con todo hay dos puntos, ampliamente desarrollados por la filosofía de la ciencia kuhniana, que ocupan un lugar preferente en la exposición de las tesis fundamentales de la actual sociología de la ciencia. Se trata de la tesis de la infradeterminación lógica de las teorías, desarrollada entre otros por Duhem y Quine[6], y de la tesis kuhniana de la carga teórica de los hechos. Si una teoría siempre puede ser salvada de la refutación experimental introduciendo alguna modificación en los supuestos auxiliares, si no hay una experiencia fija y neutra que permita una clara dilucidación empírica respecto a la verdad o falsedad de dos teorías en competición, si existe más de una interpretación teórica consistente con la evidencia empírica, si lo que

---

4 B. Barnes 1986, p. 11.

5 *Ibid.*

6 Duhem (1906) 1989, pp. 278-289; Quine 1962, pp. 49-83. Para someter a prueba experimental un determinado enunciado teórico, no sólo necesitamos de los enunciados relacionados que constituyen la teoría a la que pertenece el enunciado en cuestión, sino que también se tendrán que especificar determinadas condiciones iniciales e introducir supuestos auxiliares. Si el resultado experimental no es el previsto no hay manera de saber cuál de todos estos elementos es falso: puede ser nuestro enunciado, pero también puede ser algún supuesto auxiliar. Eso puede permitir conservar la teoría introduciendo algunas modificaciones en las hipótesis auxiliares, por ejemplo.

constituya una observación pertinente o un experimento válido puede resultar una cuestión legítimamente discutible, si, en definitiva, la lógica y la experiencia no constituyen los únicos criterios o no constituyen criterios suficientes para la práctica científica y para determinadas elecciones entre teorías, entonces, argumentan los actuales sociólogos de la ciencia, ya no es posible excluir de entrada el papel de los factores externos y, entre ellos, de los factores sociales en la práctica científica.

Si es cierto que los primitivos sociólogos del conocimiento se veían imposibilitados de someter la ciencia natural y tecnológica al análisis sociológico, debido a la convicción de que las elecciones de teoría científica sólo son decididas (impuestas) por la naturaleza, entonces, hoy, la sociología ya no puede seguir siendo impedida de este modo[7].

Dicho de un modo positivo por Steve Shapin, otro de los protagonistas de la actual sociología del conocimiento:

la sociología del conocimiento se construye a partir de la percepción de las circunstancias contingentes que afectan la producción y evaluación de las explicaciones científicas[8].

Pero no se trata únicamente de que ahora se haya legitimado claramente el estudio sociológico de la ciencia. Lo que los sociólogos de la ciencia reiteran una y otra vez es que el foco principal de su interés ha cambiado radicalmente, incluso se ha invertido respecto a la sociología de la ciencia tradicional. Ahora su objeto es

una investigación sistemática de las actividades técnicas, juicios e interpretaciones de los científicos naturales y tecnólogos a partir de una perspectiva claramente sociológica. Varios enfoques en los que este objetivo es lo fundamental adoptan lo que puede ser descrito como una forma de *internalismo metodológico*: las practicas «internas» de la empresa científica constituyen el núcleo de la investigación[9]. [Cursiva en original.]

Naturalmente no identifican este «internalismo» con lo que hasta aquí hemos entendido por este término. En realidad el internalismo

---

[7] K. D. Knorr-Cetina y M. J. Mulkay (comps.) 1983, p. 4.
[8] Steve Shapin 1982, p. 159.
[9] K. D. Knorr-Cetina y M. J. Mulkay (comps.) 1983, p. 7.

tradicional rechazaba la idea de que el conocimiento científico pudiera tener una explicación «no-científica». Por el contrario, el «internalismo metodológico», en alguna de sus versiones, tiende a considerar la posibilidad, y la afirma en muchos casos, de que el conocimiento científico tenga un carácter social.

> Progresivamente lo social ha empezado a aparecer como parte integrante de lo técnico y cognitivo, y estos aspectos parecen empezar a mostrar las características que tradicionalmente se han atribuido a los fenómenos sociales [10].

Está claro, pues, que la distinción tradicional entre «interno» y «externo» y su correspondiente división del trabajo ha saltado por los aires. Dado que la «realidad» no determina unívocamente la teoría, puesto que los hechos no hablan por sí mismos, sino que hay que hacerles hablar, los científicos, que son los que se encargan de eso y no siempre coinciden en qué hacer decir a los hechos, tienen un cierto margen de maniobra, es posible la *negociabilidad* del conocimiento científico. Y en la *negociación*, que constituye un elemento intrínseco de la *producción* del conocimiento científico, pueden entrar en juego los más distintos *intereses*. De este modo, la elección de teorías, el reconocimiento de un «descubrimiento» [11], el acuerdo respecto a la validez e interpretación de un experimento, en definitiva la producción del conocimiento científico, puede presentarse como un proceso social sorprendentemente parecido a una transacción comercial o una negociación política.

La anterior es una brevísima e insuficiente descripción de algunas tesis centrales del llamado *«programa fuerte»* desarrollado en la universidad de Edimburgo, cuyos grandes protagonistas son Barry Barnes y David Bloor, entre otros. Pero eso no agota en absoluto las perspectivas y enfoques de la actual sociología de la ciencia. El *«programa fuerte»* tiene una ramificación en la universidad de Bath, con autores como H. M. Collins o Trevor Pinch, que han dedicado especial atención a determinados experimentos y episodios de la ciencia contemporánea. Pero a éstos habría que añadir enfoques de sociología del conocimiento mucho más radicales. Por ejemplo, los llamados *estudios etnográficos del trabajo científico,* desarrollados por autores

---

[10] K. D. Knorr-Cetina y M. J. Mulkay (comps.) 1983, p. 11.

[11] «El «descubrimiento» es una categoría social de aprobación que denota el *status* de validez de aquello a lo que se refiera». Véase Barnes 1986, p. 96; y Agustine Braningan 1981, pp. 163 ss.

como Bruno Latour, Steve Woolgar, Karin D. Knorr-Cetina, con su enfoque constructivista. El título de uno de los artículos de Latour es bastante ilustrativo «Give me a laboratory and I will raise the world»[12]. Estos autores se han centrado en el estudio de la práctica de laboratorio lo que, en principio, parece un buen modo de determinar en qué consiste la práctica científica y, en especial, cuestiones tan debatidas como la relación teoría-hechos. Pero su conclusión resulta bastante sorprendente. Tras considerable trabajo en los laboratorios, al estilo del antropólogo en una cultura extraña, observando la conducta de los científicos,

> El resultado, para resumirlo en una frase, fue que nada extraordinario y nada «científico» pasaba dentro de los sagrados muros de estos templos[13].

Más radicales aún, si cabe, son los enfoques de los *estudios etnometodológicos de la ciencia* (de autores como S. Woolgar o Michael Lynch), y del programa de *estudios de analisis del discurso en la ciencia* (de Michael Mulkay o Jonathan Potter), que rechazan cualquier intento de «explicación positiva» del conocimiento científico, dado que el resultado de cualquier «teorización positiva» no sería más que un discurso que a su vez debería ser analizado. Para los etnometodólogos de la ciencia no se trata de preguntar el *por qué* de los métodos de explicación de los científicos o *por qué* hacen lo que hacen, lo que hay que hacer exclusivamente es preguntarse por el *cómo* hablan de y hacen la ciencia[14]. En relación con esto cabría comentar la relevancia que dan estos autores al análisis del lenguaje usado por los científicos, lo que ha permitido hablar del «giro lingüístico», otro más, en la sociología de la ciencia.

---

[12] El artículo puede encontrarse en el libro mencionado de Knorr-Cetina y Mulkay (comps.) 1983, pp. 141-170. No menos ilustrativo es el título del más conocido libro de B. Latour y Steve Woolgar. *Laboratory Life: the social construction of scientific facts,* Londres, Sage. 1979; o el del libro de K. D. Knorr-Cetina. *The manufacture of knowleldge. En essay on the constructivist an contextual nature of science,* Oxford, Pergamon Press, 1981.

[13] B. Latour, «Give me...», art. cit. en Knorr-Cetina y Mulkay (comps.) 1983, p. 141.

[14] Algunos de estos autores han adoptado una perspectiva próxima a la de Searle, en base a la cual las manifestaciones lingüísticas son consideradas como *speech acts.* Para este tema puede verse el artículo de M. Mulkay, J. Potter y S. Yearley. «Why an Analisis of Scientific Discourse is Needed», en Knorr-Cetina y Mulkay (comps.) 1983, pp. 171-203.

Ante las tesis de la negociación, de la necesidad de privilegiar el estudio del *cómo* hacen o dicen sus cosas los científicos, una crítica frecuente es que los sociólogos de la ciencia olvidan el papel jugado por el *input* sensorial. Pero la respuesta por parte de los actuales sociólogos de la ciencia no se hace esperar. Nadie ha estudiado con más atención el cómo los científicos producen conocimiento con los ojos puestos en la realidad, nadie ha estudiado con más detalle cómo hacen sus experimentos, cómo procesan la información sensorial a través de éstos y en relación con sus teorías, nadie lo ha hecho, dicen, como nosotros los sociólogos de la ciencia [15].

En esta literatura empírica y en la sociología teórica del corpus del conocimiento no se trata de negar el papel causal de la *realidad no-verbalizada* sobre la que tratan determinadas creencias científicas. Quizás de lo que se trata es de si una específica *formulación verbal* de la realidad tiene que ser *privilegiada* en la explicación sociológica o histórica [16]. [Cursiva en el original.]

Como es bien sabido, los historiadores han sucumbido frecuentemente a la tentación de dar por sentado o afirmar que la fidelidad a los hechos sea una exigencia que constituya una explicación *suficiente* del desarrollo del conocimiento científico. Esto, según Shapin, equivale a caer en la concepción *whig* y el anacronismo tantas veces criticado por los propios historiadores de la ciencia. Pero, en cualquier caso, eso conduce a un punto fundamental de los sociólogos que sí pretenden dar explicaciones positivas del quehacer científico.

Como decíamos, Kuhn fue tomado como punto de partida por muchos sociólogos de la ciencia actuales, entre otras cosas, porque puso de manifiesto la inutilidad y el falseamiento de la imagen de la práctica científica supuesta por las racionalizaciones de la filosofía de la ciencia dominante hasta los sesenta. Según los sociólogos de la ciencia, Kuhn mostró la vacuidad de las reiteradas referencias a *la razón* y *justificación racional*, a *la lógica*, a la *prueba experimental*, al *dictado de los hechos*, etc. Ya hemos aludido más arriba a este punto. Pero lo cierto es que una vez rechazada toda esa parafernalia, Kuhn no da respuestas alternativas suficientemente satisfactorias. Kuhn nos habla de que los criterios para la elección de teorías pueden ser usados como valores, pero no explica satisfactoriamente *por qué* los científi-

---

[15] Y eso es algo que resulta difícilmente discutible. Lo que sí puede serlo, claro está, es si sus estudios son aceptables, correctos históricamente, etc., o no lo son.

[16] S. Shapin 1982, pp. 196-197.

cos llegan a un acuerdo sobre determinada solución a un determinado problema, o *por qué* se amplía un paradigma del modo en que lo hace, o *por qué* unos científicos ven como «rompecabezas» lo que otros ven como «anomalía»[17].

Tras hacer notar estos puntos, autores como Barnes o Shapin afirman que la insuficiencia del enfoque de Kuhn se debe a que no toma en cuenta el hecho de que la generación y evaluación del conocimiento es una empresa dirigida a (la satisfacción de) unos fines. Como dice Barnes, no toma en cuenta que, en la ciencia

> las inferencias y los juicios están estructurados siempre por los caracteres contingentes de los medios en donde ocurren, y particularmente por los fines y los intereses comunales[18].

El estudio de cada caso concreto nos dirá el tipo de intereses y fines que estaban en juego. Tales fines e intereses pueden ser específicos de la comunidad científica en cuestión[19], o bien pueden ser fines e intereses de amplia base social[20]. Pero lo que está claro, según estos autores, es que alguna clase de factores sociológicos estarán implicados en el caso.

Como resulta obvio, las teorías desarrolladas por las distintas corrientes de la sociología de la ciencia actual son realmente radicales y la reacción inicial puede fácilmente ser de total incredulidad y consecuente desinterés. Esto, naturalmente, pone de manifiesto que estas tesis chocan frontalmente con nuestras ideas, más o menos organizadas teóricamente, sobre la ciencia. Pero, como decía más arriba, nuestras ideas sobre la ciencia, la actual filosofía de la ciencia, todavía está en un momento en el que, tras rechazar una imagen dominante del conocimiento científico y su desarrollo, no ha construi-

---

[17] Véase Shapin 1982, p. 197; y B. Barnes 1986, pp. 213 ss.

[18] Barnes 1986, p. 214; y Shapin *ibid.*

[19] Como en el caso del enfrentamiento de los modelos del «encanto» y del «color» de las micropartículas, estudiado por Andrew Pickering. Según este autor los intereses creados de las distintas especialidades y su conservación contribuyeron a que se impusiera el modelo del «encanto». A. Pickering «*The role of interest in high-energy physics: the choice between charm and colour*», en K. D. Knorr; R. Krohn y R. Whitley, 1980, pp. 107-138.

[20] Forman pone en relación las condiciones sociales, culturales y políticas de la república de Weimar con la interpretación estadística de la mecánica cuántica. Véase P. Forman 1984. Para el desarrollo de estas cuestiones puede verse el artículo citado de Shapin 1982, y Barnes 1986, pp. 214 ss.

do una alternativa positiva igualmente sólida que haya conseguido un mínimo consenso. Y eso hace que no siempre sea sencillo justificar las críticas fáciles a lo «descabellado» de estas ideas. La fuerza de nuestras convicciones no fortalece, como es sabido, la fuerza de nuestros argumentos[21].

Pero, entonces, ¿cuáles son los argumentos de la comunidad filosófica no sociologista en contra de estas tesis? Esta no es una pregunta fácil de contestar. Entre otras cosas porque, como se habrá observado, el conjunto de las directrices de la sociología de la ciencia mencionadas se ha desarrollado especialmente en los últimos diez años. Además cabe tener en cuenta que, actualmente, la comunidad filosófica no presenta un frente único trabajando bajo un proyecto filosófico asumible por las distintas partes. En esta situación, unos simplemente ignoran el trabajo de los sociólogos de la ciencia. Otros han sabido desde el principio que esto no conducía a ninguna parte.

En el primer caso, estoy pensando, naturalmente, en los continuadores del programa formalista. En efecto, dadas sus premisas, el trabajo teórico o empírico de los sociólogos de la ciencia poco puede aportarles y es, como mínimo, de dudoso interés.

El segundo grupo estaría bien representado por un autor como Larry Laudan, que halló muy pronto la vía de escape con la formulación del criterio de demarcación que denomina *asunción de a-racionalidad* que reza así:

> la sociología del conocimiento puede intervenir en la explicación de las creencias si y sólo si estas creencias no pueden ser explicadas en términos de sus méritos racionales[22].

Eso último, claro está, es misión de la «historiografía de la ciencia intelectual o racional» y la asunción de a-racionalidad establece, como se ve, una división del trabajo entre los historiadores de las

---

[21] A no ser, claro está, que la fuerza de nuestros argumentos consista en que sean comunes a la *mayoría* de la comunidad filosófica, en cuyo caso podremos entenderlo como una defensa de los *intereses* profesionales que apuntan a la autoconservación de las propias pautas y puestos profesionales como *fin* último momentáneo. Pero es obvio que este no es un argumento que vayan a querer usar los críticos de las tesis radicales de la sociología de la ciencia, dado que sería un modo de darles por lo menos un poquito de razón.

[22] Larry Laudan 1978, p. 202.

ideas y los sociólogos del conocimiento. Laudan afirma que su criterio de demarcación es ampliamente compartido por los sociólogos de la ciencia, citando a Merton. Como hemos visto, éste no es el caso de los actuales sociólogos de la ciencia. No es nuestro objetivo, ni necesitamos desarrollar aquí una crítica a los argumentos de Laudan[23]. Pero tras lo expuesto aquí, no parece que este planteamiento afronte o reconozca siquiera el problema planteado. La claridad de las distintas demarcaciones de Laudan no parecen sino pura nostalgia de un pasado que ya se fue, y no merece demasiado comentario. Sea como fuere, Laudan reconoce en un primer momento la «posibilidad para un enorme (y potencialmente fructífero) conflicto» entre la sociología cognitiva de la ciencia y la historiografía de la ciencia intelectual y racional[24], y éste es el punto que quizás cabe destacar.

Una tercera postura podría adivinarse —resulta difícil decir más— en las pocas menciones más o menos directas que ha hecho Kuhn al respecto. En un conocido ensayo de 1968[25], Kuhn asumía la diferencia tradicionalmente aceptada entre la «historia interna» y la «historia externa». Más aún, en base a sus ideas desarrolladas en *La Estructura de las revoluciones científicas*, introducía incluso una justificación y matización adicional de la separación tradicional entre historia interna y externa. Vale la pena citarlo extensamente:

> En los primeros momentos del desarrollo de un nuevo campo, las necesidades y los valores sociales son el determinante principal de los problemas en los cuales sus practicantes se concentran... Los practicantes de una ciencia madura son hombres formados dentro de un sofisticado cuerpo de teoría tradicional y de técnicas instrumentales, matemáticas y verbales. A resultas de ello constituyen una subcultura especial, dentro de la cual sus miembros son el público exclusivo y jueces de los trabajos de cada uno de ellos... En fin, comparados con otros profesionales y con otras empresas creativas, los practicantes de una ciencia madura están eficazmente aislados del medio cultural en el cual viven sus vidas extraprofesionales[26].

---

23 Eso ha sido hecho a mi entender muy clara y contundentemente por Richard Jennings 1984.

24 Laudan 1978, p. 198.

25 Se trata de «History of Science» publicado en *International Encyclopedia of the Social Sciences*, vol. 14, Nueva York, Crowell Collier y Macmillan 1968, pp. 74-83; hoy en Kuhn 1983 pp. 129-150; Kuhn 1977, pp. 105-126.

26 Kuhn 1983, p. 143; Kuhn 1977, pp. 118-119. Como casi siempre, corrijo la traducción castellana.

Ahora bien, frente a posturas como la de A. R. Hall, que hemos mencionado en el capítulo anterior, no sólo no criticaba la «historia externa»[27], sino que pensaba que era necesaria.

Aunque los enfoques interno y externo de la historia de la ciencia tienen una especie de autonomía natural, de hecho son complementarios. Hasta que no sean practicados como tales, apoyándose mutuamente, es improbable que se entiendan aspectos importantes del desarrollo científico[28].

Kuhn pensaba incluso que había un excesivo desequilibrio en favor de la historia interna, y daba la bienvenida a los trabajos de historia «externa». Su postura era pues, claramente favorable a la historiografía externalista. Podría pensarse incluso que la aparición de los trabajos historiográficos de los sociólogos de la ciencia habrían de ser bien recibidos por Kuhn.

Cuando en 1979 afrontaba de nuevo la cuestión[29], la actual sociología de la ciencia estaba empezando a desarrollarse, por lo menos el *programa fuerte* había tenido ya un cierto desarrollo. No obstante, la referencia más explícita que hace Kuhn a este tipo de estudios es una vaga alusión bibliográfica, en el comentario bibliográfico final. En el desarrollo de su artículo, al repasar la situación del campo de la «historia de la ciencia» Kuhn trata de la dicotomía historia interna-historia externa, pero sigue utilizando la caracterización más tradicional de una y otra, ignorando total y absolutamente las tesis de los sociólogos de la ciencia[30]. De ahí que lo

[27] Tanto si con ello nos referimos a las tesis de R. K. Merton, o las reformulaciones de C. Webster, M. C. Jacob, es decir, a la influencia en la ciencia de los *factores sociales, económicos o políticos* como si aludimos a *factores culturales* como la influencia del hermetismo en la ciencia del siglo XVI-XVII.

[28] Kuhn 1983, 144-145; Kuhn 1977, p. 120.

[29] Me refiero a Kuhn 1979, que repite el título de un artículo suyo anterior ya mencionado.

[30] Los historiadores internalistas se interesarían «predominantemente por las ideas científicas y las técnicas experimentales», centrándose en el estudio de las obras o textos publicados o no de los científicos. Los historiadores externalistas se «concentran en la relación entre las ciencias como un todo y la sociedad en que son practicadas. Sus objetivos son varios, pero les preocupa especialmente la comprensión de las fuerzas económicas y sociales que promueven o inhiben el crecimiento de determinadas clases de empresa científica en determinados países en determinados momentos... Para esta clase de trabajo los artículos técnicos de los científicos son usualmente menos relevantes que las explicaciones populares de la ciencia...» (Kuhn 1979, pp. 122-123). Como puede verse es exactamente el criterio de demarcación tradicional, explícitamente criticado por los sociólogos de la ciencia.

que, en principio, podría parecer una clara referencia al creciente desarrollo del trabajo historiográfico de los sociólogos de la ciencia, resulte un tanto enigmática:

En cualquier caso, la mayoría del trabajo publicado en revistas de historia de la ciencia todavía es internalista, aunque no estoy seguro de que éste sea el caso en la década próxima[31].

Pero lo más interesante de su actitud es el cambio que parece haber experimentado su idea de las relaciones entre la «historia interna» y la «externa». Ahora Kuhn nos dice:

Respecto al modo apropiado de describir las relaciones entre la historia interna y la externa, actualmente tengo muchas dudas. Durante años las he considerado como distintos enfoques de un único objeto y he pedido insistentemente que se incrementaran los esfuerzos para reconciliarlas. Se han hecho algunos intentos pero ninguno ha tenido más que un éxito muy modesto. Todavía no hay modelos que integren totalmente las técnicas internalistas y las externalistas. Aunque cabe esperar que aparecerán, empiezo a temer que tal labor puede ser intrínsecamente imposible y que la descripción que les atribuye un objeto distinto es más adecuada que la referencia standard a los diferentes enfoques. Quizás lo máximo que cabe esperar es que ambos puedan interactuar de modo fructífero. Actualmente existe evidencia, aunque limitada, de la posibilidad de esta clase de interacción[32].

Kuhn tiene el corazón partido. Sus revolucionarias ideas de *La estructura de las revoluciones científicas* parecen tener consecuencias, encerrar posibilidades que le superan, que él no puede ignorar pero tampoco asumir. Y cuando observamos esta actitud, podemos cambiar de perspectiva. Podemos empezar a percibir de modo invertido lo que antes veíamos respectivamente como fondo y forma.

Es cierto que en Kuhn pueden encontrarse los elementos en los que se apoyan los sociólogos de la ciencia. Pero ¿cuál es la actitud de Kuhn ante estos elementos y la interpretación de sus consecuencias por los sociólogos de la ciencia?

Cabe empezar recordando cuál fue la reacción de Kuhn ante ciertas críticas inmediatas. Tesis como la carga teórica de los hechos, la inconmensurabilidad y la consecuente problematicidad de los cri-

31 Kuhn 1979, p. 124.
32 Kuhn 1979, p. 123.

terios comunes a científicos de distintos paradigmas para determinadas elecciones teóricas, dieron lugar a acusaciones de que hacía una descripción de la empresa científica como irracional, subjetiva, de un relativismo radical. Como es bien sabido, Kuhn negó inmediatamente los cargos en reiteradas ocasiones[33]. Aquí no nos interesa este aspecto de la cuestión. Lo que nos interesa destacar aquí es que Kuhn no acepta esas críticas ni cuando se le dirigen como recriminación ni, *sobre todo*, cuando se le hacen como halago. Es decir, los seguidores o simpatizantes del racionalismo popperiano criticaban a Kuhn porque consideraban *esa* irracionalidad, ese relativismo, etc., como algo catastrófico. Los sociólogos de la ciencia alaban a Kuhn porque consideran *lo mismo* como una descripción correcta de la práctica científica y un avance decisivo en la filosofía de la ciencia, aunque un tanto tímido. Pero la reacción de Kuhn en este último caso es más firme que contra los filósofos tradicionales. Ante unos y otros parece exclamar «¿Qué dicen?, no lo han entendido y lo valoran mal». Pero mientras que ante los filósofos anteriores se esfuerza en buscar los puntos de contacto, en hacerles comprender, en tratar de convencerles de que reorienten el trabajo, con los sociólogos de la ciencia parece más empeñado en poner de manifiesto la distancia que les separa y lo desencaminados que van. Es decir, su respuesta teórica es exactamente la misma, pero los matices de su valoración son muy distintos en uno u otro caso.

Aunque el dominio inercial de las viejas preocupaciones ha hecho pasar desapercibido e incluso ha disimulado este aspecto, a Kuhn le preocupa mucho más el ser asociado con los irracionalistas que con los defensores de una cierta racionalidad, con los relativistas radicales que con los defensores de la ciencia como conocimiento fuerte y modelo de conocimiento en general. El siempre se ha considerado entre los segundos, en ambos casos. En una de las pocas referencias directas a los sociólogos de la ciencia así lo pone de manifiesto.

Las discusiones tradicionales partían de una concepción del método científico que el *individuo* no tenía más que aplicar para producir conocimiento científico. Kuhn puso de manifiesto que, aunque la

[33] Desde la *Postdata: 1969* en Kuhn 1971, pasando por «Objetividad, juicios de valor y elección de teorías» en Kuhn 1983, hasta «Racionalidad y elección de teorías», en Kuhn 1989, Kuhn ha reiterado una y otra vez la inaceptabilidad de estas supuestas consecuencias de sus tesis.

ciencia es practicada por individuos, en realidad el conocimiento científico es producido por las *comunidades científicas* y que las características y eficacia de la empresa científica difícilmente podían resolverse sin prestar atención a estas comunidades.

En este sentido —dice Kuhn— mi trabajo ha sido profundamente sociológico, pero no en un sentido que permita que el tema sea separado de la epistemología[34].

Ahora bien, Kuhn afirmaba que la discusión interparadigmática «no podía ser resuelta mediante un prueba», que no existía un criterio capaz de dictar la elección de cada individuo, que en una elección de paradigma intervenía la fe, y añadía retóricamente que, en estas circunstancias, «¿qué mejor criterio podía haber que la decisión del grupo científico?» Ya sabemos qué críticas despertó esto por parte de los filósofos de la ciencia anteriores. Kuhn insistió una y otra vez en que él afirmaba la existencia de «valores compartidos» por parte de la comunidad científica que, aunque no podían dictar las decisiones individuales, sí determinaban la elección de la comunidad que los compartía[35]. La respuesta de Kuhn no resulta del todo satisfactoria ni para unos ni para otros. Una parte de la discusión es ya bien conocida.

Pero lo que nos interesa aquí es la relación de este tema con la actual sociología de la ciencia. Kuhn alude al hecho de que «el sistema de valores de la ciencia» ha sido discutido en la sociología de la ciencia, por Merton y sus seguidores y, a continuación añade:

Recientemente este grupo ha sido repetida y, a veces, estridentemente criticado por sociólogos que, apoyándose en mi trabajo y que a veces se describen informalmente a sí mismos como «kuhnianos», enfatizan que los valores varían de una comunidad a otra y de un momento a otro. Además, estos críticos señalan que, cualesquiera que puedan ser los valores de una comunidad dada, uno u otro de esos valores es reiteradamente violado por sus miembros. En estas circunstancias, creen que es absurdo concebir el análisis de los valores como un medio significativo de iluminar la conducta científica.

Los comentarios precedentes, así como los artículos a los que sirven de in-

---

[34] Kuhn 1983, p. 21; Kuhn 1977, p. XX. Modifico, una vez más, la traducción.

[35] Kuhn 1983, p. 345; Kuhn 1977, pp. 320-321. Entre otros muchos lugares posibles puede verse además Kuhn, «Consideración en torno a mis críticos» en Lakatos y Musgrave (comps.) 1975, pp. 391-454.

troducción indican, sin embargo, lo desencaminada que yo pienso que es esa clase de crítica[36].

Y, efectivamente, en los artículos mencionados, Kuhn intenta destacar aquellos aspectos de sus ideas que permiten continuar viendo la ciencia como una empresa que de ningún modo depende de *intereses*, tal como la presentan estos sociólogos. Más aún, creo que, a lo largo de este libro y desde entonces, Kuhn muestra una progresiva tendencia a destacar la prioridad de la historia interna de un modo que perpetúa y acentúa la distinción tradicional entre «internalismo» y «externalismo». Naturalmente no lo hace en los términos que hemos visto en Hesse o en Laudan, para los que en definitiva «interno» y «externo» venían a coincidir con «racional» e «irracional», lo cual equivale a recurrir a categorías no menos problemáticas que las que se quieren explicar. Pero si bien es fácil darse cuenta de la renuncia del uso de determinadas categorías por parte de Kuhn, no resulta fácil —como decíamos— determinar cuál es su alternativa positiva o, en cualquier caso, no parece que haya conseguido una formulación satisfactoria de sus nuevas propuestas alternativas.

Ése es el gran problema de Kuhn, pero no sólo suyo. Kuhn ha mostrado la total insuficiencia de la anterior concepción de la ciencia y los conceptos concomitantes de «objetividad», «experiencia fija y neutra», «racionalidad», «progreso hacia la verdad». Pero Kuhn no ha perdido la esperanza de poder construir una imagen de la ciencia que tenga buena parte de las características de la anterior, es decir, una idea de ciencia como conocimiento fuerte que nada tiene que ver con la *negociación* o el cambalache. Más aún, Kuhn nunca ha puesto en duda que la ciencia sea, efectivamente y como supusieron los filósofos de la ciencia positivistas y popperianos, el conocimiento por excelencia, con unas características distintivas respecto a otras disciplinas. Pero esa esperanza y esa convicción kuhnianas aún no se han visto cumplidas. Kuhn ha indicado caminos, ha señalado directrices y ha ido matizando sus formulaciones, pero no ha proporcionado una imagen de la ciencia alternativa que satisfaga sus espectati-

---

36 Kuhn 1983, p. 22; Kuhn 1977, p. XXI. El texto forma parte de la introducción en la que Kuhn comenta los artículos que componen el libro, de ahí su comentario del final de nuestra cita. En nota a pie de página, Kuhn remite a un artículo de S. B. Barnes y R. G. A. Dolby. «The scientific ethos: a deviant Viewpoint», en *Archives Européennes de sociologie*, núm. 11 (1970), pp. 3-25, como *locus classicus* para esta clase de crítica.

vas[37]. Así pues, cuando reacciona ante los sociólogos de la ciencia y sus tesis con el rechazo absoluto, ¿desde qué idea de la racionalidad, objetividad, intersubjetividad o, en general, filosofía de la ciencia, lo hace?

Sospecho que Kuhn tiene la misma base para rechazar las tesis de los sociólogos de la ciencia que la que estos mismos sociólogos tienen para avanzar sus tesis tan radicales. Es decir, una base muy insegura y provisional. Del hecho de que la ciencia *no sea* de determinada manera y tenga ciertas características, como mostró en *La estructura de las revoluciones científicas*, Kuhn no cree que se pueda deducir que la ciencia es puro trapicheo de intereses más o menos turbios para fines más o menos inconfesables. Y, ante la sugerencia de esa posibilidad, quiere poner de manifiesto y recordar que no tenemos por qué abandonar todos los supuestos básicos de la filosofía de la ciencia anterior, ni él lo ha propuesto nunca. Del hecho de que la ciencia muestre ciertas características, puestas de manifiesto por Kuhn entre otros, los sociólogos de la ciencia llegan a conclusiones que van mucho más allá de lo que Kuhn quisiera llegar y, desde ahí, Kuhn resulta sin duda excesivamente tímido e incluso timorato.

Pero, ante la inseguridad y provisionalidad de la base de uno y otros, ¿cómo pronunciarse claramente al respecto? En ausencia de una sólida base teórica en la que apoyarse puede resultar prematuro hacer pronunciamientos rotundos, sobre todo teniendo en cuenta lo reciente de buena parte de la literatura de sociología de la ciencia que sería necesario y pertinente examinar.

No obstante, respecto al tema de la relación —y reacción— de Kuhn con los sociólogos de la ciencia, puede tener un cierto interés aludir a uno de los poquísimos casos de crítica por parte de Kuhn a uno de los estudios historiográficos de un historiador que está claramente en la línea de los nuevos sociólogos. Se trata del artículo «*Malthus and the evolutionists: the common context of biological and social theory*»[38], de Robert Young. No necesitamos aquí entrar en la discusión del caso histórico en cuestión. Pero creo que, aun así, pueden hacerse algunos comentarios pertinentes para nuestra cuestión.

---

[37] Para este punto me permito remitir a A. Beltrán. «T.S. Kuhn. De la historia de la ciencia a la filosofía de la ciencia», en Kuhn 1989, pp. 9-53.

[38] Young 1969. La crítica de Kuhn se encuentra en su artículo «Las relaciones entre la historia y la historia de la ciencia», en Kuhn 1983, pp. 151-188, especialmente pp. 162-164; Kuhn 1977, pp. 127-164, esp. pp. 138-140.

El contexto de la crítica de Kuhn es su estudio de las relaciones entre la historia y la historia de la ciencia[39]. Más concretamente, Kuhn está argumentando que cuando los historiadores —por oposición a los historiadores de la ciencia— prestan atención a la ciencia, tienden a pensarla como la mera aplicación de un método científico según ideas ya trasnochadas, y cuando pasan de las consideraciones metodológicas generales a «la sustancia de las teorías científicas» tienden a dar «excesivo énfasis al papel del clima ambiental de ideas extracientíficas». Entonces Kuhn afirma:

> No voy a discutir de momento que este clima no sea importante para el desarrollo científico. Pero, excepto en los estadios rudimentarios del desarrollo del campo, el medio ambiente intelectual actúa sobre la estructura teórica de la ciencia sólo en la medida en que puede ser puesto en relación con los problemas técnicos concretos de los que se ocupan los practicantes del campo. Puede que, en el pasado, los historiadores de la ciencia hayan estado excesivamente interesados en el núcleo técnico, pero los historiadores usualmente han ignorado su existencia[40].

Pero, en cualquier caso, el hecho es que Kuhn ve el artículo de Young como un ejemplo de la imagen que acaba de criticar. Yo no dudo, dice Kuhn, que ideas como la infinita perfectibilidad y progreso, la economía competitiva del *laissez faire* de Adam Smith y, sobre todo, los análisis de población de Malthus fueran «de vital importancia» en el pensamiento darwiniano. Pero, añade, no se puede pretender explicar el origen de la teoría de la evolución darwiniana sin mencionar cuestiones *técnicas,* es decir, «internas» como la situación de campos como la estratigrafía, la paleontología, el estudio geográfico de la distribución de plantas y animales, y los distintos sistemas de clasificación, en las décadas anteriores a *Origen de las especies.* Hay que confesar que, si aceptamos las premisas, el argumento es difícilmente discutible y resulta muy complicado no estar de acuerdo con la afirmación de Kuhn. Lo curioso es que incluso el autor criticado, Robert Young, está de acuerdo con esta parte de la argumentación de Kuhn.

---

39 Véase «Las relaciones entre la historia y la historia de la ciencia», en Kuhn 1983, pp. 151-188; Kuhn 1977, pp. 127-161.

40 Kuhn 1983, pp. 161-162; Kuhn 1977, pp. 138-139. Como se ve, Kuhn está reiterando la distinción tradicional y una idea que, como hemos visto, ya había expuesto en 1968.

Obviamente, Kuhn también tiene razón al decir que sin tomar en consideración estos datos, el conjunto del origen, desarrollo y recepción de sus teorías —las de Darwin— no puede ser entendido[41].

A mi entender, resulta sorprendente y sospechoso que en su réplica Young no trate de mostrar en el caso concreto estudiado, por más brevemente que sea, que sí existe una relación entre los factores externos e internos tal como él mismo afirma y tal como Kuhn exige y desea ver ilustrado. Lo cierto es que, para la ilustración y justificación de sus tesis, Young nos remite al excelente libro de Gruber[42], y él se limita a «matar al padre» con pronunciamientos de carácter más global y teórico, refiriéndose a Kuhn en estos términos:

> Cuando las consecuencias de la dicotomía internalista-externalista y el fracaso definitivo de la historiografía kuhniana para trascenderla se hace clara, también se hace evidente que, en definitiva, el entusiasmo causado por su enfoque es un misterio. Mientras se consideraban sus investigaciones liberadoras a causa de su introducción de factores sociales en el proceso del cambio conceptual, no se advirtió que de este modo excluía los factores socioeconómicos de la *esencia* de la ciencia, y que excluía la tarea fundamental de analizar los niveles de la pertinencia de las asunciones sobre las que se apoyaban... Nos ha proporcionado una especie de contextualismo de internalista relacionado con un medio social, pero es el contexto social de los científicos en la sociedad de la ciencia, no en el mundo[43].

Y, algo más abajo, tras afirmar que Kuhn es representativo de los más altos estándares de la ortodoxia dominante en la historia de la ciencia y que su caso es ilustrativo porque nos muestra los límites de esta ortodoxia a la vez que parece trascenderlos, añade Young:

> Sus reacciones ante los que han tratado de avanzar más allá de la tradición establecida contribuyen a poner de manifiesto que al final da marcha atrás[44].

Quizás, dadas sus características, éste no sea el ejemplo ideal para ilustrar nuestro tema. Pero yo no he sido capaz de encontrar otro lugar en el que Kuhn se refiriera mínima y explícitamente a otro caso historiográfico tratado por los sociólogos de la ciencia. Podría pensarse que, en este caso concreto, Young se lo ha puesto muy fácil

---

[41] Robert Young 1973, p. 411.

[42] Howard E. Gruber 1984.

[43] R. Young *ibid.* p. 412. Es fácil imaginar a Kuhn pensando que a esos cuervos no los ha criado él.

[44] *Ibid.*, p. 412.

a Kuhn. Incluso podría restarse una cierta contundencia a los comentarios de Young, interpretándolos como la pataleta por la «ironía» de Kuhn al hacer sus críticas —interpretación que yo no comparto. Pero, insisto, es el único caso que tenemos y algo nos permite comentar.

Hay que reconocer que Kuhn ha sido muy hábil en la elección del caso a críticar. Efectivamente, le permite manejar la distinción clásica entre los «factores internos» y «externos» sin apenas problema alguno. Pero el hecho de que Young no aporte razones puntuales para ilustrar que efectivamente ha roto las barreras entre los factores internos y los externos como se proponía, ¿invalida sus afirmaciones generales respecto a Kuhn en lo que se refiere estrictamente a la distinción entre historia interna y externa y al conjunto de tesis de los sociólogos de la ciencia que hemos presentado brevísimamente al principio de este capítulo? Creo que la respuesta debe ser clara y es un «no». Otra cuestión es si este conjunto de tesis es aceptable o no por otras razones.

En mi opinión, el mantenimiento por parte de Kuhn de la distinción tradicional entre historia «interna» y «externa», en el estado actual de *su* filosofía de la ciencia, puede efectivamente plantear serias dificultades[45] y, en este sentido, los sociólogos de la ciencia apuntan legítimamente a un problema real. Pero, por otra parte, eso no implica en absoluto la disolución de cualquier frontera entre lo interno y lo externo, ni legitima la enorme y sorprendente facilidad con que los sociólogos de la ciencia pasan de hablar de «factores externos» a hablar de «factores sociales», como si fueran lo mismo. Entre la prueba lógica y el recurso experimental, tal como eran entendidos hasta Kuhn, y el juego «social», «comercial» o «político» de intereses, hay un amplio margen[46].

Pero ¿podría decir y concluir Kuhn lo mismo que dice y concluye en el caso de Young ante todos y cada uno de los estudios histo-

[45] Es decir, creo que efectivamente la filosofía de la ciencia que ha rechazado los criterios de demarcación tradicionales y ha introducido términos aún ambiguos como «paradigma», «comunidad científica» o «valores compartidos», permite poner en cuestión la tradicional separación entre lo interno y lo externo, e incluso nos exige una reinterpretación en términos no tradicionales.

[46] En su reciente libro *Los caminos del agua* (véase Solís 1990), Carlos Solís nos muestra cómo la historia de la teoría del ciclo hidrológico no responde en absoluto a los estándares filosóficos prekuhnianos, y sin embargo no nos obliga ni nos permite recurrir a una explicación puramente sociológica.

riográficos comentados por Shapin[47]? Es decir, resulta sorprendente que la crítica de Kuhn a los sociólogos de la ciencia pueda consistir en que no se ocupan de la «sustancia» del conocimiento científico, cuando éstos reivindican una y otra vez que su ocupación básica ha pasado a ser precisamente el estudio de los elementos «técnicos», «internos», del conocimientos científico. Shapin, que se pregunta con ironía por las razones de que se siga haciendo esta afirmación, cuando el trabajo historiográfico de los sociólogos de la ciencia, o el de otros que apoyan las tesis de éstos, resulta apabullante, ha escrito un artículo cuya única misión es presentar y comentar este enorme trabajo historigráfico. Creo que no es posible ignorar simplemente todo este material.

Pero lo que sí cabe es analizarlo. Porque, a primera vista, una parte de lo que Shapin presenta como evidencia del trabajo y de los presupuestos que avalan las tesis de la sociología de la ciencia, ha sido desarrollado por autores totalmente ajenos a su programa teórico y que, en muchos casos, posiblemente incluso disientan de las conclusiones de los sociólogos de la ciencia. El mismo Shapin está seguro de que habrá ofendido a muchos autores al incluirlos en su lista bibliográfica de «sociología histórica del conocimiento científico»[48]. De hecho, buena parte de esa bibliografía, en sus distintos epígrafes, está constituida por trabajos sobre casos históricos que ilustran sí la tesis de la carga teórica de los hechos, por ejemplo, o influencias «culturales». Pero es dudoso que esto, por sí mismo, constituya razón suficiente para presentarlo como evidencia de las tesis de la sociología de la ciencia. Pienso, por ejemplo, en trabajos del propio Kuhn, de Rudwick, de M. C. Jacob o de Rattansi, incluidos en la bibliografía de Shapin, que no sólo son perfectamente asumibles por la historiografía kuhniana, sino que son típicos ejemplos de ésta. En este sentido, *al menos en algunos casos*, hay un claro desequilibrio entre la radicalidad de las formulaciones teóricas de Shapin u otros colegas suyos y los trabajos historiográficos que se supone que ilustran esas tesis.

Creo que es cierto que Kuhn, ante la tesis de los sociólogos de la ciencia «da marcha atrás» incluso respecto a algunas de sus propias tesis. Quizás ¡ay!, eso sea debido a «factores externos»[49]. En todo

---

[47] Véase S. Shapin 1982.

[48] S. Shapin 1982, pp. 203-211.

[49] Dicho sea de paso, resulta sorprendente el papel tan relevante que, en su ar-

caso y por el momento creo que hay mucho que hacer aun desde su modelo. Quizás necesite de una poda, pero me niego a aceptar que haya que cortarlo.

Schoenberg, el introductor del dodecafonismo y la atonalidad, dijo en una ocasión que, en su opinión, quedaba mucha música buena por escribir en la tonalidad de Do. Yo, que por cierto todavía no he pasado de la *Noche transfigurada,* no tengo ninguna duda de que la historiografía kuhniana todavía puede y debe dar muchos frutos. Pero está claro que a Kuhn le pasa lo que a tantos innovadores, que a menudo tienen problemas con las consecuencias de su trabajo, y quizás la analogía con Schoenberg puede ser más estricta. Poco antes de su muerte en 1951, Schoenberg comenzó una conferencia diciendo: «A veces me pregunto quién soy». Estaba haciendo referencia a los anuncios de su conferencia que habían aparecido en la prensa y le presentaban como un «famoso teórico y polémica figura musical conocida por la influencia que ha tenido en la música moderna». Y Schoenberg prosiguió: «Hasta ahora, creía que componía por otros motivos»[50].

---

tículo de 1979, concede Kuhn a los «factores externos» a la hora de considerar la cuestión del internalismo y el externalismo en el estado actual y futuro de la disciplina *Historia de la ciencia.*

[50] Véase Glenn Gould *Escritos críticos.* Edición e introducción de Tim Page. Trad. Bernardette Wang. Madrid, Turner Música, 1984, pp. 145 y 184.

BIBLIOGRAFÍA USADA Y CITADA

Adams, F. D. [1954]: *The Birth and Development of the Geological Sciences*, Nueva York, Dover Public. (orig. 1938).

Aristóteles, véase Barnes (comp.) 1984.

Aristóteles [1985]: *Ética nicomáquea. Ética eudemia.* Introducción por Emilio Lledó. Traducción y notas de Julio Pallí Bonet, Madrid, Ed. Gredos.

Arquímedes, *El Arenario*, en Vera, F. (comp.) 1970, II, pp. 204-218.

Bachelard, Gaston [1971]: *Le Nouvel Esprit Scientifique*, París, Presses Universitaires de France (orig.: 1934).

Bacon, Francis [1985]: *La gran restauración.* Trad.: Miguel Ángel Granada, Madrid, Alianza Editorial (orig.: 1620).

Barnes, Barry [1986]: *Kuhn y las ciencias sociales*, trad.: Roberto Helier, México, FCE (orig.: 1982).

Barnes, Jonathan (comp.) [1984]: *The complete works of Aristotle.* The revised Oxford Edition. Bollingen Series LXXI.2, Princeton Univ. Press, 2 vols.

Beltrán, Antonio [1983]: *Galileo. El autor y su obra*, Barcelona, Ed. Barcanova.

—— [1983a]: *Popper en la encrucijada*, en Varios 1983a, III, pp. 419-442.

—— [1988]: «Credulidad, Escepticismo y Marco Mental Renacentista (Ensayo Historiográfico sobre el Renacimiento Científico)», en *Sylva Clius*, Año 2, núm. 4, abril, pp. 15-34.

Birkenmajer, Alexandre [1965]: «Copernic comme philosophe», en Varios 1965, pp. 9-17.

Blake, Ralph M., Ducasse, Curt J. y Madden, Edward H. [1966]: *Theories of scientific method. The renaissance through the ninteenth century*, Seattle y Londres University of Washington Press (orig. 1960).

Blumenberg, Hans [1987]: *The genesis of the copernican world.* Trad.: Robert M. Wallace, Cambridge, Massachusetts, Londres, MIT Press (orig.: 1975).

Boas Hall, Marie [1966]: *The scientific renaissance 1450-1630*, Nueva York, Harper Torchbooks (orig. 1962).

—— [1975]: «Newton Voyage in the Strange Seas of Alchemy», en Righini Bonelli, M. L. y Shea, W. R (comps.) 1975, pp. 240-241.

—— [1983]: «Il Rinascimento scientifico», en Varios 1983, pp. 323-352.

—— y Hall, A. R. [1958]: «Newton's Chemical Experiments», *Archives internationales d'Histoire des sciences*, núm. XI, 1958, pp. 113-152.

Boyle, Robert [1985]: *Física, química y filosofía mecánica*, Introducción, traducción y notas de Carlos Solís, Madrid, Alianza.

Brannigan, Augustine [1981]: *The social basis of scientific discoveries*, Cambridge, Londres, Nueva York, Cambridge University Press.

Buchdhal G. [1965]: «A revolution in historiography of science», *History of Science*, núm. 4, 1965, pp. 59-69.

Burckhardt, Jacob [1985]: *La cultura del Renacimiento en Italia*, Prólogo de J. Bofill y Ferro, Trad.: Jaime Ardal, Barcelona, Ediciones Orbis, 2 vols. (orig. 1860).

Burkhardt, Richard W. Jr. [1985]: «Darwin on Animal Behavior and Evolution», en Kohn, D., 1985, pp. 327-366.

Burtt, Edwin Arthur [1960]: *Los fundamentos metafísicos de la ciencia moderna,* Trad.: Roberto Rojo, Buenos Aires, Editorial Sudamericana (orig. 1925).

Butterfield, Herbert [1971]: *Los orígenes de la ciencia moderna,* Trad.: L. Castro, Madrid, Taurus Ediciones (orig.: 1957).

— [1973]: *The Whig interpretation of history*, Londres, Pelikan Books (orig. 1931).

Bynum, W. F., Browne, E. J. & Porter, R. (comps.) [1986]: *Diccionario de historia de la ciencia,* Trad.: Diorki, Barcelona, Editorial Herder (orig.: 1981, 1983).

Cantimori, Delio [1984]: *Humanismo y religiones en el Renacimiento,* Trad.: Antonio-Prometeo Moya, Barcelona, Ediciones Península (orig.: 1975).

— [1985]: *Los historiadores y la historia,* Trad.: Antonio-Prometeo Moya, Barcelona, Ediciones Península (orig.: 1971).

Cardini, Franco [1982]: *Magia, brujería y superstición en el occidente medieval,* Trad.: Jordi Fornas, Barcelona, Ediciones Península (orig.: 1979).

Carugo, Adriano (comp.) [1978]: *Galileo,* Milán, Istituto Editoriale Internazionale ISEDI (orig. 1977).

Casini, Paolo [1975]: «Newton, a sceptical alquimist?», en Righini Bonelli, M. L. & Shea, W. R. 1975, pp. 233-239.

Cassirer, Ernst [1974]: *Individuo e cosmo nella filosofia del Rinascimento,* Trad.: Federico Federici, Florencia, La Nuova Italia Editrice (orig.: 1927).

Cassirer, E.; Kristeller, P. O. & Randall Jr. J. H. (comps.) [1975]: *The Renaissance Philosophy of Man,* University of Chicago Press (orig.: 1948).

Celso [1989]: *El discurso verdadero contra los cristianos,* Introducción, traducción y notas de Serafín Bodelón, Madrid, Alianza Ed. (orig. ±178).

Ciliberto, Michele [1975]: *Il Rinascimiento, Storia di un dibattito,* Florencia, La Nuova Italia Editrice.

Clagett, Marshall [1972]: *La scienza della meccanica nel Medioevo,* Trad.: Libero Sosio, Milán, Feltrinelli Editore (orig.: 1959).

Cohen, I. Bernard [1967]: «L'oeuvre d'Alexandre Koyré», en Varios 1967.

— [1976]: «The Eighteenth-Century Origins of the Concept of Scientific Revolution», *Journal of History of Ideas*, núm. XXXVII, pp. 257-288.

— [1983]: *La revolución newtoniana y la transformación de las ideas científicas,* Trad.: Carlos Solís, Madrid, Alianza Editorial (orig.: 1980).

— [1989]: *Revolución en la ciencia*, Trad.: Daniel Zadunaisky, Barcelona, Gedisa Ed.

Condorcet [1794]: *Bosquejo de un cuadro histórico de los progresos del espíritu humano,* Edición de A. Torres del Moral, Madrid, Ed. Nacional, 1980.

Copenhaver, P. Brian [1978]: *Symphorien Champier and the Reception of the Occultist Tradition in Renaissance France,* La Haya, Mouton.

Copérnico, Nicolás [1965]: *Las revoluciones de las esferas celestes. Libro Primero,* Traducción al castellano de Jorge Fernández Chiti a partir de la edición francesa con Introducción, traducción y notas de A. Koyré, Buenos Aires, Editorial Universitaria de Buenos Aires (orig. 1543).

Crombie, A. C. (comp.) [1963]: *Scientific Change,* New York, Basic Books.

—— [1971]: *Robert Grosseteste and the origins of experimental science, 1100-1700,* Oxford, The Clarendon Press (orig.: 1953).

—— [1974]: *Historia de la Ciencia: de San Agustín a Galileo,* 2 vols., Trad.: José Bernia, Madrid, Alianza Editorial (orig.: 1954).

—— [1975]: «The Sources of Galileo's Early Natural Philosophy», en Righini Bonelli, M. L. & Shea, W. R. (comps.) 1975, pp. 157-176.

Dampier, William Cecil Sir [1972]: *Historia de la ciencia y sus relaciones con la filosofía y la religión,* Trad.: Cecilio Sánchez Gil, Madrid, Editorial Tecnos (orig.: 1929, 1948).

Davies, P. C. W. y Brown, J. R. [1989]: *El espíritu en el átomo. Una discusión sobre los misterios de la física cuántica,* Trad.: Lucyna Lastowska, Madrid, Alianza (orig.: 1986).

Dawson Adams, Frank [1954]: *The birth and development of the geological sciences,* Nueva York, Dover Publications (orig.: 1938).

Debus, Allen G. (comp.) [1972]: *Science, Medicine and Society in the Renaissance. Essays to honor Walter Pagel,* Nueva York, Science History Publications, Neale Watson Academic Publications Inco, 2 vols.

—— [1978]: *Man and Nature in the Renaissance,* Cambridge, Cambridge Univ. Press.

Dijksterhuis, E. J. [1971]: *Il meccanicismo e l'imagine del mondo dai Pesocratici a Newton,* Trad.: Adriano Carugo, Milán, Feltrinelli Ed. (orig.: 1950; ed. ingl.: 1961).

Dobbs, B. J. T. [1984]: *The Foundations of Newton's Alchemy. The hunting of the green lyon,* London, Cambridge University, Press, (orig.: 1975).

Drake, Stillman [1970]: *Galileo Studies. Personality, Tradition, and Revolution,* Ann Arbor, The Univ. of Michigan Press.

—— [1975]: «Galileo's New Science of Motion», en Righini Bonelli, M. L. y Shea, W. R. (comps.) 1975, pp. 131-156.

Duhem, Hélène P. [1936]: *Un savant français: Pierre Duhem,* París, Librairie Plon.

Duhem, Pierre [1906-1913]: *Études sur Léonard de Vinci,* 3 vols., París, Hermann et Fils (orig.: 1906, 1909, 1913 respectivamente).

—— [1913-1958]: *Le système du monde,* 10 vols, París, Hermann.

—— [1989]: *La théorie physique: son objet, sa structure.* París, Librairie Philosophique J. Vrin (orig.: 1906, 1914).

—— [1990]: *Sotzein ta Phainomena. Essai sur la notion de théorie physique de Platon à Galilée,* París, Librairie Philosophique J. Vrin, (orig.: 1908).

Easlea, Brian [1980]: *Witch hunting, magic and the new philosophy. An introduction to debates of scientific revolution 1450-1750,* Brighton, Harvester Press.

Einstein, Albert y Infield, Leopold [1969]: *La física. Aventura del pensamiento,* Trad.: Rafael Grinfeld, Buenos Aires, Editorial Losada (orig.: 1939).

Elena, Alberto [1985]: *Las quimeras de los cielos. Aspectos epistemológicos de la revolución copernicana,* Madrid, Siglo XXI Editores.

Ellenberger, François [1988]: *Histoire de la Géologie,* t. 1, París, Technique et Documentation Lavoisier.

Febvre, Lucien [1968]: *Le problème de l'incroyance au XVI siècle. La religion de Rabelais,* París, Editions Albin Michel (orig.: 1948).

—— [1970]: *Erasmo, la contrarreforma y el espíritu moderno,* Trad.: Carlos Piera, Barcelona, Ediciones Martínez Roca (orig.: 1957).

—— [1986]: *Combates por la historia,* Trad.: Francisco J. Fernández Buey y Enrique Argullol, Barcelona, Ed. Ariel.

Ferguson, Wallace K. [1969]: *Il rinascimento nella critica storica,* Trad.: Alfonso Prandi, Bologna, Il Mulino (orig.: 1948).

Feyerabend, Paul K. [1971]: *I problemi dell'empirismo,* Trad.: Anna Maria Sioli, Milano, Lampugnani Nigri. (Este texto italiano de Feyerabend es una versión ampliada del original inglés.)

—— [1981]: *Philosophical Paper, vol. I, Rationalism and Scientific Method; vol. II, Problems of Empiricism,* Cambridge, Cambridge University Press.

Fontenelle [1908]: *Histoire des oracles,* Edition critique par Louis Maigron, París, Publications de la Société Nouvelle de Librairie et d'Edition, Edouard Cornély et Cie. Editeurs (orig.: 1686).

Forman, Paul [1984]: *Cultura en Weimar, causalidad y teoría cuántica 1918-1927,* Madrid, Introducción y traducción de José Manuel Sánchez Ron, Alianza Universidad.

Galileo [1610]: *La gaceta sideral,* en Solís (comp.) 1984, pp. 27-90.

—— [1968]: *Le Opere,* Edizioni Nazionale a cura di A. Favaro, Florencia, G. Barbera Editore, 20 vols.

Galluzi, Paolo [1973]: «Il "Platonismo" del tardo cinquecento e la filosofia di Galileo», en P. Zambelli (comp.) 1973, pp. 39-79.

Garin, Eugenio [1969]: *L'età nuova. Ricerche di storia della cultura dal XII al XVI secolo,* Nápoles, Morano Editore.

—— [1976a]: *Rinascite e revoluzioni. Movimenti culturali dal XIV al XVII,* Roma, Biblioteca di Cultura Moderna, Laterza.

—— [1976b]: *La cultura del Rinascimento,* Bari, Editori Laterza (orig.: 1967).

—— [1981a]: *La revolución cultural del Renacimiento,* Trad.: Domènec Bergadà, Barcelona, Editorial Crítica (orig.: 1967).

—— [1981b]: *Medioevo y Renacimiento. Estudios e investigaciones,* Trad.: Ricardo Pochtar, Madrid, Taurus Ediciones (orig.: 1973).

Gille, Bertrand [1972]: *Leonardo e gli ingenieri del Rinascimento,* Trad.: Adriano Carugo, Milán, Feltrinelli Ed. (orig.: 1964).

Golino, C. (comp.) [1966]: *Galileo Reappraised,* Berkeley, University of California Press.

Gooding D., Pinch, T. y Shaffer, S. (comps.) [1989]: *The uses of experiment, Studies in the natural sciences,* Cambridge, Cambridge University Press.

Gould, Stephen Jay [1983]: *Desde Darwin. Reflexiones sobre historia natural,* Trad.: Antonio Resines, Madrid, Hermann Blume (orig. ingl. 1977).

—— [1987]: *La sonrisa del flamenco. Reflexiones sobre historia natural,* Trad.: Antonio Resines, Madrid, Hermann Blume (orig. ingl. 1985).

Grant, Edward [1983]: *La ciencia física en la edad media,* Trad.: Adalberto Weinberger, México, Fondo de Cultura Económica (orig.: 1971).

Gruber, Howard E. [1984]: *Darwin sobre el hombre. Un estudio psicológico de la creatividad científica,* Trad.: Tomás del Amo Martín, Alianza Editorial (orig.: 1974, 1981).

Hall, A. R. [1963]: «Merton revisited, or science and society in the seventeenth century», en Russell, C. A. (comp.) 1973, pp. 55-73.

—— [1983]: «On Whiggism», *History of Science* núm. XXI, pp. 45-59.

—— [1985]: *La revolución científica 1500-1750,* Trad.: Jordi Beltrán, Barcelona, Editorial Crítica (orig.: 1983 que revisa y amplía considerablemente la edición inicial de 1954).

Hanson, Norwood Russell [1977]: *Observación y explicación: Guía de la filosofía de la ciencia. Patrones de descubrimiento: Investigación de las bases conceptuales de la ciencia,* Trad.: Enrique García Camarero y Antonio Montesinos, Madrid, Alianza Editorial, (orig.: 1958, 1971).

—— [1978]: *Constelaciones y conjeturas,* Trad.: Carlos Solís, Madrid, Alianza Universidad (orig.: 1973).

Hanson, N. R.; Nelson, B. y Feyerabend, P. K [1976]: *Filosofia de la ciencia y religión,* Trad.: José Luis Coy y Juan José Coy, Salamanca, Ediciones Sígueme.

Hesse, Mary B. [1970]: «Hermeticism and historiography: an apology for the internal history of science», en Stuewer, Roger H. 1970, pp. 134-159.

—— [1973]: «Reasons and evaluations in the history of science», en Mikulás Teich y Robert Young (comps.) 1973, pp. 127-147.

Hessen, Boris [1971]: «On the Social and economic roots of Newton's *Principia*», Nueva York, Howard Fertig Inc. (orig. 1931).

Hill, Christopher [1980]: *Los orígenes intelectuales de la revolución inglesa,* Trad.: Alberto Nicolás, Barcelona, Editorial Crítica (orig.: 1965).

Holton, G. [1973]: *Thematic Origins of Scientific Thought,* Cambridge, Massachusets, Harvard University Press.

Hooke, Robert [1668-]: *Lectures and Discourses of Earthquakes,* en Waller, R. (comp.) 1705.

Hooykaas, R. [1981 1982]: «Pitfalls in the historiography of geological sciences», *Histoire et Nature,* núms. 19-20, 1981-1982, pp. 21-36.

—— [1987]: «The Rise of Modern Science: When and Why», *The British Journal for the History of Science,* vol. 20, núm. 4, pp. 453-475.

Hunter, Michael [1981]: *Science and society in restoration England,* Cambridge, Cambridge University Press.

Jacob, François [1973]: *La lógica de lo viviente. Una historia de la herencia,* Trad.: Joan Senent y M. Rosa Soler, Barcelona, Editorial Laia (orig.: 1970).

Jacob, Margaret C. [1976]: *The Newtonians and the English Revolution 1689-1720,* Cornell University.

Jennings, Richard [1984]: «Truth, rationality and the sociology of science», en *The British Journal for the Philosophy of Science,* vol. 35, núm. 3, pp. 201-211.

Kappler, Claude [1986]: *Monstruos, demonios y maravillas a fines de la edad media,* Trad.: Julio Rodríguez Puértolas, Madrid, Ediciones Akal (orig.: 1980).

Kepler, J. [1619]: *Conversación con el mensajero sideral,* en Solís (comp.) 1984, pp. 91-152.

Klein, Robert [1980]: *La forma y lo inteligible. Escritos sobre el Renacimiento y el Arte Moderno,* Trad.: Inés Ortega Klein, Madrid, Taurus Ed. (orig.: 1970).

Knoll, P. W. [1975]: «The arts faculty at the university of Cracow at the end of the fifteenth century», en R. S. Westman (comp.) 1975, pp. 137-157.

Knorr, Karin D., Krhon, R. y Whitley, R. (comps.) [1980]: *The social process of scientific investigation,* Dordrecht-Boston-Londres, Sociology of science IV.

Knorr-Cetina, Karin D. [1981]: *The manufacture of Knowledge. An essay on the constructivist and contextual nature of science,* Oxford, Pergamon Press.

Knorr-Cetina K. D. y Mulkay M. J. (comps.) [1983]: *Science Observed. Perspectives on the social study of science,* Londres, Beverly Hills, Nueva Delhi, Sage Public.

Koestler, Arthur [1986]: *Los sonámbulos,* 2 vols., Barcelona, Salvat Editores (orig.: 1959).

Kohn, D. (comp.) [1985]: *The Darwinian Heritage,* Princeton University, Press in association with Nova Pacifica.

Koyré, Alexandre [1953]: «Un esperimento di misurazione», en Carugo, Adriano (comp.) 1978, pp. 47-80.

— [1962]: *Du monde clos à l'univers infini,* Trad.: Raissa Tarr, París, Editions Gallimard (orig.: 1957).

— [1962]: *Introduction à la lecture de Platon suivi de Entretiens sur Descartes,* París, Editions Gallimard (orig.: 1945).

— [1966]: *Études galiléennes,* París, Hermann (orig.: 1935-36, 1937, 1939).

— [1968]: *Études Newtoniennes,* París, Editions Gallimard.

— [1969]: *Dal mondo del pressappoco all'universo della precisione, Tecniche, strumenti e filosofia dal mondo classico alla rivoluzione scientifica.* Turín, Einaudi Editore, Trad.: Paola Zambelli (orig.: 1961).

— [1971]: *Études d'histoire de la pensée philosophique,* París, Editions Gallimard (orig.: 1961).

— [1973]: *Chute des corps et mouvement de la Terre de Kepler à Newton. His-*

toire et documents d'un problème, París, Librairie Philosophique J. Vrin, Trad.: Jacques Tallec.

—— [1977]: *Estudios de historia del pensamiento científico,* Trad.: Encarnación Pérez-Sedeño y Eduardo Bustos, Madrid, Siglo XXI Editores (orig.: 1973).

—— [1979]: *Del mundo cerrado al universo infinito,* Trad.: Carlos Solís, Madrid, Siglo XXI Editores (orig.: 1957).

—— [1980]: *Estudios galileanos,* Trad.: Mariano González Ambou, Madrid, Siglo XXI Editores (orig.: 1966).

—— [1981]: *Místicos, Espirituales y Alquimistas del Siglo XVI Alemán,* Trad.: Fernando Alonso, Madrid, Akal Editor.

—— [1986]: *De la mystique à la science. Cours, conférences et documents 1922-1962,* París, Éditions de L'École des Hautes Études en Sciences Sociales.

Kragh, Helge [1989]: *Introducción a la historia de la ciencia,* Trad.: Teófilo de Lozoya, Barcelona, Editorial Crítica (orig.: 1987).

Kristeller, Paul Oskar [1953]: *Il pensiero filosofico di Marsilio Ficino,* Florencia, G. C. Sansoni Editore.

—— [1970]: *Ocho filósofos del renacimiento italiano,* Trad.: María Martínez Peñaloza, México, Fondo de Cultura Económica (orig.: 1964).

—— [1982]: *El pensamiento renacentista y sus fuentes,* Trad.: Federico Patán López, México, Fondo de Cultura Económica (orig.: 1979).

—— [1986]: *El pensamiento renacentista y las artes,* Trad.: Bernardo Moreno Carrillo, Madrid, Taurus Ediciones (orig.: 1965, 1980).

Kuhn, Thomas S. [1971]: *La estructura de las revoluciones científicas,* Trad.: Agustín Contín, México, Fondo de Cultura Económica, (orig.: 1962).

—— [1977]: *The Essential Tension. Selected Studies in Scientific Tradition and Change,* Univ. of Chicago Press.

—— [1978]: *La Revolución copernicana. La astronomía planetaria en el desarrollo del pensamiento occidental,* Barcelona, Editorial Ariel, Trad.: Domènec Bergadà (orig.: 1957).

—— [1979]: «History of Science», *Current Research in Philosophy of science,* Philosophy of science Association, pp. 121-128.

—— [1983]: *La tensión esencial,* Trad.: Roberto Helier, México, Fondo de Cultura Económica. Es una deficiente traducción de Kuhn 1977.

—— [1989]: *¿Qué son las revoluciones científicas? y otros ensayos,* Introducción de Antonio Beltrán, Trad.: José Romo, Barcelona, Ed. Paidós.

Lakatos, I. y Musgrave, A. (comps.) [1975]: *La crítica y el desarrollo del conocimiento,* Trad.: Francisco Hernán, Barcelona-Buenos Aires-México, Ediciones Grijalbo (orig.: 1970).

Latour, B. y Woolgar, Steve [1979]: *Laboratory Life: the social construction of scientific facts,* Londres, Sage.

Laudan, Larry [1978]: *Progress and its problems. Towards a theory of scientific growth,* Berkeley, University of California Press.

Lenoble, Robert [1969]: *Esquisse d'une histoire de l'idée de nature,* París, Editions Albin Michel.

—— [1971]: *Mersenne ou la naissance du mécanisme,* París, Librairie Philosophique J. Vrin.

Lovejoy, Arthur O. [1983]: *La gran cadena del ser. Historia de una idea,* Trad.: Antonio Desmonts, Barcelona, Ed. Icaria (orig. 1936).

MacLachlan, James [1973]: «A test of an "Imaginary" experiment of Galileo's» en *Isis,* vol. 64 1973, pp. 374-379.

Manuel, Frank [1968]: *Portrait of Isaac Newton,* Cambridge Massachusetts, The Belknap Press of Harvard University Press.

McGuire, J. E. y Rattansi, P. M. [1966]: «Newton and the "Pipes of Pan"», *Notes and Records of the Royal Society of London,* núm. XXI 1966, pp. 108-143.

Martino, Ernesto [1962]: *Magia e Civiltà,* Milán, Garzanti.

Mayr, Ernst [1982]: *The Growth of Biological Thought, Diversity, Evolution and Inheritance,* The Belknap Press of Harvard University Press.

Merton, Robert K. [1977]: *La sociología de la ciencia,* 2 vols. Recopilación e Introducción de Norman W. Storer, Trad.: Néstor A. Míguez. Madrid, Alianza Editorial (orig. 1973).

—— [1984]: *Ciencia, tecnología y sociedad en la Inglaterra del siglo XVII,* Trad.: Néstor A. Míguez, Madrid, Alianza Editorial (orig.: 1970).

Metzger, Hélène [1987]: *La méthode philosophique en histoire des sciences,* Textes 1914-1939 réunis par Gad Freudenthal, París, Fayard.

Montucla, Jean Étienne [1799-1802]: *Histoire des Mathématiques. Nouv. éd. considérablement augm. et prolongée jusque l'époque actuelle,* 4 vols., París, H. Agasse.

Moody, Ernst [1966]: «Galileo e i suoi precursori», Trad.: E. Hjornevik, en Carugo, Adriano (comp.) 1978, pp. 154-175.

—— [1975]: *Studies in Medieval Philosophy, Science and Logic: Collected papers, 1933-1969,* Berkeley, University of California Press.

Newton [1977]: *Optica o tratado de las reflexiones, refracciones, inflexiones y colores de la luz,* Edición de Carlos Solís, Madrid, Alfaguara (orig. 1704, 1706, 1717).

Nicolson, Majorie H. [1960]: *The breaking of the circle: studies in the effect of the «New Science» upon seventeenth century poetry,* Nueva York, Columbia University Press.

Ornstein Bronfenbrenner, Martha [1975]: *The Role of Scietific Societies in the Seventeenth Century,* Chicago, University of Chicago Press (orig. 1928).

Pacchi, Arrigo [1973]: *Cartesio in Inghilterra. Da More a Boyle.* Roma, Editore Laterza.

Pagel, Walter [1969-1970]: «William Harvey Revisited», en *History of Science,* vol. VIII-IX, 1969-1970. Puede verse Pagel 1979, pp. 421-502.

—— [1979]: *Le idee biologiche di Harvey. Aspetti scelti e sfondo storico,* Trad.: Adriano Carugo y Libero Sosio, Feltrinelli, Milán. Es una versión revisada y ampliada de la edición original inglesa de 1966 que incluye, además, en pp. 421-502, una traducción de Pagel 1969-1970.

Paré, Ambroise [1840-1841]: *Oeuvres complètes d'Ambroise Paré revues et collationnées sur toutes les editions avec variants; ornées de 217 planches et du portrait de l'auteur; accompagnées de notes historiques et critiques, et précédées d'une introduction sur l'origine et les progres de la chirugie en occident du sixième au seiziéme siècle, et sur la vie et les ouvrages d'Ambroise Paré, par J.-F. Malaigne.* 3 vols., París.

—— [1987]: *Monstruos y prodigios,* Trad.: Ignacio Malaxechevarría, Madrid, Ediciones Siruela (orig. 1573, 1579, 1585).

Parry, G. J. R. [1984]: «Puritanism, Science and Capitalism: William Harrison and the Rejection of Hermes Trismegistus», *History of Science* XXII, 1984, pp. 244-270.

Piaget, Jean [1970]: *Psicología de la inteligencia,* Trad.: Juan Carlos Foix, Editorial Psique, Buenos Aires (orig.: 1947).

—— [1975]: *Introducción a la epistemología genética. El pensamiento físico,* Trad.: María Teresa Cevasco y Victor Fischman, Buenos Aires, Editorial Paidós (orig.: 1949).

—— [1984]: *La representación del mundo en el niño,* Trad.: Vicente Valls Angles, Madrid, Ediciones Morata (orig.: 1933).

Pickering, A. [1980]: «The role of interest in high-energy physics: the choice between charm and colour», en Knorr, K. D.; Krohn, R. & Whitley, R. 1980, pp. 107-138.

Pico de la Mirandola, G. [1984]: *De la dignidad del hombre,* Trad.: Luis Martínez Gómez, Madrid, Editora Nacional (orig.: 1486).

Popkin, [1983]: *Historia del Escepticismo desde Erasmo hasta Spinoza,* Trad.: Juan José Utrilla, México, Fondo de Cultura Económica (orig.: 1979).

Popper, Karl R. [1971]: *La lógica de la investigación científica,* Trad.: Víctor Sánchez de Zavala, Madrid, Editorial Tecnos (orig.: 1962).

—— [1977]: *Búsqueda sin término. Una autobiografía intelectual,* Trad.: Carmen García Trevijano, Madrid, Ed. Tecnos (orig. 1974).

Quine, Willard Van Orman [1962]: *Desde un punto de vista lógico,* Trad.: Manuel Sacristán, Barcelona, Ediciones Ariel (orig. 1953).

Randall, John Herman [1940]: «The development of scientific method in the school of Padua», *Journal of History of Ideas,* I 1940 pp. 177-206.

—— [1940]: «Il metodo scientifico allo Studio di Padova», en Wiener, Philip P. y Noland, Aaron 1971, pp. 147-155. Es traducción parcial de Randall 1940.

—— [1961]: *The School of Padua and The Emergence of Modern Science,* Padua, Editrice Antenore.

Rattansi, P. M. [1972]: «Newton's Alchemical Studies», en Allen G. Debus (comp.), 1972, II, pp. 167-182.

—— [1973]: «Some evaluations of reason in sixteenth and seventeenth century natural philosophy», en Mikulás Teich y Robert Young (comps.), 1973, pp. 148-166.

Redondi, Pietro [1990]: *Galileo Herético,* Trad.: Antonio Beltrán, Madrid, Alianza Editorial (orig.: 1983).

Reichenbach, Hans [1967]: *La filosofía científica,* Trad.: Horacio Florez Sánchez, México, Fondo de Cultura Económica (orig.: 1951).

Righini Bonelli, M. L. & Shea, W. R. (comps.) [1975]: *Reason, experiment and mysticism in the scientific revolution,* Londres y Basingstoke, Macmillan Press.

Roger Hahn, R. [1971]: *The Anatomy of a Scientific Institution. The Paris Academy of Sciences, 1666-1803,* Berkeley, University of California Press.

Roger, Jacques [1971]: *Les sciences de la vie dans la pensée française du XVIII siècle. La génération des animaux de Descartes à L'Encyclopédie,* París, Armand Colin (orig.: 1963).

Rosen, Edward [1963]: «Was Copernicus a hermetist?», en A. C. Crombie (comp.) 1963, pp. 855-876; y en Roger H. Stuewer (comp.) 1970, pp. 163-171.

Rossi, Paolo [1970]: *Los filósofos y las máquinas 1400-1700,* Trad.: José Manuel García de la Mora, Barcelona, Editorial Labor (orig.: 1966).

—— [1971]: *Aspetti della Rivoluzione Scientifica,* Nápoles, Morano Editore.

—— [1977]: *Immagini della Scienza,* Roma, Editori Riuniti.

—— [1979]: *I segni del tempo. Storia della Terra e storia delle nazioni da Hooke a Vico,* Milán, Feltrinelli.

—— [1990]: *Francis Bacon: De la magia a la ciencia,* Trad.: Susana Gómez López, Madrid, Alianza Universidad (orig.: 1957, 1974).

—— [1990a]: *Las arañas y las hormigas. Una apología de la historia de la ciencia,* Trad.: Juana Bignozzi, Barcelona, Ed. Crítica.

Rudwick, Martin J. S. [1987]: *El significado de los fósiles. Episodios de la historia de la Paleontología,* Trad.: Antonio Resines, Madrid, Hermann Blume (orig.: 1972).

Russell C. A. (comp.) [1973]: *Science and religiuos belief. A selection of recent historical studies,* Londres, University of London Press.

Sarton, G. [1952]: *La vida de la ciencia. Ensayos de historia de la civilización,* Trad.: José Babini, Buenos Aires, Espasa Calpe.

—— [1965]: *Seis alas. Hombres de ciencia renacentistas,* Trad.: José Babini, Buenos Aires, Editorial Universitaria de Buenos Aires (orig.: 1957).

—— [1968]: *Ensayos de historia de la ciencia,* Trad.: Alfonso Castaño, México, UTEHA (orig.: 1962).

Shapin, S. [1982]: «History of Science and its Sociological Reconstructions», *History of Science,* XX, pp. 157-211.

Shapin, Steven and Schaffer, Simon [1989]: *Leviathan and the air-pumb. Hobbes, Boyle and the experimental life,* Princeton, Nueva Jersey, Princeton University Press (orig.: 1985).

Shortland, M. & Warwick, A. (comps.) [1989]: *Teaching the history of science,* Oxford, The British Society for the History of Science, Basil Blackwell.

Simon, Gérard [1979]: *Kepler, astronome astrologue,* París, Editions Gallimard.

Singleton, Charles S. (comp.) [1967]: *Art, Science and History in the Renaissance*, Baltimore, Jonh Hopkins Press.
Solís Santos, Carlos (comp.) [1984]: *Galileo y Kepler. El mensaje y el mensajero sideral*, Madrid, Alianza Editorial.
—— [1990]: *Los caminos del agua. El origen de las fuentes y los ríos,* Madrid, Mondadori España.
Sprat, Thomas [1966]: *History of Royal Society (1667),* Jackson I. Cope y Harold Whitmore Jones (comps.), Londres, Routledge and Kegan Paul, pp. 339-340 (orig. 1959).
Stuewer Roger H. (comp.) [1970]: *Historical and philosophical perspectives of science,* University of Minnesota Press, Minneapolis.
Suppe, Frederick [1979]: *La estructura de las teorías científicas,* Trad.: Pilar Castrillo y Eloy Rada, Madrid, Editora Nacional (orig.: 1974).
Tannery, Paul [1904]: «De l'histoire générale des sciences», *Revue de Synthèse Historique,* VIII, pp. 1-16.
—— [1912-1950]: *Mémoires scientifiques,* publiées par J.-L. Heiberg et H.-G. Zeuthen, Toulouse Privat et París, Gauthier-Villars & Cie.
Teich, Mikulàs y Young, Robert (comps.) [1973]: *Changing perspectives in the history of science, Essays in honour of Joseph Needham,* Londres, Heinemann.
Thomas, Keith [1973]: *Religion and the decline of magic. Studies in popular beliefs in sixteenth- and seventeenth-century england,* Harmondsworth, Penguin Books (orig.: 1971).
Thorndike, Lynn [1923-1941]: *A history of magic and experimental science, Vols., V y VI. The sixteenth century,* Nueva York, Columbia University Press.
Toulmin, Stephen y Goodfield, June [1963]: *La trama de los cielos,* Trad.: Néstor Míguez, Buenos Aires, EUDEBA (orig. 1961).
Truesdell, C. [1975]: *Ensayos de historia de la mecánica,* Trad. Juan Carlos Navascues Howard y Enrique Tierno Pérez-Relaño, Madrid, Ed. Tecnos (orig. 1968).
Turnbull, H. W. (comp.) [1959-1967]: *The Correspondence of Isaac Newton,* 4 vols., II, Cambridge Univ. Press.
VVAA [1965]: *Le soleil à la Renaissance. Sciences et Mythes,* Bruselas-París, Presses Universitaires de France.
—— [1967]: *Atti del Symposium Internazionale di Storia, Metodologia, Logica e Filosofia della Scienza. Galileo nella Storia e nella Filosofia della Scienza,* Florencia, G. Barbèra Editore.
—— [1983]: *Il Rinascimento. Interpretazioni e problemi,* Trad.: Marta Fattori, Andrea Giardina, Michele Sampaolo, Carlo Santaniello, Emanuela Scribano, Roma-Bari, Editori Laterza (orig.: 1979).
—— [1983a]: *Los filósofos y sus filosofías,* 3 vols., J. M. Bermudo (comp.), Barcelona, Ed. Vicens Vives.
Vasoli, C. (comp.) [1976]: *Magia e scienza nella cilità umanistica,* Bolonia, Società Editrice Il Mulino.
—— [1977]: *I miti e gli astri,* Nápoles, Guide Editori.

Vera, Francisco (comp.) [1970]: *Científicos griegos*, 2 vols., Madrid, Ed. Aguilar.

Vickers, B. (comp.) [1984]: *Occult and scientific mentalities in the renaissance*, Cambridge, Cambridge University Press.

—— [1990]: *Mentalidades ocultas y científicas en el Renacimiento*, Trad.: Jorge Vigil Rubio, Madrid, Alianza Universidad (orig.: 1984). Es una traducción parcial de Vickers 1984.

Voltaire. *Filosofía de la Historia.* Estudio preliminar, traducción y notas de Martín Caparrós, Madrid, Ed. Tecnos, 1990 (orig. 1765).

Walker, D. P. [1975]: *Spiritual and demonic magic. From Ficino to Campanella*, Londres, University of Notre Dame Press (orig.: 1958).

Wallace, William A. [1981]: *Prelude to Galileo. Essays on Medieval and Sixteenth-Century Sources of Galileo's Thought*, Boston Studies in the Philosophy of Science, vol. 62, D. Reidel Publis. Co. Dordrecht, Holland, Boston, U. S. A.

Waller, Richard (comp.) [1705]: *The Posthumous Works of Robert Hooke, M. D. S. R. S. Geom. Prog. Gresh. &c., Containing his Cutlerian Lectures and Other Discourses, Read at the Meetings of the Illustrious Royal Society Publiched by Richard Waller, R. S. Secr.*, Londres, Sam Smith and Benj. Walford.

Weber, Max [1969]: *La ética protestante y el espíritu del capitalismo*, Barcelona, Ed. Península (orig. 1930).

Webster, Charles [1975]: *The Great Instauration. Science, Medicine and Reform. 1626-1660*, Gerald Duckworth & Co. Ltd.

Weisheipl, J. A. [1967]: *La teoría física en la Edad Media*, Buenos Aires, Columbia.

Westfall, Richard S. [1958]: *Science and religion in seventeenth-century England*, New Haven, Yale University Press.

—— [1975]: «The Role of Alchemy in Newton's Career», en Righini Bonelli, M. L. & Shea, W. R. (comps.) 1975, pp. 189-232.

—— [1980]: *Never at Rest. A Biography of Isaac Newton*, Cambridge, Cambridge University Press.

—— [1990]: «Newton y la alquimia», en B. Vickers (comp.) 1990, pp. 255-280.

Westman R. S. (comp.) [1975]: *The Copernican Achievement*, Berkeley, Los Ángeles, Londres, University of California Press.

—— [1977]: «Magical reform and astronomical reform: The Yates thesis reconsidered», en R. S. Westman y F. E. McGuire (comps.) 1977, pp. 1-91.

Westman, Richard S. y MacGuire, J. E. (comps.) [1977]: *Hermeticism and Scientific Revolution.* University, Los Ángeles, California Press.

Wiener, Ph. P. y Noland, A. (comps.) [1971]: *Le radici del pensiero scientifico*, Milano, Giangiacomo Feltrinello Editore, Trad.: Margherita Cerletti Novelletto (orig.: 1957).

Wittgenstein, Ludwig [1988]: *Investigaciones filosóficas,* Trad. Alfonso García Suárez y Ulises Moulines, Barcelona, Instituto Investigaciones filosóficas UNAM, Editorial Crítica (orig.: 1958).

Yates, F. A. [1967]: «The hermetic Tradition in Renaissance Science», en Singleton, Charles S. (comp.) 1967, pp. 255-274.

—— [1983]: *Giordano Bruno y la tradición hermética,* Trad.: Domènec Bergadà, Barcelona, Editorial Ariel (orig.: 1964).

Young, Robert [1969]: «Malthus and the evolutionists: the common context of biological and social theory», *Past and Present,* núm. 43, pp. 109-145.

—— [1973]: «The historiographic and ideological contexts of the nineteenth-century debate on man's place in nature» en Mikulás Teich y Robert Young (comps.) 1973, pp. 344-439.

Zambelli, Paola (comp.) [1973]: *Ricerche sulla cultura dell'Italia moderna,* Bari, Laterza.

ÍNDICE DE NOMBRES

TEORIA

ALTHUSSER, L.—*Lo que no puede durar en el Partido Comunista.* 128 pp. (2.ª ed.)
ALTHUSSER, L.—*Para una crítica de la práctica teórica. Respuesta a John Lewis.* 106 pp. (2.ª ed.)
ALTHUSSER, L.—*Seis iniciativas comunistas.* 72 pp. (2.ª ed.)
ANDERSON, P.—*Consideraciones sobre el marxismo occidental.* 160 pp. (5.ª ed.)
ANDERSON, P.—*Teoría, política e historia: un debate con E. P. Thompson.* 256 pp.
ANDERSON, P.—*Tras las huellas del materialismo histórico.* 152 pp.
BACHELARD, G.—*El compromiso racionalista.* 208 pp. (3.ª ed.)
BACHELARD, G.—*La formación del espíritu científico.* 304 pp. (12.ª ed.)
BAGU, S.—*La idea de Dios en la sociedad de los hombres.* 176 pp.
BARTHES, R.—*Crítica y verdad.* 84 pp. (7.ª ed.)
BARTHES, R.—*El grado cero de la escritura.* 248 pp. (7.ª ed.)
BARTHES, R.—*El placer del texto* y *Lección inaugural.* 152 pp. (5.ª ed.)
BARTHES, R.—*Fragmentos de un discurso amoroso.* 256 pp.
BARTHES, R.—*Mitologías.* 260 pp. (2.ª ed.)
BAUDRILLARD, J.—*Crítica de la economía política del signo.* 272 pp. (5.ª ed.)
BAUDRILLARD, J.—*El sistema de los objetos.* 240 pp. (8.ª ed.)
BELTRAN, A.—*Revolución científica. Renacimiento e historia de la ciencia.*
BERMAN, M.—*Todo lo sólido se desvanece en el aire. La experiencia de la modernidad.* 400 pp. (4.ª ed.)
CHALMERS, A. *La ciencia y cómo se elabora.* 192 pp.
CHALMERS, A.—*¿Qué es esa cosa llamada ciencia?* 264 pp. (15.ª ed.)
DENITCH, B.—*Más allá del rojo y del verde.*
DERRIDA, J.—*Con un tono apocalíptico.*
ELENA, A.—*Las quimeras de los cielos. Aspectos epistemológicos de la revolución copernicana.* 248 pp.
FEYERABEND, P.—*La ciencia en una sociedad libre.* 272 pp.
FOUCAULT, M.—*La arqueología del saber.* 368 pp. (10.ª ed.)
FOUCAULT, M.—*Las palabras y las cosas.* 384 pp. (16.ª ed.)
FOUCAULT, M.—*Raymond Roussel.* 192 pp.
GARGANI, A.—*Crisis de la razón.* 334 pp.
HARNECKER, M.—*La revolución social: Lenin y América Latina.* 312 pp.
HARNECKER, M.—*Los conceptos elementales del materialismo histórico.* 296 pp. (59.ª ed.)
HARNECKER, M.—*«El capital»: conceptos fundamentales,* seguido de *Manual de economía política,* de LAPIDUS y OSTROVITIANOV. 224 pp. (14.ª ed.)

JARDON, M.—*La «normalización lingüística», una anormalidad democrática. El caso gallego.* 360 pp.
JUANES, F. de.—*Papeles confidenciales de Su Santidad Juan Pablo III. Hacia una pedagogía inofensiva del poder.* 240 pp. (2.ª ed.).
JUARISTI, J.—*Vestigios de Babel. Para una arqueología de los nacionalismos españoles.* 136 pp.
KOYRE, A.—*Del mundo cerrado al universo infinito.* 280 pp. (7.ª ed.)
KOYRE, A.—*Estudios de historia del pensamiento científico.* 400 pp. (10.ª ed.)
KOYRE, A.—*Estudios galileanos.* 344 pp. (5.ª ed.)
KRISTEVA, J.—*Historias de amor.* 344 pp.
KRISTEVA, J.—*Poderes de la perversión.* 288 pp.
KURNITZKY, H.—*Edipo, un héroe del mundo occidental.* 184 pp. Ilustrado.
LABASTIDA, J.—*Producción, ciencia y sociedad: de Descartes a Marx.* 248 pp. (11.ª ed.)
LECOURT, D.—*Para una crítica de la epistemología.* 120 pp.
LEGENDRE, P.—*El crimen del cabo Lortie. Tratado sobre el padre. Lecciones VIII.* 184 pp.
LOWY, M.—*El pensamiento del Che Guevara.* 160 pp. (12.ª ed.)
MEEK, R. L.—*Los orígenes de la ciencia social. El desarrollo de la teoría de los cuatro estadios.* 256 pp.
OLIVE, L.—*Estado, legitimación y crisis.* 280 pp.
PLUMMER, K.—*Los documentos personales. Introducción a los problemas y bibliografía del método humanista.* 221 pp.
PUENTE OJEA, G.—*El Evangelio de Marcos. Del Cristo de la fe al Jesús de la historia.* 144 pp. (2.ª ed.).
PUENTE OJEA, G.—*Fe cristiana, Iglesia, poder.* 368 pp. (2.ª ed.)
PUENTE OJEA, G.—*Ideología e historia. El fenómeno estoico en la sociedad antigua.* 248 pp. (4.ª ed.)
PUENTE OJEA, G.—*Ideología e historia. La formación del cristianismo como fenómeno ideológico.* 436 pp. (6.ª ed.)
ROEMER, J. E.—*Teoría general de la explotación y de las clases.* 244 pp.
SALAZAR VALIENTE, M.—*¿Saltar al reino de la libertad? Primera crítica de la transición al comunismo.* 208 pp.
SAUNDERS, P. T.—*Una introducción a la teoría de las catástrofes.* 196 pp. (2.ª ed.)
SCHOLEM, G.—*La Cábala y su simbolismo.* 240 pp. (3.ª ed.)
STOYANOVITCH, K.—*El pensamiento marxista y el derecho.* 228 pp. (2.ª ed.)
TODOROV, T.—*Frente al límite.* 328 pp.
TODOROV, T.—*La conquista de América. La cuestión del otro.* 280 pp.
TODOROV, T.—*Nosotros y los otros.* 460 pp.
ŽIŽEC, S.—*El sublime objeto de la ideología.* 302 pp.
ŽIŽEK, S.—*Porque no saben lo que hacen.*